地质实践教学系列教材

巢湖北山地质考察与区域地质旅游教程

第2版

王心源　吴立　编著

中国科学技术大学出版社

内 容 简 介

巢湖地区发育了一套标准的下扬子区地层。该区地层层序清楚,化石丰富,地层完整且分布集中,构造具有代表性,外动力地质作用十分典型,是一个理想的地学野外教学实习场所。目前,有三十多所高等院校的地质、地理、石油、水文等专业将巢湖地区选为实习基地。本书根据地理学相关专业"地质学基础"和"普通地质学"专业基础课程野外实习教学的需要,兼顾广大地质旅游爱好者的要求编写而成。全书分两篇,共九章。上篇五章,介绍巢湖北山区域地质考察,主要包括巢湖北山区域地质考察的方法、地质特征、线路考察及实习基地建设;下篇四章,主要对区域地质作用下的巢湖形成与演变、巢湖区域环境考古、地质旅游资源形成及开发与保护等做了介绍。

可作为高等学校地理学相关专业学生地质野外实习或旅游类相关专业学生地质旅游资源野外考察的教材,也可作为广大地学爱好者、地质旅游爱好者在巢湖北山地区进行野外考察的参考用书。

图书在版编目(CIP)数据

巢湖北山地质考察与区域地质旅游教程/王心源,吴立编著. —2版. —合肥:中国科学技术大学出版社,2018.2(2025.1重印)
ISBN 978-7-312-04340-6

Ⅰ.巢… Ⅱ.①王… ②吴… Ⅲ.①区域地质—地质调查—巢湖—高等学校—教材 ②区域地质—旅游资源—资源开发—巢湖—高等学校—教材 Ⅳ.①P562.543 ②F592.99

中国版本图书馆CIP数据核字(2017)第244760号

出版	中国科学技术大学出版社 安徽省合肥市金寨路96号,230026 http://press.ustc.edu.cn https://zgkxjsdxcbs.tmall.com
印刷	安徽省瑞隆印务有限公司
发行	中国科学技术大学出版社
经销	全国新华书店
开本	710 mm×1000 mm 1/16
印张	14.75
插页	6
字数	304千
版次	2007年1月第1版 2018年2月第2版
印次	2025年1月第4次印刷
定价	36.00元

序　言

　　王心源教授编著的《巢湖北山地质考察与区域地质旅游教程》即将出版。它既是一本实习教材,也是一本有关巢湖地区的地理调查研究专著。

　　巢湖秀丽的山山水水,丰富而经典的地质现象、地貌景观、地质背景和地质演化都具有强烈的代表性;它丰厚的人文历史沉淀、地文特征无不吸引着地学界同仁的眼球,因而云集了全国众多有关高等学校来此进行地质、地理实习。为了适应教学发展的需要,针对巢湖地区,合肥工业大学资源与环境工程学院出版了一本以地质学类专业为主要服务对象的《巢湖地学实习教程》,安徽师范大学国土资源与旅游学院王心源教授编著的《巢湖北山地质考察与区域地质旅游教程》则以地理学类有关专业为主要服务对象,两本书各具特色,都是值得一读的好书,堪称姐妹双姝。这两本书的出版对巢湖的经济发展和有关院校培养德才兼备的人才具有重要的现实意义。谨此向为本书出版付出辛劳和心力的专家、学者和工作人员致以崇高的敬意,并表示衷心的感谢!

　　巢湖地区为什么有如此魅力能够吸引众多高等院校呢?这里发育了一套标准的下扬子地区地层,地层层序清楚,化石丰富,地层完整而且分布集中,是学生理论联系实际的生动课堂;这里地质构造规模适中,在不大的范围内就能看到几个连续的褶曲,构造形态十分清晰而标准,断层规模不大但性质十分容易判断;这里的几个侵入体的规模较小,但已能充分满足野外教学的需要;这里外动力地质作用也十分典型……总之,这里的地学内容十分丰富,真可称得上"小而全",是一个非常优秀的实习基地。

　　近年来,根据本区三叠系牙形刺、碳氧同位素和菊石等的研究,拟在巢湖建立三叠系巢湖阶层型剖面,并被国际地质科学联合会地层委员会遴选为世界三叠系界线层型候选剖面之一。这无疑是在巢湖地学实习基地建设上锦上添花。

　　巢湖城北一带地貌类型可圈可点,从地貌主体类型而言属典型的构造剥蚀低山区,地形倒置现象十分明显(向斜山、背斜谷),不过炭井村向斜仍保留着谷地地貌。巢湖湖岸地貌，城内的卧牛山、城南望城岗的地貌，以及现代堆积物亦值得进一步研究与探讨。吾辈老矣！有道是"长江后浪推前浪，一代新人胜旧人"，这些未尽的课题，吾辈对年富力强的新一代寄予厚望。

随着我国经济建设的快速发展，老百姓生活水平的提高，人们开始有更高的追求，旅游已成为千家万户的生活日常。到高山大川去，到海洋湖泊去，到丛林草原去，吸日月之精华，采天地之灵气，已成了众多人追求的一种时尚。这就向广大地学工作者提出了以开发自然旅游资源去满足广大群众渴望旅游的需求。北美的五大湖每年要创造500亿美元的旅游产值，我国五大淡水湖的旅游产值相去甚远。如果以此为标准，巢湖的旅游资源开发可以说还任重道远。本书另一重要特色，就是用了很大篇幅关注巢湖的旅游业发展。这是科学研究为国民经济服务的一个很好事例，为广大地学工作者提供了施展才华的另一个重要平台。

作为教师，"传道、授业、解惑"是其天职。教师"学高"方能为师，要做到"学高"，编著教材是一个重要途径。本书涉及的知识面很广，必定需要作者在博览群书的基础上，凭借过硬的实践能力，走出校门到巢湖实习基地去爬山涉水进行调查。著书难，尤以写实践性强的书更难，在此，我衷心希望本书顺利出版，并取得好的反响。

颜怀学

合肥工业大学资源与环境工程学院

2006年初夏

第 2 版前言

"巢湖西望天连水,黛色青山逶迤东。中庙北坐云霞蔚,南来涛声拍岸回。"回忆 2007 年本书第 1 版的出版,恍如昨日,转眼已经十年了。本书第 1 版曾列入安徽省高等学校"十一五"省级规划教材。事物变化了许多,学科有许多发展,研究取得了许多进展,我自己也调动了工作单位开始新的历程。但是,我对巢湖,对巢湖北山这个地质学教学实习基地——我工作二十几年的地方——永远不能也不会忘怀。它锻炼了我,培养了我,也奠定了我今天从事空间考古与数字遗产保护科学研究的基础。

对于第 1 版,我早想修订,但是由于诸多原因一直未能如愿。幸喜我当年带的研究生吴立已经在安徽师范大学供职,并从事与地质学相关的教学和科研工作。经多次与他商量,我们决定修订该书。在我们的共同努力下,今天终于得以如愿。

本书是地理学类专业"地质学基础"和"普通地质学"课程野外实践教学的配套教材。经过十多年的教学实践,教师与学生对于本书的编写体系、主要内容,以及在野外实践教学的效果等方面均给予了认可,并认为本书具有一定的特色。因此,本次修订在基本保持第 1 版的结构框架、编排体例、内容和篇幅基础上,结合近十年来地质学发展的趋势与野外实践教学的需要,在以下几个方面进行了修订与补充:

① 全面梳理书稿文字叙述,并对内容进行适当增删。仔细斟酌了相关表述,提高了文字的通俗性和精练程度。重点改写了各章引言,补充、修改了基础知识和野外观察认识方法、技巧等的介绍。此外,根据近年来地质学领域的进展,对一些过去认为合适的而现在已显陈旧的内容做了删减和更新,更新了《国际年代地层表》,并在第三章补充介绍了新内容,特别是依据最新版的《国际年代地层表》更新了巢湖区域各地层年代的范围等内容。

② 进行有关章节调整。考虑地球科学中遥感考古领域的迅速发展,结合我们

长期进行的遥感与环境考古理论及实践研究，将第1版中的第六章更名为"巢湖的形成与岸线变迁"，并增加了第七章"巢湖区域环境考古"内容。同时，将第1版中的第八章和第九章合并为新的第九章"巢湖区域地质旅游资源开发与保护"。这些调整使本书的结构更为合理。

③ 对书中图件进行了必要的修改、整饰、补充和替换。对于书中某些插图进行了清绘使其更加清晰、精确、美观和实用，附录中增加了若干插图，使得实景实物照片、卫星影像图及编绘的插图更为丰富。

④ 修订参考文献与附录。重新更新、遴选、修改和编排参考文献，使之更有实用参考价值。附录中除增加了国际地层委员会发布的2016年4月版《国际年代地层表》外，还增加了中国各大中城市的磁偏角表，以便于查阅。

我们希望经过上面的修订和补充，本书在内容上更合适、深度上更恰当，以更好地为读者服务。

本书是集体劳动的结晶。有关本书提纲讨论、撰写、修改等诸多工作的参与者在第1版前言中已经说明。第2版主要由王心源和吴立完成，包括内容的增删、调整及表达。书稿统稿工作由王心源、吴立完成；图件的整修由吴立完成。

由于我们知识的局限，书中错误在所难免，望读者批评指正。

本版图书得到了国家自然科学基金项目（批准号：41401216）、安徽省高等学校省级自然科学研究重大项目（批准号：ZD200908）和安徽省重大教学改革研究项目（批准号：2015zdjy036）的支持。

最后，再次感谢读者对完善该书给予的鼓励与帮助，感谢安徽师范大学一直以来给予的信任与支持！

2017年1月15日于北京西三旗寓所

前　言

高等教育要坚持传授知识、培养能力、提高素质、协调发展，着力提高大学生的学习能力、实践能力和创新能力，全面推进素质教育。本书就是在这样的指导思想和背景下，为高等院校地理系在巢湖区域开展地质学野外教学实习与地质旅游资源调研而编写的。

"地质学基础"是地理专业开设的一门重要的专业基础课，是较先把学生引入专业学习的课程之一。专业基础性、实践性强是它的重要特点；与后续专业课程及生活实际联系紧密，是它对学生的吸引力所在。但地质作用时间的悠久性、空间的广阔性、地质变动的复杂性，使得这门课程具有一定难度。因此，在课时压缩的情况下，我们根据课程特点安排了12课时的地质室内认识实习和1周的野外地质验证实习，旨在使学生较系统而深入地了解和掌握地质学的基础知识和实践技能，找到地质概念的原型，使抽象的地质理论具体化、形象化，以加深学生对地质概念和地质作用过程的理解。野外地质考察可以使学生学到书本以外的知识，从而进一步丰富和扩大学生的知识领域；野外地质考察也是培养学生野外观察能力以及思考能力的过程，对于培养学生科研创新能力、培育学生理论联系实际的作风具有重要的意义。此外，在野外考察期间，学生会遇到各种各样的困难与艰苦条件，他们克服困难的毅力、独立工作的能力、自我管理的能力以及集体主义精神均会得到培育、锻炼和提高。通过野外地质考察，学生会更加热爱大自然、热爱地理科学。真可谓一次实习，德、智、体、美、劳多重丰收。

本书分上、下两篇，共九章。上篇五章，从区域地质考察角度，介绍巢湖北山地质概况及野外地质考察的方法、线路及内容，旨在培养学生的动手能力与观察能力，并从如何保证野外实践教学质量角度，提出我们对野外地质教学实习基地建设的认识。下篇四章，从区域地质作用与旅游资源的形成角度，对巢湖的形成与演变、巢湖区域环境考古，以及巢湖区域的山岳、水体、岩溶洞穴、地质现象遗迹、地质事件、人文地理、观赏石等地质旅游资源进行介绍，侧重于内、外动力作用下的成因方面的论述，意在培养学生的思考能力与研究能力，提高学生的学习兴趣，激发学生探究性学习的热情。虑及当代资源开发与环境保护关系之重要性,故有关地质旅游资源开发与生态巢湖建设的内容被单列章节叙述。在信息化时代,信息技术已经渗透到各门学科之中,遥感(RS)、地理信息系统(GIS)、全球定位系统(GPS)已经融入到地质学的教学与科研之中,成为野外考察的必备,故在第一章中安排了相关的内容。为帮助学生更好地对有关知识进行学习和理解,我们精心挑选了一些有关阅读材料,并以与正文有区别的字体列入有关章节。为便于考察时对有关资料与情况的了解,从全书来看,在对材料的处理方面,些许内容有前后重复的现象。

巢湖北山系指巢湖市城北、青苔山以东、汤山以西、白虎尖以南的一段褶皱山地。本区地层层序清晰、构造典型,被称为"天然地质博物馆"。该区地质研究历史可追溯到1934年徐克勤先生在巢湖北部做的1∶50 000地质调查;之后,原华东地质勘查局、安徽省地质矿产勘查局等单位在此区又做过相关调查与研究。特别值得指出的是合肥工业大学的罗庆坤教授等于1956年首开先河,对该区进行了系统调查,并规划了作为地质学实习基地的各项后续工作。20世纪50年代以来,合肥工业大学、南京大学、西北大学、中国科学技术大学、中国海洋大学等30余所院校相关专业学生先后来此进行野外实习并进行科学研究。20世纪60年代初,安徽师范大学将此地作为地理科学专业地质学野外实习基地,至今已有40余年。我在此区域指导学生实习已有20余年,每次去巢湖区域实习、考察,我都有新的认识与体会。特别是在中国科学技术大学做博士后期间,我把研究对象选定在巢湖区域,进行遥感环境考古研究,由此加大了对该区全面认识的力度。对于一些现象,虽然已有自己的认识,但仍可能只是触及冰山一角,我将这些不成熟的认识也放到了书中,恳请读者批评指正。

感谢我的前辈们——安徽师范大学的王长荣先生、戴光霞先生、王浩清先生、傅毅先生、祖保泉先生等,合肥工业大学的颜怀学教授、郑文武教授等,中国科学技术大学的席道瑛教授、徐建民教授等,他们不仅传授了我学问,而且向我树立了做人的榜样,我从他们身上学到了知识与为人,其情其景一点一滴历历在目。借此机会,向各位前辈表示深深的感谢!

感谢安徽师范大学国土资源与旅游学院贾冠忠书记、程久苗教授和安徽省有关高校的同仁们(李典友博士、许信旺教授、周葆华教授、郑朝贵教授、林玉标副教授、付金沐副教授、赵怀琼副教授等),他们对书稿大纲的拟定提出了建设性建议。

感谢安徽省地质调查院的杨则东教授级高级工程师、管后春高级工程师,以及合肥工业大学的陶月赞教授,他们为本书的编写提供了许多宝贵的研究资料。感谢安徽省文物考古研究所吴卫红研究员、张敬国研究员,以及巢湖市文物管理所钱玉春所长和所内其他同志,感谢实习基地的冯光虎先生及其他领导与工作人员对我们在巢湖进行考察与研究时给予的协助与支持。特别感谢安徽师范大学国土资源与旅游学院的领导、老师以及历届学生的大力支持!

感谢我的研究生李祥、高超、张广胜、夏林益、周迎秋、陆应诚、何慧、李文达、王虹、彭鹏、周鑫、韩双旺、韩伟光、吴立等,他们在资料的收集、书稿的讨论与撰写中发挥出聪明才智,展现了风采。

感谢国家自然科学基金项目"基于广义遥感的巢湖流域6000～2000 a BP古聚落变更对环境变迁的响应研究"(批准号:40571162)、安徽省高等学校省级教学研究重点项目"地理信息技术支持下的巢湖北山野外地质实践教学改革研究"(批准号:JYXM2005021)、安徽省自然科学基金项目"基于信息技术对巢湖流域灾害链的成因机理与减灾研究"(批准号:050450401)、中国博士后科学基金以及中国科学院王宽诚博士后工作奖励基金对本区相关研究的资助。

本书的出版还得到了安徽师范大学教材建设基金的资助,以及安徽师范大学地理科学国家级特色专业建设基金和自然灾害过程与防控研究安徽省重点实验室的支持。特别感谢中国科学技术大学出版社于文良副社长及出版社其他同志为本书出版付出的辛勤劳动。

本书是集体劳动的结晶。分工编写如下:前言,王心源;第一章,王心源、李祥、夏林益、王官勇;第二章,吴立、张广胜;第三章,吴立、程先富、王心源、高超;第四章,王心源、张广胜、吴立、高超;第五章,王心源、张广胜;第六章,王心源、周迎秋、高超、吴立;第七章,吴立、王心源、张广胜;第八章,王心源、周鑫、何慧、吴立;第九章,张广胜、王心源、吴立、袁媛、王官勇。图件处理由吴立、王官勇承担,文字工作前期由张广胜承担,后期由吴立承担。颜怀学教授在百忙之中抽空审阅了全书并作序。吴立承担出版前的编排工作。王心源教授承担了全书的统稿和校阅。本书编写参阅了大量文献,特别是合肥工业大学、南京大学、西北大学等院校有关此区地质实习的参考书及资料。参阅的文献虽尽量列出,但仍恐会有遗漏,在此深表歉意。

在编写过程中,我们虽竭尽全力,但囿于知识和时间的限制,书中肯定存在诸多的不足。我热忱期望同行与读者不吝赐教，以便再版时修订。

感慨于这方热土的神奇，钟爱于这块毓秀的地方，兹作文以赞之：

巢湖浩瀚，八万顷，襟江带淮。百川屏息归流，千山俯首环列，万物拱斯湖。东关一阕，万夫莫开锁钥。蛟龙腾，凤凰栖，麒麟见，仙停棹。一枝牡丹，羞闭群芳月。此地真娇娆，赢得多少豪杰？巢伯守，桀王奔，许由牧牛，亚父辞归隐。忠臣贤良，代有不绝。凭谁问：一巢胜地，何有如此壮烈？！

携来志同百侣，共究自然人文。晨曦起，暮晚归，风餐日雨淋，遍历山水地层，披荆寻文明。高空立万丈，遥感俯察，万象显真容；启钻取岩芯，历数事变，沧海桑田现。数码融合，四维功呈。原道是：郯庐一断，泉涌河生，山隆地陷，湖盆蕴成；山岳随其形，河川相逶迤，平畴沃野，湖味山珍，滋育一方文明。

2007 年 3 月 18 日

目　　录

序言 ·· (i)

第2版前言 ·· (iii)

前言 ·· (v)

上篇　巢湖北山区域地质考察

第一章　区域野外地质考察方法 ·· (3)
　第一节　野外地质考察的意义 ·· (3)
　第二节　野外地质考察的内容与方法 ··· (4)
　第三节　3S技术在野外考察中的应用 ··· (15)
　第四节　野外地质考察的成果分析与总结 ··· (21)

第二章　巢湖区域地理环境 ·· (25)
　第一节　巢湖区域自然地理环境 ··· (25)
　第二节　巢湖区域人文地理概况 ··· (27)

第三章　巢湖区域地质概况 ·· (31)
　第一节　地层 ··· (31)
　第二节　巢湖区域地质构造特征 ··· (57)
　第三节　岩浆岩体 ·· (64)
　第四节　地质发展演化史 ·· (66)

第四章　巢湖北山地质考察线路 ·· (70)
　第一节　考察前的准备 ·· (70)
　第二节　野外地质考察主要线路 ··· (71)
　第三节　实测巢湖麒麟山地质剖面 ·· (85)

第五章　巢湖区域野外地质教学实习基地建设 ·· (90)
　第一节　野外地质教学实习基地建设的意义与原则 ······································· (90)

第二节　野外地质教学实习基地建设概述 …………………………（92）

下篇　巢湖区域地质作用与旅游资源

第六章　巢湖的形成与岸线变迁 …………………………………（99）
第一节　地质构造与湖盆的形成 ……………………………………（99）
第二节　岸线变迁与发展趋势 ………………………………………（103）
第三节　从唐咀遗址考古发现看巢湖岸线的变迁 …………………（112）

第七章　巢湖区域环境考古 ………………………………………（121）
第一节　巢湖流域新石器至汉代古聚落变更与环境变迁 …………（121）
第二节　巢湖东部凌家滩遗址古人类活动的地理环境特征 ………（131）
第三节　汉代以后巢湖流域文化衰落的环境考古学观察 …………（138）

第八章　巢湖区域岩溶与地热 ……………………………………（144）
第一节　岩溶作用与溶洞 ……………………………………………（144）
第二节　地热资源与温泉 ……………………………………………（157）

第九章　巢湖区域地质旅游资源开发与保护 ……………………（161）
第一节　巢湖区域地质旅游资源的开发 ……………………………（161）
第二节　巢湖奇石 ……………………………………………………（171）
第三节　生态巢湖 ……………………………………………………（177）

参考文献 ………………………………………………………………（190）

附录1　中国部分城市的磁偏角 ……………………………………（196）

附录2　巢湖诗歌欣赏 ………………………………………………（198）

附录3　常用图例、花纹、符号 ……………………………………（202）

附图 ……………………………………………………………………（219）

上　篇

巢湖北山区域地质考察

　　"加强基础、拓宽专业、强化实践、培养素质"已成为21世纪高等教育改革的重要目标之一。野外地质考察是高等师范院校地理科学专业课程计划中的一个重要组成部分，它是系统训练学生野外地质调查方法，培养学生野外独立工作能力的重要环节。

　　巢湖北山系指巢湖市北郊、青苔山以东、汤山以西、白虎尖以南的一段褶皱山地。该区域地质构造典型，地层层序清晰，地质剖面完整，化石丰富，自然现象集中，被誉为"天然地质博物馆"。特别是古生代-中生代地层出露完整，层序稳定，沉积环境标志明显，其中的三叠系巢湖阶层型剖面被国际地科联地层委员会遴选为三叠系界线层型候选剖面之一。本篇结合高等院校地理科学专业野外地质实践的需要与课时的实际情况，择其主要露头点，按五条线路分别介绍。

第一章 区域野外地质考察方法

第一节 野外地质考察的意义

野外地质考察是高等院校地质学专业课程计划中的一个重要组成部分。它既是地质学课堂教学的延续,也是让学生掌握地质考察与研究方法的一个独立的教学环节。野外考察对于学生的德、智、体、美、劳全面教育,具有十分重要的作用。

地质学是研究地球的一门自然科学,它研究地球从地表到地心的固体部分。目前,由于科学技术的限制,地质学主要研究对象是固体地球的最外层,即岩石圈。地质学研究的对象具有地域性,这就决定了地质学的研究方法,除了理论研究与室内模拟研究外,还要求地学工作者去直接接触研究对象,亲自到野外去观察和研究。地质学中的许多理论,都是在地学工作者的大量野外工作中逐渐形成的。另外,虽然现代实验室的研究已成为地质学研究的重要途径,但这些方法的运用都必须建立在野外调查与研究的基础之上。

"地质学基础"课程内容包含矿物、岩石、矿床、地质构造、大地构造和地史等若干方向的内容。野外地质考察是"地质学基础"课堂教学的延续。学习地质需要走出室内接触野外,观察地质现象,探究地质奥秘。学生在书本中与课堂上所学的地质专业知识大多是理论的、抽象的,主要靠学生用所积累的知识去进行感性理解,而这种理解常常是肤浅的、不准确的、短暂的。在野外地质考察中学生才可找到地质概念的原型,从而加深对地质概念和地质作用的理解,使抽象的地质理论更加具体化、形象化。此外,在野外地质考察中,学生还可以学到许多书本上根本学不到的知识,从而进一步丰富和扩大知识领域。

野外地质考察是系统训练学生野外地质调查方法、培养学生野外独立工作能力的过程。野外考察是地质学研究的重要方法。大学地质学教学的目的就是要使学生能将所学到的理论知识应用到实践中,使学生掌握地质学研究的主要方法和考察的技巧。因此,这一实践性教学环节,对于培养学生科研能力、启发学生思维、树立理论联系实际的学风都具有重要的意义。

野外地质考察也是对学生进行思想教育的一个很好的途径。野外考察,一方面,开阔了学生的视野,丰富和扩大了学生的知识领域;另一方面,在学生面对大自然的许多地学问题时,促使他们去思考、探索,激发他们的学习兴趣。在野外考察期间,学生要乘车、爬山或走路去各种各样的工作场所,要进行一系列的调查与归纳工作,会遇到各种各样的困难与艰苦条件。在这些情况下,学生必然会增进对社会的了解,得到多方面的锻炼。通过野外考察,学生的独立工作能力、自我管理能力、克服困难的毅力等都会得到不同程度的提高。通过调查与研究实践,学生会更加热爱祖国的河山,热爱地球科学。

具体到巢湖北山地区野外地质实习,在专业上,要达到如下目的:① 认识巢湖北山地区的地质情况和发展历史;② 掌握该区自然地理历史演化规律;③ 初步掌握对一个地方的自然地理历史演变(古地理)的认识途径和研究方法;④ 认识一个地方的社会经济乃至文化特色与自然要素的密切关系。

第二节 野外地质考察的内容与方法

一、野外地质考察路线与观测点的选择

(一) 野外地质考察路线的选择

对任何一个地区地质情况的调查,都是先从一个观测点开始的,由观测点连成考察路线,再由考察路线结成考察网络,最后延展为考察面,从而形成对考察地区地质情况的全面认识。考察路线是控制考察网络的骨架,是确定考察点的前提。对于一个考察地区来说,应该怎样选择路线、它们的密度如何、先后顺序怎样等都应谨慎考虑,做好安排。野外地质考察路线的布设,主要有以下两种方法:

1. 穿越法

这种方法主要适用于倾斜岩层发育的地区。要求是所选择的路线要垂直或尽量垂直于岩层的走向或构造线的方向,沿着这样的路线进行野外考察,可以在较短的距离内,用较少的时间比较完整地观测到出露的岩层和各种构造现象。用这种方法进行考察时,要注意尽量从老地层向新地层的排序方向进行观察。在确定两

条考察路线的先后顺序时,也应遵循先老后新的原则。

在岩浆岩发育的地区布置考察路线,要注意横穿岩浆岩体的相带;在变质岩发育的地区布置考察路线,要注意横穿片理构造的方向;在平原地区及块状结晶岩发育的地区,路线网络基本上是沿着水文网和横穿分水岭的道路布设的;在高山地区,选择考察路线之前,可以从高处俯视考察区全貌,或者借助航空相片的解读,以便布设合理的路线网络。

2. 追索法

这种方法的基本要求是沿着标志层、地质界线或构造线的走向布置考察路线。这种方法多适用于追索地层的层位、岩层的接触关系和断裂的分布等。利用追索法可以较详细地研究地层的横向变化及其出露范围。在岩浆岩发育的地区,可用追索法确定岩浆岩体的界线及岩浆岩体与周围岩体的接触关系等。追索法是穿越法的补充,这两种方法结合使用,有利于准确地了解一个地区的地质情况。选择考察路线时,要根据考察区的具体情况,尽量选择岩层出露好、植被覆盖少、交通便利的路线。

(二) 野外地质考察观测点的选择

考察路线确定之后,就要沿着所选定的路线进行地质观察,选择合适的地质观测点是野外调查的重要环节。

1. 观测点选择的原则

观测点的布设以有效地掌握各种地质现象,控制岩性、岩层、构造等地质界线为原则。一般都选择在岩性和岩相明显变化的部位;地层中组与组的交界处;标志层、化石点、矿点或矿化点出现的地方;岩层产状发生变化或有断层出现的地方;岩体与围岩的接触地带;其他有意义的地质现象出露部位。

2. 观测点的标定

野外调查过程中,为了确定和勾绘各种地质界线和地质要素的空间位置,首先需要将观测点的位置标定在地形图上,观测点的位置确定之后,要对观测点按顺序编号。观测点的系统编号,可以使原始地质观察资料条理化,以便于整理和查阅。

二、地质露头的观测

在野外地质考察时,应选择基岩出露(露头)较好的地方进行观察和测量。露头观测的资料是地质调查最原始的基础资料。露头观测的质量,直接影响野外地质调查的质量。因此,一定要对露头上应该观测的项目进行逐一观测并规范记录。

(一) 露头的观察

1. 露头的性质

野外的基岩露头主要有两类,一是自然露头,二是人工露头。

(1) 自然露头。它是基岩天然出露于地表的部位。因此,外力剥蚀作用强烈的地方,往往是寻找基岩露头的理想场所。它们多在下列地方出露:幼年期或壮年期河道的两侧;河曲的凹岸处;峡谷地带或悬崖处;山脊或山坡陡峭处;山顶的迎风坡处;海蚀崖或海蚀平台处等。

(2) 人工露头。它是人为揭示的基岩露头。例如,铁路或公路的路堑,采石场的岩壁,水库、运河、渠道等水利工程的开挖剖面,以及人工探槽等,都是观察基岩露头的好地方。

在野外调查时,要注意判别露头的真伪。有些松散的沉积物,如不细心观察,易被误认为是基岩露头。反之,有些地方出露窄小的或不明显的基岩,也有被误认为是松散沉积物的可能。因此,要根据露头周围的具体情况,细心观察,以判别其真伪。

2. 露头岩性的观察

岩性观察是地质调查的基础。对于任何一个露头,都要从岩性观察入手,从而了解岩层的产状、层序、接触关系、地质时代和构造形态等。在观察点,首先要区别沉积岩、岩浆岩和变质岩。我们可以分别从其颜色、矿物成分、结构、构造以及地质体野外产状等方面去区别三大岩类。

3. 沉积岩的观察

沉积岩是野外常见的一类岩石。对沉积岩的观察包括下列内容:沉积岩的颜色、结构、构造、产状、岩层之间的接触关系,以及其他成因标志。对于沉积岩,要按照统一的分类命名原则准确命名。

应尽量观察其新鲜色,当风化色与新鲜色有明显差异时,二者都应记录。

沉积岩的结构包含:① 碎屑岩的结构,即碎屑物的粒度、分选性和磨圆度、粗颗粒的形态特征,以及填隙物的结构和胶结物类型等;② 碳酸盐岩的结构,即粒屑(或称颗粒)结构、微晶结构、生物骨架结构、晶粒结构,根据粒屑的种类粒屑结构可进一步细分为内碎屑结构、生物屑结构、鲕粒结构、核形石结构、球粒结构、团块结构,晶粒和内碎屑可根据它们的大小进一步细分。

对于沉积岩的碎屑岩,应观察碎屑颗粒、杂基的含量与特征;对于碎屑颗粒,应进一步明确种类(岩屑、长石、石英)和含量;对于碳酸盐岩,应观察矿物成分和结构组分的特征与含量;对于其他沉积岩类,应进行常规观察。

沉积岩的构造是确定地层顶底和地层层序,判别沉积物搬运方式、沉积方式、沉积介质的性质及流体的动力状态,进而恢复沉积环境的重要标志。为此应详细地观察它们的形态、规模等特征,对于重要的沉积构造,还必须附以素描图和照片。

岩层间接触关系包含整合、平行不整合、角度不整合,其判别标志主要为:岩层界面的上下岩层产状是否一致、是否存在风化壳(如铁锰层、钙结壳等)、是否具底砾岩、是否缺失化石带。

4. 地质构造的观察描述

在野外地质考察过程中,应注意观察各种大、中、小型地质构造现象并收集素材。对于各种类型的断层、褶皱、节理及岩脉等的特征、类型、规模、产状、性质、生成顺序、时代和组合关系等,要进行认真的野外观察与记录。

褶皱的观察应查明岩层的相对次序,确定褶皱的位置,并对相应的标志层进行追索,系统测量褶皱两翼地层的产状,同时辅以照片、素描图,分析、研究、确定褶皱的性质、形成时间、活动历史等。

对于断层,首先应判断断层存在与否。在野外工作中,识别断层主要应从以下几个方面进行:① 地层的重复与缺失;② 构造线的中断;③ 断层的伴生或派生构造,如拖曳褶皱、密集的剪节理、断层角砾岩等;④ 水文和地貌标志,如水系的突然转折、断层崖、断层三角面,以及一系列泉水或湖泊的线状分布、植被的线性异常分布等;⑤ 航空照片、卫星照片上的线性构造等。在确定断层存在之后,应对断层的性质、规模、断层带的特征等进行详细观察。

节理是分布广泛的断裂构造,它的力学性质反映了构造应力的作用方式。野外工作中应注意观察节理的分布、产状、力学性质,要注意观察节理与褶皱和断层的关系。对于节理的共轭与否要注意观察。两组节理的锐角相交、动向协调、锯齿状追踪等现象均是共轭节理的重要证据。对于典型的节理现象应辅以素描图和照片。

(二) 露头的测量

1. 产状要素的测量

为了进一步查清各露头的构造情况,需对露头的岩层面及节理面、劈理面、断层面、流线、流面、片理等其他岩层面进行产状测量。其中以层面产状的测量最为常见(图 1.2.1)。产状要素的测量是用罗盘进行的,其具体操作方法如下:

图 1.2.1　岩层产状测量示意图

地质罗盘在使用前必须经磁偏角校正。校正时旋动罗盘的刻度螺旋,使水平刻度盘向左或向右转动(磁偏角东偏则向右,西偏则向左),使罗盘底盘南北刻度线与水平刻度盘 0°～180°连线间夹角等于磁偏角,经校正后测量的读数才是正确的。巢湖地区的磁偏角为西偏 4°～5°,2015 年巢湖市的磁偏角为西偏 5.29°(http://www.magnetic-declination.com/China/Chaohu/392710.html)。

如果露头上的层面或其他岩层面比较清晰平整,且倾角角度在 5°以上,则可用地质罗盘直接测量。首先将罗盘的长边接触所要测量的层面或其他岩层面,然后使罗盘保持水平。此时,罗盘平面与所测岩层或其他岩层面之交线的方向即为层面或其他岩层面的走向,可以从磁针所指的刻度读出其方位角或象限角。

测量层面或其他岩层面的倾向时,通常将罗盘上刻有"N"的一端远离层面,使另一端接触层面,然后调整罗盘,使其保持水平,这时,罗盘指北针所指的刻度数即岩层面的倾向。

测量层面或其他岩层面的倾角时,可将罗盘长边沿层面的最大倾斜方向紧贴岩层面,转动罗盘的测量仪,使长水准器的气泡居中,此时测量仪所指的内刻度盘度数即为岩层的倾角。

2. 岩层厚度的测量

测量岩层或地层厚度是野外地质考察的一项重要内容。其测量的方法很多。如果岩层的厚度较小,可在剖面上垂直岩层面,用钢卷尺或皮尺直接测量。如果岩层的厚度较大,可以根据岩层的产状,采用相应的测量和计算方法。

(1) 水平或近似水平岩层的厚度测量。如果是水平层面,其厚度为岩层上、下层面之间的高度差;也可将上、下层面标绘在地形图上,再根据地形图等高线算出其高差,即为岩层的厚度。

(2) 直立岩层的厚度测量。如果岩层近直立,而走向不变,则岩层的厚度即为与走向相垂直的方向上,岩层上、下层面的水平距离。如果地面近水平,则岩层出露的宽度即为其厚度。如果地面为一斜面,可用公式 $T=AB \cdot \cos\theta$ 计算其厚度。其中,T 为岩层厚度,AB 为岩层出露宽度,θ 为地面坡度。如果岩层厚度不能连续测量,可分段测量,然后将各段测量的厚度累积在一起,即为岩层厚度;但这时必须判断有无岩层的重复和缺失现象,有无断层通过。

(3) 倾斜岩层的厚度测量。如果地面水平,岩层的厚度(T)等于岩层的出露宽度(AB)与岩层倾角(α)正弦的乘积,即 $T=AB \cdot \sin\alpha$。

(三) 露头的岩层对比

在野外考察期间,要随时注意各种露头点之间,尤其是两条平行路线上的各露头点之间的岩性对比和时代对比。

岩层的时代对比和岩性对比不一定完全一致。岩层的时代对比是判断两个露头的沉积物或岩体是否属于同一时代的产物。岩性对比是判断两个露头的岩石性质是否一致。因此,既要注意岩石地层单位的对比,又要注意年代地层单位的对比。

岩性对比主要是根据岩石的颜色、矿物成分、结构、构造、所含化石的种类和数量,以及岩性和地貌的关系等进行判断,尤其应注意寻找具有标志意义的岩层进行对比。同时,要注意岩层上、下各层的岩性和层序。岩性对比,不但可以反映调查区内岩相的变化情况,而且也可以为判断构造现象提供线索和依据。

岩性对比常采用下列方法:
(1) 追踪岩层横向是否变化和变化的连续性。
(2) 比较两个露头的岩石性质。
(3) 比较两个露头岩层的层序。
(4) 比较两个露头沉积岩的构造,如斜层理、交错层理及层面的波痕、干裂等。
(5) 比较两个露头的变质现象或变质程度的深浅。

时代对比较为复杂,除应注意整体岩性的对比外,还应根据古生物地层法、同位素测年法,以及区域或世界性的不整合或岩层的缺失等方法进行对比。

三、标本的采集

进行野外地质考察,除了文字、图件等资料外,还需采集相当数量的各类标本,以供进行进一步的分析和研究,如岩石矿物的组成、岩石化学成分分析、化石的鉴定和同位素年龄测定等。

采集标本是一项科学、严谨的工作,稍一疏忽,就会造成失误和损失。一块外行人看来普通的石头,对于地质工作者来说可能就是"无价之宝",特别是那些珍贵的标本。

标本采集有一定的规范要求,不同类型标本的采集方式、采集密度等各不相同。标本种类一般有岩石标本、矿物标本、矿产标本、地层标本、化石标本、构造标本等。

标本应为长方体,规格一般为 3 cm×6 cm×9 cm 或 2 cm×4 cm×7 cm。但古生物标本和地质构造标本不受限制,以保持完整为准则。

标本采集后,应立即进行文字记录,填写文字标签,内容如下:

标本类型、编号;

采集层位及位置;

采集地点;

采样目的;

采样日期;

采集人;

记录完毕,将标签与标本进行软包装,外面注明标本类型及编号,分类装箱。到达驻地后,应对标本、标签进行一一核对,确定无误后送交测试或研究部门。

四、野外实习操作方法

(一) 野外记录格式与要求

在野外,最重要的工作是进行观察并将观察到的特征很好地记录在专门的本子上,它是整个工作的第一手成果。如记录不好,不但别人看不清楚,自己也容易忘记,就会造成以后室内整理编写报告的困难。因此,野外记录的内容及记录的形式都应规范化(图1.2.2)。

野外记录的内容应包括日期、天气、路线、观测点号和名称、观测点内容描述、信手剖面图等。

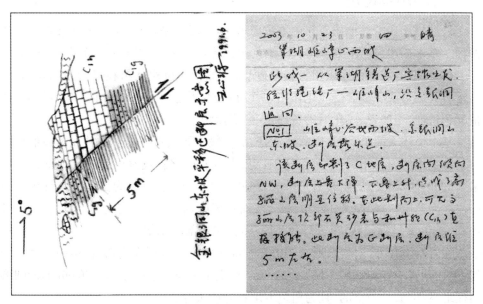

图 1.2.2 记录地质观测点的格式和描述

记录格式一定要很严整,路线、露头点位置、标高、岩性、构造等特征,岩层的走向、倾向、倾角,都应分别记录在一定的位置。这样在整理时就很容易找到。

野外记录本,最好是左页画图,右页写字,露头的记录格式如下:

地质露头点用 No.1 表示,地貌点用(No.2)表示,水文点用(No.3)表示,在记录中顺序一致,地貌、地质、水文不单独另编一套号码。

日期写在右页的上部左边,天气写在右页的上部右边,其他文字内容写在右页的下部。

首先记录路线号码并做描述,然后对观测点进行编号、对点位进行描述记录(路线和点位描述文字不要占全行,两边应各空 1 cm),最后是观测点的内容记录。在观测点的内容记录中,左边记一个地质点中的层号,下面必须用国际代号注明其时代;右边注明每层厚度、岩层走向、倾向读数单写一行,记在行中间,底下用一波浪线标出,以便醒目和快速查考,节理的走向、倾向底下用一条横线画出,以便与岩层产状区别。

标本号码记在左页,图名、比例尺、方向等应写在这一页上。此外,左页完全用于画图,不做其他文字记录。

（二）岩性描述方法

岩性描述在野外地质工作中占重要地位，一般说来，分为基本描述和补充描述两种。基本描述包括下列项目：① 颜色；② 原生构造；③ 结构；④ 矿物成分；⑤ 岩石名称。例如，浅灰色厚层粗粒云母砂岩，又如粉红色块状粗粒斑状角闪花岗岩。通常岩石或多或少都会受风化作用，所以在基本描述后面应该加上一句，说明风化情况和特征，比如说，风化后为黄褐色，呈蜂窝状。

基本描述太简单，不足以叙述清楚，故一般需要做补充描述。补充描述的项目与基本描述的内容相同，不过更详细、更充实，能把所有观察得到的特征都描述出来。例如，浅灰色厚层粗粒云母砂岩，风化后为黄褐色，有时为深灰或灰绿色。厚层往往夹薄层，每层厚为10～30 cm，层面不规则，有清晰的波纹，砂粒均匀。直径约0.5 cm，多呈尖锐状，黑云母薄片脱落，使厚层部分悬空。

除岩石本身外，对岩石所含有的矿物或矿体应进行更为确切、详尽的描述。例如，上述砂岩中有菱铁矿一层，厚10 cm，矿层由大小不等的长20～30 cm的椭圆形结核组成，结核是中空的，且为白色方解石脉所贯穿。

描述岩性时，对岩石风化后所成的地形也应该提及，有的岩层仅仅从风化所成的地形特征就可以断定层位，如泥盆纪的五通组石英砂岩常构成本区山脊。

需要特别注意的是，在普通露头上所看到的颜色往往是岩石风化之后的颜色，且颜色随风化程度的不同而悬殊，所以地质工作者在野外描述岩性时，一定要先敲击岩石的新鲜面，看清它的原生颜色后，才可描述。否则，把风化颜色与原生颜色混为一谈，势必引起错误。因此，如果说某种岩石是黄色的，就是指它的原生色是黄色；如黄色是风化后的颜色，就必须说"风化后呈黄色"。

（三）岩层产状要素的确定方法

走向有两个方向，倾向只有一个方向。倾向与走向的方位角之差为±90°。倾角的变化介于0°～90°之间。如走向NE55°～SW235°，倾向SE145°，倾角35°。在实际工作中，往往只测倾向和倾角就可以了。当然，还应注意以下几点：

(1) 在图件上岩层产状用符号表示，如⊢35°(长线代表走向，短线代表倾向，数字代表倾角)。

(2) 在野外测定产状时，一定要先从大处着眼，看好总体的大致走向和倾向后才能在局部位置上测量具体数据，还要注意测量真倾角(图1.2.3)。

(3) 岩石片理、节理、断层等产状要素可用以上方法测量。

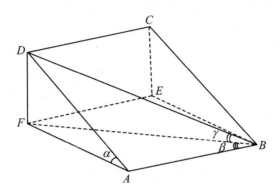

图 1.2.3　真倾角 α 与视倾角 γ

(四) 地形图的使用

地形图是野外地质考察必不可少的基础图件。和一般的地图不同,它是用地形等高线和地物符号表示地形的平面图件。借助地形图,可以了解实习区的地貌、交通、水系等地理情况,为地质考察线路设计提供参考依据,使我们能以最有效的方式取得最佳效果,减少盲目性。也可以通过分析地形图获取地质信息。例如,通过对巢湖北山地区的地形图分析,可以发现本区主要的山脉总体呈"M"形。

(1) 选择地形图。首先看图名,看是否是工作区所需的地形图。再看地形图比例尺,看是否适用于野外考察。地形图的比例尺分为大(1∶10 000 以上)、中(1∶10 000～1∶200 000)、小(1∶200 000 以下)三个级别,根据野外地质考察精度要求不同选择不同比例的地形图。一般选用大比例尺地形图。

(2) 使用地形图。在室内,仔细研读地形图,分析实习区地形特征,了解交通、居民点、水系情况,并根据已掌握的资料,了解其中的有关地质情况。在野外,可以站在实习驻地楼房的顶层上,也可以站在实习区内较高的山峰上,运用罗盘使地形图上方对准正北方向,然后将视线内主要地形、地物与地形图逐一对照,熟悉工作区的地形、地物、方位、距离,以及工作区通视与通行情况。

在观测点上也可练习用罗盘定点,将测量数据记录在笔记本上。将所测岩层产状用符号标示于图上。

(五) 在图上标定地质观测点的方法

在野外工作时,通常利用图上已知的自然地物,借助罗盘来确定地质观测点在图上的位置。在精度要求不高时,一般采用两点交会法,其原理如下。目标物在图上的位置是已知的,观测者站着瞄测的位置在图上是未知的,已知位置点的方位角可以用罗盘测得。如果瞄测目标物在观测者 NE65°的方向上,反过来观测者则在瞄测目标物的 SW245°的方位上,这样就求得观测者所站的位置与瞄测目标物(图上的已知点)的 SW245°的连线。依此类推,再瞄测图上另一已知的地物,就可以读得另一个读数。假设此指南针读数为 SE165°,则观测者在所瞄测目标物(图上已知点)SE165°的方位上,于是形成另一条连线。有了这两根连线,我们就可以通过作图的方法,把人所站位置在图上的相应位置求出来。

具体操作步骤如下:

(1) 测量方位。先在图上选定已知的自然地物,然后用罗盘对目标物瞄准,瞄准时将刻度盘的 N 端放在前面,使眼睛通过瞄准器,或向平行于罗盘的长边看去,使之恰好和目标物在一条直线上。同时要使底盘水准泡停留在玻璃管的中心,以保持水平。等磁针停止摆动或摆动角度很小的时候,从反射镜中读出指北针所指的度数,或轻轻地关闭制动器,使磁针固定之后读数。如指在 65°的位置上,则目标物就在测量者的 NE65°的方向上。

(2) 用两点交会法作图。如图 1.2.4 所示,A、B 是两个已知地物在图上的位置,如上所述,人站在某一位置,瞄准已知地物 A、B,所得的方位读数分别为 SW245°和 SE165°,根据这两个读数的方位角,就可自图上已知 A、B 两点,引出两条直线 AC 和 BE,此两条直线相交于一点 D,此交点就是人所站位置在图上的相应位置。

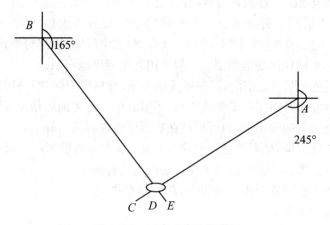

图 1.2.4 两点交会法示意图

需要一提的是,因为此方法得到的结果误差较大,得到交会点后,必须再根据人所站位置周围地形、地物的特征做适当的校正,如要求精确一些,可取三点,取三点交会的中心作为所求的定点。

如果知道观察点(标定点)与已知地物的距离,亦可以用方向加上距离的方法来标定观察点所在位置。例如,标定点在已知地物 NW245°方向上,位于离已知点 500 m 处,则可以在图上按比例标出观测者所在位置。

现在已更多采用卫星导航定位系统进行定点。

第三节 3S 技术在野外考察中的应用

3S 技术是全球定位系统(GPS)、遥感(RS)与地理信息系统(GIS)的合称。目前,3S 技术在地质学中得到广泛应用,如地质普查、地下水资源评价、海洋渔业资源开发、城镇土地利用规划、城市热岛效应、精细农业与土地利用研究等。

以全球定位仪、含 GIS 软件的电脑以及遥感图像为代表的野外地质考察"新三件"为野外地质工作注入了新的元素,并在野外考察中得到越来越广泛的应用,它们与"老三件"(地质锤、罗盘、放大镜)一起,共同为野外地质考察服务。

一、GPS 在野外考察中的应用

GPS 是 Global Positioning System 的简称,它是利用人造地球卫星进行点位测量导航的技术,由美国军方组织研制,从 1973 年开始创建,到 20 世纪 90 年代初完成。它由空间卫星群和地面监控系统两大部分组成,此外,对于测量,当然还应有卫星接收设备。其他的卫星定位导航系统有俄罗斯的格洛纳斯(GLONASS)、欧洲联盟的伽利略卫星导航系统(Galileo Satellite Navigation System,GALIED),以及中国北斗卫星导航系统(Beidou Navigation Satellite System,BDS)。中国 BDS 和美国 GPS、俄罗斯 GLONASS、欧盟 GALILEO 是已被联合国卫星导航委员会认定的供应商。BDS 计划在 2020 年覆盖全球。

(一) GPS 的组成

1. 空间卫星群

GPS 的空间卫星群由 24 颗高约 2 万千米的卫星组成,并均匀分布在 6 个轨道面上,各平面之间交角为 60°,轨道和地球赤道的倾角为 55°,卫星的轨道运行周期为 11 小时 58 分,这样可以保证在地平线以上任何时间和任何地点接收到 4~11 颗 GPS 卫星发送出的信号。

2．GPS 的地面控制系统

GPS 的地面控制系统包括 1 个主控站、3 个注入站和 5 个监测站。主控站的作用是根据各监控站对 GPS 的观测数据计算卫星的星历和卫星钟的改正参数等,并将这些数据通过注入站注入卫星中;同时还对卫星进行控制、向卫星发布指令、调度备用卫星等。注入站的作用是将主控站计算的数据注入卫星中。监测站的作用是接收卫星信号,监测卫星工作状态。GPS 地面控制系统主要设立在大西洋、印度洋、太平洋和美国本土。

3．GPS 的用户部分

GPS 的用户部分由 GPS 接收机、数据处理软件及相应的用户设备如计算机、气象仪器等组成,其作用是接收 GPS 卫星发出的信号,利用信号进行导航、定位等。在测量领域,随着现代科学技术的发展,体积小、重量轻的便携式 GPS 定位装置和高精度的技术指标为工程测量带来了极大的方便。

(二) GPS 的野外地质考察应用简介

利用 GPS 技术,可以精确测定目标物的平面坐标和海拔等空间位置信息。

利用差分技术的 GPS 技术可以精确地测量地球表层的水平高度,有助于研究地球的地质构造运动,确定地层位置和性质。

根据《科技日报》报道,我国科研人员 30 余年来在珠穆朗玛峰地区的大地测量研究中发现,该地区的地壳垂直运动在空间上存在较明显的变化,这种变化可能与珠穆朗玛峰北侧的大型断裂有关。高精度 GPS 测量资料显示珠穆朗玛峰地区的水平运动以 35~42 mm/a 的速度指向 NE54°方位。

在野外地质考察中,GPS 的主要应用有:精确定点,如断层、岩石出露、泉水出露、岩溶漏斗、滑坡、化石采集点等点位;可以精确确定海拔并计算位移变化,如断层移动、裂隙大小与长短等;协助 GIS 和 RS 进行其他如面积的计算、路径的确定等工作。

二、GIS 技术在野外考察中的应用

（一）地理信息系统简介

GIS（Geographic Information System）是在计算机技术支持下管理、处理、分析空间数据并提供科学预测的系统。空间数据是指描述空间实体的空间位置特征与专题属性的数据，通常包括不同来源的遥感数据、地形图数据、专题图数据、野外采样数据、统计调查数据等。GIS 是地质学研究获取地球表层系统信息并实现主客体之间信息流动的新手段，从其研究对象、信息获取的技术系统，到信息传输、处理、存储、应用等方面，均体现了当前人类认识自然界实物系统相互作用关系的新水平，这是传统的地理研究方法无法比拟的，是对地理数量分析的深化。地理学常规的研究方法仅仅限于地球表层系统中的物质信息，所获取的信息实质上属于表征物体物质成分、结构、形状、大小、时间分布，以及与环境因素相关的状态信息。这类信息以符号（语言、文字、图表、数码等）表示，在宏观上难以精确而标准化地进行空间几何模拟，从而在很大程度上无法满足地理研究对地球表层系统空间组织特征的认识与把握。地理信息技术利用的地球表层系统能量信息，作为表征物体能量流的成分、结构及时空状态的信息，通常用三维数据或几何模拟影像表示，显然，能更全面地反映地球表层系统信息综合性的本质特点。依据这类数据或影像建立的主观信息，也更能全面反映客观信息的实际内涵，增强了野外作业对物质信息与能量信息的同步考察作用。

（二）GIS 的野外地质考察应用简介

目前，GIS 技术在野外考察中的作用主要体现在对研究区数据的后期处理上，如利用等高线结合遥感影像对研究区进行三维分析、对野外采样数据进行空间差值分析等方面。

在具体的野外地质考察中，GIS 技术的应用主要有：野外考察的资料准备，如提供不同比例尺的电子地图，提供实习区相关地层、岩性、构造、土壤、植被、水文、地形、交通等信息；对野外考察获得的信息实现实时录入，对野外考察的各种点位信息，线状对象如断层线、褶皱线、岩层线等信息，面状对象如岩石出露区、岩溶漏斗区、坡积物堆积、洪积扇分布区、落叶阔叶林分布区等信息实现实时上图；在野外考察中进行及时分析和预测，如对各种线体的长度测量、对各种面状对象的面积测量；对点位观测的各种属性数据进行多点空间分析以寻找其变化规律，如坡度、坡向、高程、平面分布，土壤剖面各层厚度、颗粒大小、有机质含量、岩石产状、厚度等的空间变化规律，植被类型的空间分布规律等；分析事物发生发展变化的机制，如

据泉水点的水量、岩性、高程、平面坐标、水质等信息,结合区内岩石、土壤、植被类型及分布信息,分析并寻找泉水可能的水源入渗地;根据各种断层、褶皱在区内的分布,分析其形成的力学机制和时间序列等;通过分析,预测可能的地质点位,如根据褶皱线的走向等预测在某处观测到褶皱的可能性,根据岩层分布状况预测观测点可能的岩层类型、产状和厚度等信息;根据土壤分布规律预测某点土壤剖面可能的状况等。另外,还可以结合 GPS、RS 等,根据具体分析,及时更改观测路线、观测内容等。

三、RS 技术在野外考察中的应用

(一) RS 简介

RS(Remote Sensing)技术泛指一切无接触的远距离探测技术,它通过 RS 传感器遥远地采集目标对象的数据,并通过对数据的分析来获取有关地物目标或地区或现象的一门技术科学。RS 技术主要包括传感器技术,信息传输技术,信息处理、提取与应用技术,目标信息特征的分析与测量技术等。此外,按照波谱性质可分为电磁波 RS 技术(可见光、红外、微波等 RS 技术)、声呐 RS 技术、物理场(如重力和磁力场)RS 技术;按照感测目标的能源作用可分为主动式 RS 技术和被动式 RS 技术;按照记录信息的表现形式可分为图像式 RS 技术和非图像式 RS 技术;按照 RS 传感器使用平台可分为航天 RS 技术、航空 RS 技术、地面 RS 技术;按照应用领域可分为地球资源 RS 技术、环境 RS 技术、气象 RS 技术、海洋 RS 技术等。

RS 在野外的应用范围主要涉及陆地水资源调查、土地资源调查、植被资源调查、地质调查、城市调查、海洋资源调查测绘、考古调查、环境监测和规划管理等方面。常用的 RS 数据有:美国陆地卫星 Landsat TM 及 ETM^+ 30 m 和 15 m 分辨率 RS 数据,法国 SPOT 卫星 10 m 分辨率 RS 数据,加拿大 Radarsat 雷达 RS 数据,以及 Quickbird 0.61 m 分辨率与 IKNOS 1 m 分辨率等高分辨率卫星影像数据。RS 影像通常需要进一步处理方可使用,用到的技术称为图像处理。图像处理包括各种可以对像片或数字影像进行处理的操作,包括图像压缩、存储、增强、量化、空间滤波及模式识别等。

(二) RS 的野外地质考察应用简介

地质现象是在特定的地质作用、地质环境下形成的。各种地质体和地质现象之间的组合关系及各自的物质成分、结构存在着差异。正是遥感图像记录了这些差异的电磁辐射特征及物体接受电磁波范围内不同的影像标志特征。基于遥感资料获取地质信息,往往可以达到准确、快速地识别和测量地质体和地质现象的目的:首先选用合适的数字和光学处理来提取有用地质体的遥感信息,建立解译标志,再经野外验证。这种方法就是目视遥感地质解译总结出各种图像上表征遥感地质信息的影像特征,利用这种地质解译标志,在遥感图上对一个地区的岩性、地层、构造等逐一进行识别。

利用遥感图像可以获得很直观、清晰的地貌形态特征构造,如从卫星图像上分析水系和山谷的分布、地质构造的界线等。通常我们选取多时相多波段图像,以获取更多地质地貌形态的信息,从而从区域上对比地貌形态与构造的关系,以此来解译地面不易观察的地质构造。

1. 信息获取

信息包括研究区的地形地貌、岩体、土壤、植被、水系、交通等,在遥感图像上可以直观获取,以此对诸如土壤、植被、水系等分布及分布规律产生直观认识。下面介绍几种信息的解译。

(1) 褶皱构造信息遥感解译和获取

褶皱构造是地层在应力作用下,发生变形弯曲而形成的。在航空照片和卫星影像上观察区域或局部的褶皱构造是比较理想的。在遥感图像上确定褶皱构造,必须判断各种构造要素的产状、形态特征和组合关系及它们的空间分布的特征和规律;解译褶皱构造时应从区域构造轮廓分析着手,解译剖面构造或各个褶皱构造,结合各波段、多时相和不同比例尺的图像相对比,总结区域、局部地区褶皱构造特征。一般情况下,裸露的沉积岩区的褶皱构造标志明显,容易解译;而覆盖区的隐伏褶皱或变质岩系褶皱的标志隐晦或不清晰,解译难度大。所以,应对工作区内出露的岩层影像进行分析对比、划分或归并,以确定影像地层单位,从而建立解译标志,并分析各单位的接触关系、构造变形特点、纵向-横向岩性岩相变化规律,建立相应的地层层序和时代。

(2) 断裂构造遥感信息解译和获取

断裂构造的地面表现很多,如断层崖、串珠状泉眼分布、异常土壤或植被分布、水系的突然转折或大落差变化、负地形变化等,都可能是断裂构造的表现,这些都可以在遥感影像上进行识别。

需要注意的是,地貌的成因可能有许多种,所以在通常情况下,对断裂构造的确定应使用多种标志或综合标志甄别,特别是多期活动的叠加构造,大型断裂、复式断裂、倾伏断裂等利用单一标志进行分析判断容易引起误差,应该综合利用标志进行分析判断。对于沟谷与断层的关系,需要仔细核实,"逢沟必断"是在一定条件下才成立的经验性推论。

(3) 岩性特征遥感信息解译和获取

① 沉积岩。在遥感图像上,沉积岩信息的获取相对较容易,因为沉积岩在遥感图像上以条带或条纹的影像呈现。沉积岩图像特征往往与岩石的结构构造和成分密切相关。在流水作用下在沉积岩分布区常形成不同类型的水系,如格子状、树枝状水系。在地形上形成一些独特的地表形态,如多面山、方山、岩层三角面等。不同的岩石由于颜色、成分、结构、构造等差异,呈现出不同的影像特征,但当沉积岩遭受强烈风化时,可产生褪色,使色彩变黯淡。沉积岩的颗粒大小、均匀性、裂隙和透水性,直接影响水系类型和疏密程度,沉积岩当受构造变动时往往出现异常水系。沉积岩在地形上经受风化剥蚀形成高低起伏的山地,坚硬的岩石呈山脊或山顶,轻软的岩石在图像上一般显示为山的鞍部。砾岩若粒度粗,易风化,透水性好,层理不发育,那么在图像上显示为水系稀疏的树枝状水系;粒度细,抗风化强,透水性较好,层理发育,则在图像上显示为地形和缓,水系较密集,有明显的条纹。

② 岩浆岩。岩浆岩在遥感图像上是十分明显的,其结构和产出的位置直接影响到岩石的图像特征。它常以不同的环状构造或放射状水系呈现。一般而言,岩浆岩出露地表,其影像清晰,以地形和水系特征显示,未出露地表的岩浆岩以色调、水系和微地貌间接显示。除此之外,岩石的抗风化剥蚀能力的强弱、岩石的裂隙发育程度等对岩浆岩图像特征都有影响。解译时通过色调可以了解岩浆岩的性质,一般酸性侵入体呈浅色,基性侵入体呈深色。可以根据水系分布特征、密度和地形形态特征分析岩体出露范围、特性和展布规律等。解译时照片要注意岩体的侵入产状,特别在航空照片上应注意岩浆岩侵入接触关系,是否有变质带、控制岩浆活动的断裂构造等,在卫星图像上应注意岩浆岩的形态特征、空间分布规律及不同期岩浆岩的相互关系等。

③ 变质岩。变质岩类目视解译与沉积岩和岩浆岩图像解译相比,难度较大。原因是变质岩类型复杂,岩相变化大,穹隆大小不一,不稳定,如变质岩中的片麻岩,它往往经过多期变质和变形,变质构造多次叠加,使其标志复杂而不稳定。所以,要充分应用多波段,加以计算机图像处理,获取更多的信息,结合其他特征标志进行综合解译。

2. 位置确定

遥感图像比地质图、地形图等更加直观,其地貌特征更加显著,使用者可以更快确定遥感图像上的河流、道路、植被、岩体等直观信息,结合实际点位周边环境信息,快速、精确地确定观测点位的位置。

3. 方向确定和路线识别

基于直观信息的位置确定后，遥感图像有助于使用者对野外行走方向和行走路线的识别。

4. 综合分析

结合 GPS、GIS 及其他观测信息，对对象的分布、变化、规律等进行分析，并预测可能的分布、变化等。

第四节 野外地质考察的成果分析与总结

野外考察结束以后，要把野外地质考察时搜集的各种原始资料进行系统的整理，转入室内整理、野外实习报告及习作论文的撰写阶段。

一、野外考察资料的整理

对野外考察资料的室内整理应按如下步骤进行。首先，要审阅野外记录。对野外记录中的项目、重要的数据、岩层或断层的产状要素等进行鉴别和审阅，如对于资料不全、字迹不清或不足以说明问题的地方，要进行补充、修正和批注。其次，对野外记录簿中的剖面图、素描图等要进行整理，如果图面不完备或图面结构不合理，要进行适当的整饰和美化。再次，检查、核对各种野外调查图件，如平面地质图和实测地层剖面图；检查原始图件与相应的文字是否相符，图面内容是否完备，实际资料的标绘是否正确，各种地质界线是否合理；检查野外照片是否已按规定的内容登记。在上述工作的基础上，编制实习区综合地层柱状图。在室内整理阶段，应将野外所采集的各种标本、样品进一步进行仔细观察和研究，并据此补充、修正文字记录和图件中的有关部分，然后清除多余的标本和样品。对于化石标本要仔细研究，这是确定地层时代的重要依据。对于需要保存的标本和需要分析鉴定的标本，应按规定统一编号、填写标签、登记、包装。

二、区域地质资料的分析与总结

经过野外地质调查和室内资料整理,对于实习区的地质情况可以形成一个综合的认识。要对实习区的岩石类型,岩性特征,岩石组合,沉积厚度,地层的划分,岩相及沉积建造,构造形态及空间组合,构造层的划分,构造应力场的特征,岩浆活动的方式、时代和特征,变质作用的方式、时代及各地质时代的矿产等进行分析,并结合相邻地区的大地构造、构造变动、岩浆活动和变质作用,分析实习区所处的大地构造位置、地壳活动状况、沉积环境、构造演化、生物进化、气候变迁和古地理的发展历史等情况。

这种总结不应仅仅限于对实习区调查的实际资料进行系统归纳和整理,而应在归纳、整理的基础上,从理论的高度对这些实际资料进行分析和综合,从各种地质现象的成因和各种地质过程的形成机制上加以分析,以便通过实习区具体的地质情况,了解更大区域的地质情况。

这种总结可以由教师系统地讲授,也可以由学生分专题进行总结,然后互相交流,使每个学生对整个实习区的地质情况都能有全面而深刻的认识。

三、实习报告与习作论文(专题)的撰写

野外地质实习报告有相对固定的格式和内容,它是野外地质调查、室内整理及综合研究成果的集中体现,报告应真实地反映客观存在的地质、矿产情况,论点应以充分的实际资料为依据,并应附有各类成果图件。实习报告的题目应该体现实习的基本内容,前面要求冠以实习地区的名称。例如,"巢湖北山区域野外地质实习考察报告"等。报告的主要内容如下:

一、绪言
(一)实习区域的地理位置和行政区划
(二)实习区域的自然地理、经济和交通概况
(三)实习的目的与任务
(四)实习的概略过程
(五)实习区域的研究历史与现状
二、本区地层与矿产
(一)地层
(二)矿产
三、地质构造特征

（一）本区所在的大地构造位置

（二）褶皱

（三）断裂、节理

（四）地质构造点特征（倾伏背斜、倾伏向斜、岩层倾角变化、地质构造、岩性控制）

四、地质发展简史及古地理环境

五、小结

六、专题

小结要全面概要地总结实习的主要成果；可以提出实习过程中的新发现、新见解；认真地归纳实习过程中的经验和教训；积极地提出存在的问题及今后实习的建议。

实习报告中应有如下的附图：① 实习地区的交通位置图；② 实习路线及实习观察点的分布图；③ 实测剖面图；④ 各类地质现象的素描图及照片。

实习报告的编写，在文字上应力求简明扼要，在图表上应力求清楚整洁，层次清晰，论证严密。围绕实习的基本内容，抓住实习中的根本环节，写出丰富而生动、有教益的心得体会。

习作论文（专题）应选择适当的题目。习作论文（专题）题目一般可从以下几方面的内容中提炼：野外工作期间有所发现，而过去没人报道过的问题；有争议的地质问题；对前人工作成果有不同看法的问题，如地层的划分等；其他方面的问题，如沉积环境的恢复、构造运动的期次、岩体与矿产的关系、古地理环境的变迁、第四纪地质、古生物的演化、新构造运动、地震、火山等内容。习作论文（专题）的选题不宜过大，可以"小题大做"，尤其要注意根据地理科学专业的特点，结合生产实际选择实践性强的题目写作。

巢湖区域野外地质考察习作论文（专题）参考题目：

① 巢湖北山褶皱构造的主要类型及其特点

② 巢湖北山出露的主要地层及其判别特征

③ 巢湖湖盆形成的构造作用概述

④ 鹅头岩的形成及地质特征

⑤ 巢湖平顶山三叠纪地层的主要特征

⑥ 巢湖区域喀斯特地貌的形成及特点

⑦ 巢湖的地热/地下水分析

⑧ 王乔洞边槽的形成及构造作用的意义

⑨ 麒麟山实测地质剖面的原理和过程

⑩ 以鹅头岩为例分析巢湖北山的主要断层特征

⑪ 巢湖北山地区构造-地貌的联系概述
⑫ 区域地质图判读的方法与信息提取
⑬ 信息技术在野外地质考察中的运用概述
⑭ 巢湖北山地质遗迹的科考意义及保护
⑮ 野外地质考察方法综述
⑯ 巢湖区域主要矿产资源及成矿条件分析
⑰ 巢湖区域主要地质旅游资源的分布和特点
⑱ 巢湖区域人文与地质的关系分析
⑲ 巢湖北山地质考察的意义及进行深入研究的方向
⑳ 巢湖流域水患的环境地质成因与水生态健康研究

第二章　巢湖区域地理环境

第一节　巢湖区域自然地理环境

一、气候与水文

巢湖属北亚热带湿润性季风气候。控制本区的大气环流以西风环流及亚热带环流为主；此外，因青藏高原地形阻塞形成的西南低压也常进入本区。整个流域年平均气温在 15～16 ℃之间，活动积温在 4 500 ℃以上，有 200 天以上的无霜期，季节分明，年温差在 25 ℃以上，年降水量 1 000 mm 等值线通过本区。总的特点是气候温和，雨量适中，季风显著，四季分明，热量条件优越，无霜期长。

巢湖是安徽省最大的湖泊，被列为中国五大淡水湖之一。巢湖沿湖有 20 多个乡镇，岸线周长 180 km，水面东西长 55 km，南北均宽 15 km。水位 12 m 时，面积约 800 km^2，容积 4.8×10^9 m^3。中华人民共和国成立以来，巢湖的实测最高水位为 13.02 m（1954 年 8 月 31 日槐林水位站测得，相应的巢湖湖口水位为 12.93 m）；实测最低水位为 6.63 m（1978 年 10 月 27 日测得）。1956 年 6 月，根据湖中心姥山岛的洪水痕迹及史料记载，认定清道光二十九年（1849 年）姥山岛后湾水位为 13.57 m，是目前已知的最高水位。巢湖水系发达，自古号称"三百六十汊"。巢湖流域面积总计为 13 486 km^2，由于水源丰富，气候适宜，素为皖中"鱼米之乡"。

现有入湖河流主要分布在湖区的西部和西南部，如发源于皖西大别山的南淝河，汇经上派、中派、下派的派河，流经三河的杭埠河、丰乐河，与金牛河接流的白石天河，相传为曹操开凿的马尾河，源于柈槎山东麓的柘皋河。裕溪河又名运漕河，古称濡须河，西起巢湖东湖口，东南流至裕溪口，全长 75 km，与长江沟通，是今天巢湖唯一的通江水系。

巢湖入湖河流共有 26 条，分属巢湖、长江水系，皆发源于低山丘陵间。其中，杭埠-丰乐河、派河、南淝河、柘皋河、夏阁河、烔炀河、花塘河、双桥河、东新河、兆河等注入巢湖，裕溪-清溪河、环城河等注入长江。

二、地貌、土壤与植被

巢湖及其流域的地貌轮廓是在中生代燕山运动和新生代喜马拉雅运动后所形成的。由于巢湖处于几个次级地质构造单元的交会地带，各单元均有独立而又彼此影响的发展过程，所以在地貌形态上具有明显的区域性差异（表2.1.1）。

表 2.1.1　巢湖流域地貌特征

滨湖地貌	北部剥蚀丘陵阶地区（柘皋河以西至撮镇一带）
	东部构造剥蚀低山区（柘皋-槐林一线以东地区）
	西部剥蚀丘陵阶地区（撮镇-槐林一线以西地区）
湖岸形态	石质湖岸（岸壁较陡，发育有浪蚀穴）
	砂土质湖岸（土质疏松，可形成宽阔的浅滩）
	黏土质湖岸（岸线平直少湾，较易形成崩塌岸）
湖盆地势	地势西北高、东南低，向东南倾斜

由于错综复杂的地质、地形、气候、水文、植被的地域差异，成土母质、成土时间及人类影响的不同，所以本区土壤形成了丰富多彩的类型。据第二次全国土壤普查知，全区有5个土纲，8个土类，30个土亚类，67个土属，106个土种。本区地带性土壤为黄棕壤，约占土壤总面积的21%；而其他非地带性土壤占79%，其中最大的非地带性水稻土几乎遍及全区。各类土壤在地带性和非地带性因素综合影响下，大致呈四种分布方式，即枝状分布、台阶式分布、碟形分布和带状分布。

地带性植被类型为北亚热带针阔叶混交林夹少数耐寒常绿阔叶林，原生植被不复存在，绝大部分为人工栽培林、次生林、灌木丛及草类，主要有低山丘陵植被群落、平原岗地植被群落和水生植被群落三类。

1. 低山丘陵植被群落

该群落分为阳坡植被群落与阴坡植被群落。阳坡植被群落以马尾松林为主，伴生树种有茅栗、白栎、麻栎、化香、山槐等荒山先锋树种。

阴坡植被群落以马尾松、黑松、杉木林为主，伴生树种有化香、山槐等；灌木层有短柄枹栎、泡桐、白檀、白栎、山胡桃、映山红等。

2. 平原岗地植被群落

以柳属、杨属、刺槐、枫杨、臭椿、泡桐、水竹、马尾松、栓皮栎、麻栎等为主；灌木层有乌饭树、映山红、茅栗等；草本层以白茅、五节芒、狗牙根等为主。

3. 水生植被群落

遍布全区大小水域，尤以沿江的湖泊、池塘中的最为茂盛，包括沉水、浮水、挺水三种类型。沉水类型主要分布在湖心一带，有眼子菜群落、藻类群落等；浮水类型主要有紫萍群落、浮萍群落、水花生群落、细果野菱群落等；挺水类型主要有莲群落、茭群落、芦苇群落等。

第二节　巢湖区域人文地理概况

一、历史地理沿革

巢湖位于沟通东西、连接南北的重要交通地理位置上。这种独特的地理位置和环境，使巢湖区域成为中国第四纪南北两大动物区系的过渡地带，并成为和县猿人（约30万年前）及巢县人的发源地。据考证，在5 600～5 300年前凌家滩遗址处就出现了城市，而居巢国（又称南巢、巢伯国）则是3 000年前商周时期的重要方国，青铜器《班簋》、"鄂君启节"的铭文都记载有"巢"国。《水经注》对古巢国的山、水、城都有较详细的记载。在巢湖市柘皋镇东南直线距离10 km处有地名夏阁，为传说中夏桀被放逐南巢、巢伯建阁接桀之处。直到春秋时巢国尚在，它是吴、楚两国相互争夺的目标。

巢湖地区开发较早，境内新旧石器时期遗址很多。最著名的是含山县南部铜闸镇长岗乡凌家滩新石器时代遗址，从15座古墓中出土了陶器、玉器、石器，其中玉人、玉龟、玉龙、玉虎、玉猪、玉璜、玉璧、玉扣等及原始八卦图形玉器，揭示出早在5 000多年前，就已形成河图洛书和八卦概念，表明当时这里已有高度的文明。远古时期，这里是蛮夷民族的聚居区，也是中国长江、黄河两大古文明的交会地区。在秦汉以前，夏有古巢等方国，殷商时代为南巢方国，西周为巢伯国。春秋时期，先后为吴、楚北上的争夺地，巢国先后附属于吴国、楚国。《史记》就有"楚平王十年，楚太子建驻居巢"的记载。鲁昭公二十四年，吴赶走楚兵后灭掉巢国，该地从楚国又落入吴国手中。与巢邑相匹的,在今无为县境内有襄安(今襄安镇)、驾邑等。自秦至中华人民共和国成立的2000多年历史中,随着朝代的更替、政权的变更,巢湖区域很多地方数次更名,治辖的隶属关系也不断改变。涉及巢湖的地名也不断变化。秦王政二十四年,秦灭楚,置九江郡(治寿春邑,今寿县城关镇),在今境内设居巢、襄安,汉明帝封宣帝元孙刘般子刘恺为居巢侯,恺让居巢侯给其弟刘宪,历三世绝,后复为居巢县。隋唐时期,改郡为州。唐武德三年,杜伏威降唐,改庐江郡为庐州(仍治合肥,今为市),仍设庐江县(隋末,改治石梁东南)、巢州(治襄安,今巢湖市区);七年,废巢州及扶阳、开城两个县,将其并入襄安县,改襄安县为巢县,改属庐州,巢县名始见,时设五个县。

1949年6月,皖北专员公署(专署)设立巢湖专员公署,驻巢县,辖巢县、无为县、庐江县、肥东县、肥西县、含山县、和县、三河市、巢湖水上公安局。1950年3月,三河市并入肥西县。1952年1月,巢湖、宣城两地专署合并成立芜湖专员公署,巢县、无为县、庐江县、和县、含山县划归芜湖专署。1958年7月,庐江县划属六安专署;8月,巢县划归合肥市;11月和县、含山县划归马鞍山市;12月和县、含山两县合并为和含县。次年4月,和含县再划归芜湖专署;5月和含县重又分为和县、含山两县。1961年4月,巢县由合肥市划出,仍归芜湖专署。1965年5月,经国务院批复,巢湖专署于同年7月25日恢复建置,署治巢县城关,辖巢县、无为县、庐江县、肥东县、和县、含山县六个县。1971年3月,巢湖专署改称巢湖地区专署。1983年7月,肥东县划归合肥市建置。1984年1月4日,经国务院批准,巢县撤县改称巢湖市(县级),仍属巢湖地区行政公署管辖。经1999年7月9日国务院批准、8月5日省政府批复,撤销巢湖地区及县级巢湖市,设立地级巢湖市,地级巢湖市人民政府驻新设立的居巢区青年路。原县级巢湖市改为居巢区,以原县级巢湖市的行政区域为居巢区的行政区域,区人民政府驻东风路。巢湖市辖原巢湖地区的无为县、庐江县、含山县、和县和新设立的居巢区,由市领导县、区。2011年7月14日,经国务院批准,安徽省人民政府正式宣布撤销地级巢湖市,并撤销原地级巢湖市居巢区,设立县级巢湖市。以原居巢区的行政区域作为新设的县级巢湖市的行政区域。新设的县级巢湖市由安徽省直辖,合肥市代管。原地级巢湖市管辖的庐江县划归合肥市管辖,无为县划归芜湖市管辖,和县的沈巷镇划归芜湖市鸠江区管辖,含山县、和县(不含沈巷镇)划归马鞍山市管辖。

二、社会经济状况

巢湖流域是安徽省人口最密集的地区之一。截至2013年底,巢湖市下辖6个街道、11个镇、1个乡,人口88.04万人。巢湖流域区位优越,交通便捷。周边与南京、合肥、安庆、芜湖等市相邻。淮南、合九铁路及合宁、沪蓉、合巢芜高速公路穿境而过。巢湖东站位于巢湖市东郊的金巢大道与亚父路交口,为京福高速铁路和商合杭高速铁路交会的跨线联络枢纽。区内长江岸线 182 km,系长江中下游的"黄金地段"。巢湖资源丰富,得天独厚。已发现的矿藏有 34 种,其中磁铁矿、硫铁矿、明矾石、石灰石、石膏矿等储量巨大。巢湖是著名的"鱼米之乡",盛产大米、油料、棉花、家禽、水产品,"巢湖三珍"(银鱼、白米虾、螃蟹)享有盛誉。巢湖是国家级风景名胜区,全市自然和人文景观有 130 多处,江、湖、山、泉并存,以水见长,湖光、温泉、山色是"巢湖风景三绝"。

近年来,巢湖地区社会经济发展不断加快,综合实力明显增强,农业结构不断优化,五个县(区)均被列入全国粮棉生产大县,并先后进入全国粮油百强县行列。"两水一菜"(即水产、水禽、蔬菜)发展迅速,水产品产量位居全省第二,特种水产品产量居全省第一;水禽已形成 20 多个较大规模的养殖小区;蔬菜面积 100 多万亩(1 亩≈666.667 m^2),是长江中下游重要的蔬菜生产基地。工业经济实力不断增强,基本上形成了建材、机械、纺织、轻工、医药、食品等支柱产业,拥有一批具有一定实力和规模并在省内外同行业中占有一定地位的骨干企业。但是还存在产业结构不合理的问题,产业形式主要还是集中在第一、第二产业层次上,而如果这些产业形式的科技含量不高,管理不善,极容易造成严重的污染问题。从巢湖流域产业的科技发展来看,技术含量不高是一个突出的问题,传统生产方式还是主要的产业依靠形式。这就给环境带来了严重的承载压力,同时也对流域人们的就业产生了不利影响。

近年来巢湖的旅游业发展很快。作为安徽省重点建设的旅游地,巢湖区域目前比较成熟的旅游产品有以下几个:

1. 观光旅游

包括山水观光(巢湖、南淝河、岱山湖、姥山、四顶山、银屏山、紫蓬山等)、宗教观光(明教寺、中庙)、历史名人文化观光(楚汉、三国、明清历史,项羽、包公、李鸿章、三将军等)、环湖景观大道等。

2. 休闲旅游

以三河古镇民俗为内容的休闲旅游;以滨湖、滨河为主的水上周末节假日休闲、城市休闲及森林休闲等。

3. 节庆旅游

巢湖银屏山的牡丹节已成为当地的传统节日,影响较大;合肥的包公诞辰千年纪念、首届中国相声节、文化艺术节、庐州灯会等旅游节庆活动及周围的庙会等开展得有声有色。今后还可开展水上龙舟赛,开创水世界等。

4. 商务会务旅游

合肥作为省会城市,商务和会议是它的主体旅游产品,省内外来合肥的游客在会议和商务上所占比例较大。

巢湖流域有山有湖,拥有银屏山(仙人洞、紫微洞)、天井山(泊山洞)、褒禅山(华阳洞)和太湖山等四个国家森林公园及半汤、汤池等温泉度假区。城市基础设施较好,综合配套功能较强。巢湖积极开发自然风光旅游、古文化旅游和地质旅游,作为安徽省城的合肥与南京、上海、杭州等周边城市"后花园"的旅游格局正在逐步形成。

第三章　巢湖区域地质概况

巢湖区域位于中朝准地台与扬子准地台结合地带,地质构造位于张八岭台拱、下扬子台坳、江淮台坪和北淮阳地槽褶皱带结合部位,上述单元在震旦纪是地槽区,但在古元古代末吕梁运动后,张八岭台拱和江淮台坪隆起,形成淮阳古陆,今日的下扬子古生代褶皱带范围,由于古陆的抬升而相对沉陷,接受了古生代海相、浅海相的灰岩和砂页岩沉积。三叠纪青龙灰岩沉积之后,区内古生代沉积受海西期淮阳运动作用而产生强烈褶皱,使巢湖东部形成一系列 NE-SW 走向的短轴复式背斜,这一运动引起下列古地理环境的变化:① 巢湖四周形成山地;② 中间沉降形成巢湖流域构造盆地。在长期的地史发展过程中,区域地壳运动频繁,褶皱和断裂构造大量发育,加之火山喷发与岩浆侵入,构筑了一幅错综复杂的地质景观图。

第一节　地　　层

巢湖市北部山区的地层,以发育古生界为特点,其中尤以对中、晚古生代地层(延入中、下三叠统)的研究较详,虽然与巢湖市城南一带同属于扬子地层区下扬子地层分区六合巢县地层小区之内,但二者在地层发育上尚有某些差异。区内出露地层从老到新,分别为新元古界震旦系,古生界寒武系、志留系、泥盆系、石炭系、二叠系,中—新生界二叠系、侏罗系、第四系。

一、新元古界(震旦系 Z)

区内震旦系出露在青苔山及半汤两地,仅有上震旦统灯影组(Z_2dn,时代为 $635.0\sim(541.0\pm1.0)$ Ma BP),由于受断裂影响或被掩盖,该组未见底。本区北部之青苔山,灯影组可分为上、下两段,厚 360.06 m。

下段厚约 291.49 m,以浅灰色白云岩为主,可分上、中、下三个部分。下部含硅质条带、硅质结核,厚 148.33 m;中部为厚层葡萄状含凝块石和蓝藻泥晶白云岩,厚 95.82 m;上部为类硅质岩,白云石呈碎裂状,厚 47.34 m,其中中下部含微古植物原始光面球藻(*Protoleiosphaeridium* sp.)等及核形石(*Osagia* sp.)、葛万石(*Girvanella* sp.)、贝加尔叠层石等。

上段为灰白、灰紫、灰黄色薄层微晶白云岩,条纹状白云岩及细晶鲕粒白云岩,底部为厚层钙质中细粒岩屑石英砂岩层,顶部掩盖,产微古植物化石原始光面球藻等,厚 68.57 m。

在半汤地区,上段比较发育,以浅灰白色中至中厚层含硅质条带、硅质结核与团块白云岩为主,底部为一层黄绿色含磷粉砂质页岩(P_2O_5 含量达 5.38%),厚 90.43 m。

本区灯影组上段顶部直接为下寒武统冷泉王组假整合超覆,缺失西南地区及南京、巢湖前湾灯影组顶部的一套厚层硅质岩。

二、古生界

(一) 寒武系(∈)

寒武系主要分布在半汤,以含镁碳酸盐为主,厚达 570 m。近年在此地发现部分三叶虫化石,据此将该地寒武系自上而下划分为:下统(时代为(541.0±1.0)~509 Ma BP)冷泉王组、半汤组,中上统(时代为 509~(485.4±1.9) Ma BP)山凹丁群,下、中统之间呈假整合接触。

1. 下寒武统冷泉王组($\in_1 l$)

以深灰色中层粉晶白云岩为主,厚 104.9 m。中上部层内含 2~10 cm 厚的硅质条带,底部有一层厚约 1 m 的含砾砂岩,含葛万藻(*Girvanella* sp.)、叠层石、微体古植物原始光球藻(*Protoleiosphaeridium* sp.)、面球藻(*Trachysphaeridium* sp.)。本组岩性与下伏灯影组上段相似,不易划分,而与半汤组之间间断明显,故有学者认为本区缺失早、中寒武世沉积。但另一种观点认为,本组底部具一间断面,又含早寒武世常见的 *Girvanella* sp. 等化石,且下伏地层富含具独特结构(如葡萄状、条纹状、花边状等)的蓝藻并发育硅质条带、结核、团块,与灯影组的白云岩区别明显,故应属于早寒武世早中期产物。

2. 下寒武统半汤组($\epsilon_1 b$)

以中厚层微晶、泥晶白云岩和泥质白云岩为主,厚 156.12 m。其下部为白云质石英砂岩、薄层泥岩、钙质页岩。以泥质成分多为特点。在钙质页岩中含莱得利基虫(*Redlichia* sp.)、昆明盾壳虫(*Kunmingaspis* sp.)、奇蒂特虫(*Chittidlla* sp.)、山东盾壳虫(?*Shantungaspis*? sp.)、太阳女神螺(*Helcionella* sp.)。如以见到 *Redlichia* sp. 就归入早寒武世这一方式划分,那么本组就相当于北方特别是山东地区馒头组上段。

3. 中上寒武统山凹丁群($\epsilon_{2-3}sh$)

按照岩性特征本群可分为上、下两段:

下段($\epsilon_{2-3}sh^1$)以灰质白云岩、砂屑白云岩为主,厚 177.99 m。下部颜色较浅,呈浅灰、灰色。底部有一层厚为 1~10 cm 之浅灰红色薄层杂基白云质细砾岩,砾石大小在 0.2 cm×1 cm~2 cm×3 cm 之间,呈棱角或次圆状,成分以微晶白云岩为主,含硅质岩,明显假整合于半汤组之上。上部颜色较深,含燧石团块。

上段($\epsilon_{2-3}sh^2$)以呈溶蚀状(蜂窝状)的细晶白云岩及白云质硅质岩为特征,厚 131.7 m。下部含硅质团块,上部夹硅质岩。

在山凹丁群至今未发现化石,但在其上部白云岩中发现早奥陶世头足类化石,故时代归入中晚寒武世。

(二) 奥陶系(O)

本区奥陶系出露不多,仅见于半汤一带。总的地层划分与下扬子地层一致,但由于出露差,发育不全,以下奥陶统仑山组(时代为(485.4±1.9)~(477.7±1.4) Ma BP)较发育为特征。如半汤汤山剖面厚 118.23 m,可以分为下、中、上三个部分。下部由细晶泥质白云岩组成,缺乏硅质团块为其特征,并与山凹丁群呈连续沉积,曾在其中采获垂叶角石(*Artiphylloceras* sp.)、前房角石(*Proterocameroceras* sp.)等,为各地常见之早奥陶世早中期的产物。中、上部为含硅质结核和硅质条带白云岩,在此没有发现化石。岩石硅化明显,因而其他各组情况不甚清楚。与邻区含山县地层相比较地层发育不够齐全,汤山一带地层岩性常以碳酸盐岩为主,厚度稍有增加。

(三) 志留系(S)

1. 下志留统高家边组(S_1g)

命名:以江苏省句容县东北约 20 km 的高家边标准剖面命名。

时代:早志留世((443.8 ± 1.5)～(438.5 ± 1.1) Ma BP)。

岩性特征(厚度为 378 m):

下段主要为灰黑色页岩,偶夹粉砂岩和细砂岩,厚度约 21 m。富含笔石化石,常见锯笔石(*Pristiograptus* sp.)、栅笔石、雕笔石等属。

中段主要为黄绿色泥岩、页岩、粉砂质页岩,有时夹薄层细粒砂岩,向上部砂岩夹层增多,层面上见波痕。在含山县仓山一带上部夹黄绿色钙质砂岩及厚 20～30 m 的生物灰岩凸镜体三层,厚 138 m。含锯笔石(*Pristiograptus* sp.)、中华棘鱼(*Sinacanthus* sp.)、三叶虫、腕足类、大壳类、腹足类等化石。

上段为灰绿、黄绿色薄层细粒砂岩,细粒长石石英砂岩、泥质砂岩与粉砂岩、粉砂质页岩互层,厚约 136 m。在本段发现的化石较少,本区仅出露上段的上部分。

与下伏奥陶系在大部分地区呈假整合接触,与上覆中志留统坟头组为连续沉积的整合接触。

2. 中志留统坟头组(S_2f)

命名:原名"坟头层",标准剖面在江苏江宁坟头村附近。

时代:志留纪中期((438.5 ± 1.1)～(433.4 ± 0.8) Ma BP)。

岩性特征(厚度为 271.2 m):

下段为灰绿、黄绿色、局部紫红色中厚至厚层细粒石英砂岩夹薄层细粒长石石英砂岩及黄绿色页片状具龟裂纹粉砂岩、泥质粉砂岩、粉砂质泥岩,本段厚 250 m。化石稀少,仅在巢湖市下朱村发现中华棘鱼(*Sinacanthus* sp.)和皖中新亚洲棘鱼(*Neoasiacanthus wanzhongensis* Xia, Wang et Chen)。

上段为灰绿或黄绿色中至厚层泥质粉砂岩、粉砂质细砂岩夹粉砂质泥岩、泥质粉砂岩,厚 21.2 m。化石主要有王冠虫(*Coronocephalus* sp.)、鱼类、腕足类化石及虫迹构造。

与下伏地层下志留统高家边组为连续沉积的整合接触;与上覆地层上泥盆统五通组存在沉积间断,为假整合接触。

(四) 上泥盆统五通组(D_3w)

命名:原名"五通山石英岩",1919 年由丁文江创于浙江长兴煤山西北之五通山,时代归属泥盆纪。

时代:晚泥盆世((382.7 ± 1.6)~(358.9 ± 0.4) Ma BP)。

岩性特征(厚度为 176 m):

下段的底部为乳白色或浅棕色中厚至厚层石英砾岩,砾石含量自下而上减少,过渡到含砾细粒石英砂岩。上部为灰白、粉紫色中至厚层细粒石英砂岩夹少量薄层泥岩或粉砂岩,局部夹凸镜状铁矿层。石英砂岩可作硅砖、熔剂、玻璃工业原料。厚 73 m。化石较少,可见植物碎片。

上段为灰白、灰黄色薄至中薄层细粒石英砂岩与灰白或黄绿或棕红薄层杂色粉砂质泥岩、泥岩、含炭质泥岩互层。其上部夹有 2~5 层耐火黏土,偶夹 1~3 层赤铁矿及厚度不等的劣煤层(厚 1 厘米至数厘米),同时夹厚至中厚层灰白色石英细砂岩。化石主要有拟鳞木(*Lepidodendropsis* sp.)、亚鳞木(*Sublepidodendron* sp.)等植物化石及叶肢介化石。

与下伏地层中志留统坟头组为假整合接触;与上覆地层下石炭统金陵组为假整合接触。

(五) 石炭系(C)

1. 下石炭统金陵组(C_1j)

命名:原名"金陵石灰岩",1930 年由李四光、朱森创于南京龙潭东侧之观山,当时是指"黄龙灰岩"之下页岩中的一层灰岩。1961 年,金玉玕将其扩大至金陵石灰岩及与五通组之间的一层黄褐色细粒铁质钙质砂岩,并改称金陵组。

时代:早石炭世早期((358.9 ± 0.4)~(346.7 ± 0.4) Ma BP)。

岩性特征(厚度约为 7.7 m):

下段灰黄至褐黄铁质石英粉砂岩或土黄色钙质砂岩,可见腕足类化石,厚 0.1~1.5 m。

上段灰黑色中厚层生物碎屑微晶、细晶灰岩,厚 6.5 m。含假乌拉珊瑚(*Pseudouralinia* sp.)、袁氏珊瑚(*Yuanophyllum* sp.)等珊瑚化石及大量腕足类、牙形石和介形类化石。

与下伏上泥盆统五通组为假整合接触;与上覆下石炭统高骊山组为假整合接触。

2. 下石炭统高骊山组(C_1g)

命名:原名"高骊山砂岩",1931 年由朱森创于江苏句容县城东之高骊山。同义名有高骊山层、高骊山系及同山页岩等。

时代：早石炭世中期（(346.7±0.4)～(330.9±0.2) Ma BP）。

岩性特征（厚度约为13 m）：

底部为灰紫色赤铁矿层，厚0.46 m。

中部为灰、深灰色含炭质页岩，紫、黄杂色页岩，含钙质结核泥岩夹含泥质灰质白云岩透镜体。含腕足类轮刺贝（*Echinoconchus* sp.）、网格长身贝等及珊瑚、瓣鳃类化石，厚约8 m。

上部为灰白色中薄层细粒石英砂岩、浅灰色黏土、页岩互层，砂岩中虫迹构造发育，厚约4.3 m。

与下伏地层金陵组为假整合接触；与上覆地层和州组也为假整合接触。

3．下石炭统和州组（C_1h）

命名：原名"和州石灰岩"，1931年由朱森所创，标准地层在安徽和县香泉北西之赤儿山。

时代：早石炭世晚期（(330.9±0.2)～(323.2±0.4) Ma BP）。

岩性特征（厚度约为26.8 m）：

下段为灰黄至灰色微晶灰岩、微晶泥质灰岩，夹泥质灰质细晶白云岩或夹灰黄色、紫色页岩，厚22.5 m。含原始史塔夫筳（*Eostaffella* sp.）、石柱珊瑚（*Lithostrotion* sp.）、大长身贝（*Gigantoproductus* sp.）、戟贝及介形虫、牙形石化石。

上段岩性变化大，一般为灰、微带肉红色中厚层至厚层亮晶及微晶生物碎屑灰岩，底部为粗结晶灰岩，顶部为炉渣状灰岩，厚4.3 m。含筳类及珊瑚化石。

本区（巢湖凤凰山一带）岩性特殊，上段相变为浅灰色中层含白云质微晶灰岩夹灰黄绿色钙质泥岩，微晶灰岩中嵌有大大小小的黄绿色钙质泥岩，其泥质成分风化流失后，形成姜状或煤渣状残积物凸露于地表。

其底部以同生砾状微晶灰岩或含生物碎屑微晶灰岩与下伏高骊山组顶部石英砂岩或杂色页岩假整合接触；与上覆地层黄龙组肉红色微晶灰岩呈假整合接触。

4．上石炭统黄龙组（C_2h）

命名：原名"黄龙石灰岩"，标准地点在江苏丹徒县赣船山。

时代：晚石炭世早中期（(323.2±0.4)～(307.0±0.1) Ma BP）。

岩性特征（厚度约为30 m）：

本区缺失黄龙组下段，仅出露其上段，可分为两个部分。

下部为灰色、肉红色中厚层生物碎屑微晶灰岩，局部为亮晶灰岩，厚约16 m。含原小纺锤筳（*Profusulinella* sp.）、卵形原小纺锤筳等筳类及珊瑚化石。

上部为灰色、肉红色厚至巨厚层亮晶生物碎屑灰岩,厚约 11 m,顶部夹有不连续的灰、灰黄色含铁质泥岩。含小纺锤䗴(*Fusulinella* sp.)、纺锤䗴(*Fusulina* sp.)、唱贝(*Choristites* sp.)、石炭皱戟贝(*Rugosochonetes carbonifera*)等化石。

本组缺失下段粗晶灰岩段,与下伏和州组之间还缺失老虎洞组,故其与下伏地层为假整合接触。

5. 上石炭统船山组(C_2c)

命名:原名"船山石灰岩",标准地点在江苏丹徒县赣船山。

时代:晚石炭世晚期((307.0 ± 0.1)~(298.9 ± 0.15) Ma BP)。

岩性特征(厚度为:本区 5~6 m,长江南岸 10~31 m):

底部(长江以北)往往发育一层同生砾状灰岩,局部地段发育含砾岩质泥岩,砾石为黄龙组含小纺锤䗴(*Fusulinella* sp.)的灰岩。含植物化石碎片和腕足类化石。

中部为灰至深灰色薄至中薄层微晶灰岩。

上部为深灰至灰黑色中层含生物碎屑微晶灰岩及灰白色含生物碎屑球状微晶灰岩。含希瓦格䗴(*Schwagerina* sp.)、麦粒䗴(*Triticites* sp.)、网格长身贝(*Dictyoclostus* sp.)等化石。

本区以本组底部发育的砾状灰岩或局部地段含砾炭质泥岩与下伏黄龙组呈假整合接触;与上覆下二叠统栖霞组黑色炭质页岩呈假整合接触。

(六) 二叠系(P)

1. 下二叠统栖霞组(P_1q)

命名:来源于"栖霞石灰岩",标准剖面在南京东郊栖霞山。

时代:早二叠世((298.9 ± 0.15)~(272.3 ± 0.5) Ma BP)。

岩性特征(厚度约为 171 m):

按巢湖市北部平顶山剖面,自下而上可分为两段六个部分。

下段厚 61.60 m,可分为两个部分:

下部为碎屑岩夹劣质煤,平顶山剖面碎屑岩风化为土黄色风化物。该部分岩性变化较大:在岠嶂山一带为深灰色、灰黄色钙质透镜体泥岩,厚 0.25 m,向西到东风石灰矿为灰黑色页岩及黑色劣质煤层,厚 0.75 m。与下伏船山组呈凹凸不平之假整合接触。

上部(臭灰岩层)为深灰、灰黑色薄至中层含沥青质臭灰岩及含生物碎屑泥灰岩,厚 60.60 m,含米斯鎡(*Misellina* sp.)、南京鎡(*Nankinella* sp.)、原米氏珊瑚(*Protomichelinia* sp.)、泡沫米氏珊瑚(*Cystomichelinia* sp.)、服尔兹氏拟文采尔珊瑚(*Wentzellophyllum volzi*)、多壁珊瑚(*Polythecalis* sp.)、线纹长身贝(*Linoproductus* sp.)、直房贝(*Orthotichia* sp.)等。

上段厚 109.67 m,可分为四个部分：

下部(下硅质层)为含燧石结核或团块灰岩,黑、灰黑色灰岩,夹黑色薄燧石层及生物碎屑粉砂质泥岩,厚 8.74 m,含早坂珊瑚(*Hayasakaia* sp.)、泡沫米氏珊瑚(*Cystomichelinia* sp.)、亚曾珊瑚(*Yatsengia* sp.)、神螺(*Bellerophon* sp.)等。

中部(含燧石结核灰岩层)为深灰、灰黑中薄到中层含燧石结核灰岩,夹黑色薄层含沥青质泥类岩,厚 78.14 m,含南京鎡(*Nankinella* sp.)、栖霞希瓦格鎡(*Schwagerina chihsiaensis* Lee)、球鎡(*Sphaerulina* sp.)、豆鎡(*Pisolina* sp.)、早坂珊瑚(*Hayasakaia* sp.)、多壁珊瑚(*Polythecalis* sp.)、拟方管珊瑚(*Tetraporinus* sp.)、朱森珊瑚(*Chusenophyllum* sp.)、马丁贝(*Martinia* sp.)、轮皱贝(*Plicatifera* sp.)及大量有孔虫化石。

上部(上硅质层)为黑色中薄层硅质岩、深灰色含燧石结核白云质灰岩及薄板状硅质灰岩互层,厚 7.66 m。含拟纺锤鎡(*Parafusulina* sp.)、希瓦格鎡(*Schwagerina* sp.)、朱森珊瑚(*Chusenophyllum* sp.)、多壁珊瑚(*Polythecalis* sp.)等。

顶部(顶部灰岩层)为灰或深灰色含燧石结核灰岩、白云岩质灰岩,厚 14.86 m。含拟纺锤鎡(*Parafusulina* sp.)、奇壁珊瑚(*Allotropiophyllum* sp.)等。最顶部则为深灰至浅灰色厚至巨厚层含燧石结核微晶灰岩,与上覆下二叠统孤峰组硅质岩呈假整合接触。

上述剖面下段上部起至上段顶部在各地发育都较稳定,但其厚度在巢南地区大于巢北地区。本区以拟纺锤鎡带或朱森珊瑚带之顶界为栖霞组之顶界。

2. 中二叠统孤峰组(P_2g)

命名:孤峰组一名"孤峰层",为"龙潭煤系"之下的一套含磷或锰硅质岩石、硅质页岩、灰质页岩。命名地点在安徽泾县孤峰。

时代:中二叠世((272.3 ± 0.5)～(259.8 ± 0.4) Ma BP)。

岩性特征(厚度约为 48 m):

下段主要岩性为深灰至灰褐色薄层硅质岩、硅质页岩夹紫灰至灰黄至棕黑色页岩、钙质页岩、炭质页岩及薄层粉砂岩,底部时夹灰岩凸镜体。底部页岩中富含磷结核,结核直径一般为 1～3 cm,大者 5 cm 以上,含结核率 5%～30%,结核中 P_2O_5 的含量为 10%～20%。局部地区含磷层之上还夹含锰页岩、锰土层及含锰灰岩。本段厚 25～30 m。含阿尔图菊石(*Alfudoceras* sp.)、拟腹菊石(*Paragastrioceras* sp.)、新轮皱贝(*Neoplicatifera* sp.)、华夏贝(*Cathaysia* sp.)、细戟贝(*Tenuichonetes* sp.)等。

上段岩性较稳定,为深灰至褐黄色薄层硅质岩夹蓝灰至灰黄至土黄色硅质页岩、钙质页岩,时夹泥质粉砂岩、页岩及灰岩凸镜体,局部地区还夹有含锰页岩或锰土层,厚 15～20 m。含腕足类乌鲁希腾贝(*Urushtenia* sp.)、副色尔特菊石(*Paraceltites* sp.)等。底部含硅质页岩夹钙质页岩及薄层粉砂岩,与栖霞组顶部厚层微晶灰岩、含燧石结核或燧石条带微晶灰岩呈假整合接触。顶部则为褐黄至灰黄至灰色硅质页岩、钙质页岩,有时夹泥质粉砂岩、页岩及灰岩凸镜体,与龙潭组底部灰黄色石英粉砂岩、细砂岩呈整合接触。

3. 中二叠统银屏组(P_2y)

本组于 1981 年由省区测队所建。在巢湖南部银屏剖面,于当时的"龙潭组"下部页岩段(不含煤段或 A 煤组),采获不少菊石、腕足类、腹足类、瓣鳃类等海相化石。如其底部富含肌束蛤(*Myalina*),并在层内找到早-中二叠世的典型化石,如孤峰菊石(*Kufengoceras*)、瓶形虫(*Celebetes*)等,可与苏南堰桥组、浙西丁家组的石煤段及福建童子岩组对比。在巢北平顶山西侧也有发现,如平顶山西姚家山一带,厚 20 m 左右,以灰至深灰色泥岩及页岩为主,含肌束蛤(*Myalina* sp.)、假髻蛤(?*Pseudomonotes* sp.)、前壳叶蛤(*Promytilus* sp.)、栉羊齿(*Pecopteris* sp.)、石根(*Rodiates* sp.)、全脐螺科(*Euomphalidae*)等遗迹化石及许多未能定名甚至未能定出门类的生物化石,反映茅口晚期该区沉积以滨岸沼泽的陆屑沉积为特征。

4. 上二叠统龙潭组(P_3l)

命名:原称"龙潭煤系",标准剖面在南京天宝山。
时代:晚二叠世吴家坪阶((259.8 ± 0.4)～(254.14 ± 0.07) Ma)。
岩性特征(厚度约为 43.57 m):

下部棕黄至灰黄色粉砂质泥岩、泥岩夹泥质粉砂岩,底部以黄棕色至棕灰色含铁质、泥质石英砂岩与孤峰组分界。含瓣鳃类、腹足类及栉羊齿(*Pecopteris* sp.)植物化石等。

中部为长石石英砂岩段,主要为灰至灰白色或黄灰色中薄至中层中细粒长石石英砂岩夹灰黄至灰黑色泥岩,含炭质页岩、少量粉砂质泥岩或夹煤线。含单网羊齿(*Gigantonoclea* sp.)、栉羊齿(*Pecopteris* sp.)等植物化石。

上部黄灰色至灰色粉砂质泥岩、泥质粉砂岩及深灰至黑灰色含炭质粉砂质泥岩与灰显红色粉砂质泥岩互层,逐渐过渡。局部夹中薄层铁质石英细砂岩和深灰色含生物碎屑致密灰岩透镜体。含腕足类化石。

与下伏地层孤峰组呈整合接触；与上覆地层大隆组也呈整合接触。

5. 上二叠统大隆组(P_3d)

命名：大隆组一名，最早系张文佑、张家天于1938年在广西大隆进行煤田地质调查时所创，安徽大隆组以怀宁县夫子岗剖面为代表，厚66 m。

时代：晚二叠世长兴阶$((254.14\pm0.07)\sim(252.17\pm0.06)$ Ma BP$)$。

岩性特征（厚度约19.48 m）：

下部为深灰至灰褐色薄层硅质岩、硅质页岩夹粉紫灰色粉砂质页岩。含腕足类化石碎片。

中部为灰黑色至黑色炭质页岩夹黑色硅质页岩及灰黄至灰色粉砂质页岩。含菊石和腕足类化石。

上部为灰黑色炭质页岩与灰微显棕色灰质泥岩或泥质微晶灰岩互层。含菊石和腕足类化石。

与下伏地层龙潭组呈整合接触。本组顶部与早二叠世底部化石种类具共生性，说明二叠-三叠纪过渡层存在，其岩性也呈连续沉积特点，因此与上覆地层殷坑组呈整合接触。

近年来，研究发现，大隆组可分为上、下两个部分。下部以安德生菊石科及阿拉斯菊石科（Araxocerafidae）为主，上部以假提罗菊石科、肋瘤菊石科、大巴山菊石科为主，代表菊石不同演化阶段。因此，本区龙潭组并不代表晚二叠世早期全部地层，还应包括大隆组下部地层在内。这是岩石地层单位与年代地层单位不一致的表现。

三、中生界

（一）三叠系(T)

1. 下三叠统殷坑组(T_1y)

命名：由安徽贵池地区地层调查队于1965年创名，标准剖面位于贵池县殷汇东面的和龙山。

时代：早三叠世殷坑阶$((252.17\pm0.06)\sim251.2$ Ma BP$)$。

岩性特征（厚度约84 m）：

下段为浅灰绿至黄绿色钙质泥岩、含砂质泥岩与黄绿至棕灰色薄层泥灰岩、含白云质泥灰岩互层，局部含钙质结核，含蛇菊石（*Ophiceras* sp.）、克氏蛤（*Claraia* sp.)及牙形石等化石,厚约 23 m。

中段为黄绿至灰黄色粉砂质泥岩夹中薄层泥质条带灰岩或似瘤状灰岩,含菊石、瓣鳃类及牙形石化石,厚 22 m。

上段为灰绿色钙质泥(页)岩夹灰至深灰色薄层泥质灰岩及薄层条带白云质灰岩,厚 39 m。含菊石、瓣鳃类、牙形石化石。

与下伏地层大隆组呈整合接触;与上伏地层和龙山组也呈整合接触。

2. 下三叠统和龙山组(T_1h)

命名:由安徽贵池地区地层调查队于 1965 年创名,标准剖面位于贵池县殷汇东面的和龙山。

时代:早三叠世殷坑阶((252.17 ± 0.06)~251.2 Ma BP)。

岩性特征(厚度约 21 m):

下段为灰黄绿色至紫红色薄层似瘤状灰岩与钙质泥岩互层,偏上部夹灰至深灰色薄至中层含泥质灰岩,厚约 9.3 m。含菊石、瓣鳃类及牙形石化石。

上段为灰、深灰色薄至中厚层灰岩夹黄绿色薄层似瘤状灰岩及页岩,厚约 12 m。所含化石门类与下段相同。

与下伏地层殷坑组呈整合接触;与上覆地层南陵湖组同样呈整合接触。

3. 下三叠统南陵湖组(T_1n)

命名:由王乙长等于 1964 年创名,1982 年由安徽地质局陆镜元总工程师主持进行了一定的修改,标准剖面在南陵县南陵湖。

时代:早三叠世巢湖阶(251.2~247.2 Ma BP)。

岩性特征(厚度约 160 m):

下段为块状灰岩段,厚约 49 m,可再分上、下部。下部为灰、灰绿、微红色薄层瘤状灰岩夹灰色灰岩,厚约 13 m。含提罗菊石(*Tirolites* sp.)、第纳尔菊石(*Dinarites* sp.)等及丰富的牙形石化石。上部为灰至深灰色块状灰岩夹灰黄色中薄层瘤状灰岩、钙质泥岩及同生角砾状灰岩,厚约 36 m。化石门类与下部相同。

中段为瘤状灰岩段,厚约 47 m,可再分上、中、下部。下部为紫红色中薄层瘤状灰岩、泥灰岩夹灰色中厚层灰岩,厚约 16.4 m。中部为灰至深灰色中厚层灰岩夹紫红至灰绿色瘤状灰岩及钙质页岩,厚约 18 m。上部为灰绿色中薄层瘤状灰岩夹杂色泥岩及深灰色薄层灰岩,厚约 12.5 m。各部分均含丰富牙形石化石、瓣鳃类和菊石化石。

上段为灰黑色薄层灰岩段,厚约 64 m,分上、下部。下部为灰黑色薄层灰岩夹黄绿色钙质页岩,含巢湖龙(*Chaohusaurus* sp.)等爬行类、瓣鳃类及牙形石化石,厚约 26 m。上部为灰黑色薄层灰岩夹黑色沥青质炭质页岩及棕色钙质页岩,顶部有时含燧石结核,含瓣鳃类化石,厚约 38 m。

与下伏地层和龙山组在沉积上呈过渡性,整合接触。

4. 中三叠统东马鞍山组(T_2d)

命名:本组由汪贵翔 1979 年创名,标准剖面在怀宁县月山。

时代:中三叠世青岩阶(247.2～242.0 Ma)。

岩性特征(厚度>95.8 m):

下段为灰、浅肉红色中至厚层含石膏假晶灰质白云岩,上部为灰至深灰色薄至中层灰岩、白云质微晶灰岩。偶见牙形石化石,厚约 12 m。

上段为灰至灰黄色厚层至块状角砾状灰岩、泥质微晶灰岩、泥质白云质微晶灰岩,厚度>80 m。上部盐溶角砾岩为区内石膏矿的赋存层位,在地下较深部位为膏盐层,出露地表后膏盐流失,常呈角砾岩。在芜湖市南郊白马山、当涂县钟山、无为县汤沟等地,该组上部可见数层硬石膏,个别地段石膏层厚达 280 m。

与下伏地层南陵湖组为整合接触。

(二) 侏罗系(J):下侏罗统磨山组(J_1m)

本区侏罗系出露较少,仅出露下侏罗统磨山组,时代为(201.3±0.2)～(174.1±1.0) Ma BP。巢湖北部地区仅零星见于俞府大村向斜(即炭井村向斜)南部,如东侧小山村附近、西侧九棵松-铸造厂-变电所一带。前者仅发育底部灰白色砾岩层及部分灰黄、黄褐色中至薄层长石石英砂岩夹薄层细砂岩,曾采到过丽蟞(*Nilssonia* sp.)、苏铁杉(*Podozamites* sp.)等植物化石,不整合于二叠系栖霞灰岩之上。后者底部砾岩夹中粗粒灰黄、浅灰色长石石英砂岩,不整合于五通组之上。其上部逐渐出现黄绿、紫红色等细砂岩、粉砂岩、页岩及薄层细砂岩互层。

近年来,在桐城-怀宁一带,侏罗系象山群被进一步划分,下部称磨山组(J_1m),上部称罗岭组(J_2l)。本区零星露头仅相当于磨山组的一部分。上统毛坦厂组(J_3m,时代为(163.5±1.0)～145.0 Ma BP)仅巢县城关卧牛山有出露,以粗安质火山角砾岩夹凝灰质岩屑细砂岩、粉砂岩等组成。下伏情况不明,其上可能与上白垩统红色砂、砾岩沉积(宣南组 K_2xn,时代为 100.5～66.0 Ma BP)呈不整合接触。

四、新生界(第四系 Q)

新生界在本区仅出露第四系,时代为 2.58 Ma BP 至今,巢湖区域第四系主要分布在长江及其支流河谷两侧以及巢湖流域内的冲积平原和湖积平原。地层分布较为齐全,其成因类型以冲积、洪积为主,还有湖积、残坡积等。

(一) 第四系地质时代的确定及地层划分

第四系地质时代的确定及地层划分主要依据是巢湖区域第四系地层分布的地貌位置、特征、色调和岩性特征,以及古地磁、孢粉、动植物化石、ESR(电子自旋共振)测年结果。结合国内外研究现状,划分方案见表 3.1.1。

表 3.1.1 巢湖区域第四系地层划分

第四系地层	地区/组段		扬子区下扬子分区		
			岗地区	平原区	
全新统	Q_4	Q_4^3	芜湖组(Q_4w)11.7 ka BP 至今	芜湖组(Q_4w)	上段(Q_4w^3)
		Q_4^2			中段(Q_4w^2)
		Q_4^1			下段(Q_4w^1)
更新统	Q_{1-3}	Q_3	下蜀组(Q_3x)126.0~11.7 ka BP	檀家村组(Q_3tn)36.5~11.7 ka BP 下蜀组(Q_3x)	
		Q_2	戚家矶组(Q_2q)781~126 ka BP	戚家矶组(Q_2q)	
		Q_1	安庆组(Q_1a)2 580~781 ka BP	安庆组(Q_1a)	

1. 第四系地质时代的确定

① 第四系下限,依据磁性地层中松山反向期与高斯正向期的界线,确定为 2.58 Ma BP。

② 早更新世与中更新世的界线,确定为 0.781 Ma BP,为磁性地层中松山反向期与布容正向期的界线。

③ 中更新世与晚更新世的界线,确定为 0.126 Ma BP。

④ 晚更新世与全新世的界线,确定为 0.011 7 Ma BP,位于磁性地层中布容正向期哥德堡事件之中。

2. 第四系划分

根据最新的第四系划分方案,将巢湖区域划分为更新统(Q_{1-3})、全新统(Q_4)。更新统地层又划分为下更新统(Q_1)、中更新统(Q_2)和上更新统(Q_3),其代表性层位分别为下更新统安庆组(Q_1a)、中更新统戚家矶组(Q_2q)、上更新统下蜀组(Q_3x)和檀家村组(Q_3tn)。全新统为芜湖组(Q_4w),根据地层位置、岩性特征、古地磁、孢粉和 ^{14}C 测年结果又可划分为三段:芜湖组下段(Q_4w^1,11.7~7.5 ka BP)、芜湖组中段(Q_4w^2,7.5~2.5 ka BP)、芜湖组上段(Q_4w^3,2.5 ka BP至今)。

(二) 第四系地层岩性特征

区域第四系地层岩性特征按从老至新依次叙述如下:

1. 下更新统安庆组(Q_1a)

位于最高级阶地(多为基座阶地上部),即Ⅳ级阶地,分布于长江安徽江段南北两岸。地层基本色调为黄、灰黄色。主要岩性为砂砾石层,砾石层夹中细砂层,砾径一般为2 mm~4 cm,磨圆度以次圆状为主,分选性较好。砂层中交错层理、斜层理较发育。前人在该地层中取样的古地磁测试结果反映为松山反向期贾拉米洛事件和高斯正向期马莫斯事件。厚度为10~20 m。其成因为冲积类型。与下伏白垩系宣南组呈不整合接触。早更新世砾石层主要有安庆砾石层、望江砾石层等。

(1) 安庆砾石层剖面

下更新统安庆组 厚>20 m

7. 棕红色含砾中粗砂层,钙质胶结,含有铁质及少量砾石。 厚1.4~2.6 m

6. 棕红色砂砾石层,砾石含量大于60%,分选性好,砾径5 cm左右,次圆或圆状。 厚2.0~9.5 m

5. 姜黄色砂层与黏土层互层。 厚4.0 m

4. 姜黄至棕黄色中砂、中粗砂层,透镜状,具斜层理,局部含砾,厚度<0.7 m。重矿物以稳定矿物为主。 厚0.7 m

3. 棕黄色砂砾石层,砾石含量60%~80%,次圆至圆状,砾石成分为石英岩、燧石、细砂岩。局部夹砂层透镜体。 厚2.0~3.4 m

2. 姜黄色砾石层与砂层互层。砾石成分为石英岩、燧石,砾径大者7 cm,小者0.5 cm,一般4~5 cm,次圆状,含量>50%。砂为中粗砂,成分为石英、长石,长石已风化为高岭土,较疏松,不含水。 厚<5.00 m

1. 姜黄色砂砾层,砾石含量>50%,砾石表面具铁、锰质浸染物。砂为中细砂,有铁、锰层,厚约0.1 m。 厚1~2 m

~~~~~~~~~~~~~~~~~~~~~~不整合接触~~~~~~~~~~~~~~~~~~~~~~

白垩系宣南组
红色泥岩、粉砂岩。

(2) 望江砾石层剖面

下更新统安庆组 厚3.0 m

(未见顶)

4. 灰黄、灰棕色砂砾石层,砾石成分以石英为主,总厚3.0 m,次为石英砂岩、硅质岩、灰岩等,砾径一般为2~7 cm,磨圆度以Ⅲ级为主,分选性一般,砂为中粗砂,成分以石英、长石为主。

3. 棕黄、棕红色中细砂,砂成分以石英、长石为主,次为岩屑。 厚0.3 m

2. 棕黄、棕红色中细砂,砾石成分以石英为主,次为长石硅质砾,砾径一般为2~4 cm,磨圆度Ⅲ

级,砂为中粗砂,成分以石英为主。 厚0.6 m
1. 灰黄、暗灰红色砾石层,砾石成分以石英为主,次为石英砂岩、硅质岩、玉燧、灰岩、安山质等,砾径4~5 cm,磨圆度Ⅱ~Ⅲ级,砂为中粗粒砂,成分以石英、长石为主,岩屑次之。ESR样测年结果为1.07 Ma BP。 厚1.8 m

~~~~~~不整合接触~~~~~~

白垩系宣南组
　　砖红色粉砂质泥岩、粉砂岩。

2. 中更新统戚家矶组(Q_2q)

分布于长江河谷两岸及支流河谷两岸,组成Ⅲ级阶地,地层基本色调为红色。主要岩性为:底部为棕红色泥砾层,厚1~2 m;砾石多为次棱角状,成分为硅质、石英、燧石、花岗岩质等,砾径大于50 cm,大者达到1 m以上,分选性较差;向上为夹棕黄、灰黄红色砂砾石层的网纹红土,上部主要为赭红色网纹红土。厚度19 m左右。

建组剖面位于枞阳县戚家矶村南江边,以下为该剖面描述。

中更新统戚家矶组 厚12.0 m
(未见顶)
3. 暗红色黏土,底部含砾,局部有凸镜状黑色铁质黏土。 厚2.0 m
2. 赭红色蠕虫状泥砾,夹有砂质扁豆体。与下伏层界限清晰,形态不规则,有向下插入现象。 厚5.0 m
1. 青红色杂色蠕虫状含砾黏土,砾径一般1 m左右,大者可达3 m,小砾直径1 cm以下,砾、泥混杂。砾石成分有灰岩、石英砂岩、脉石英等,黏土特细,均匀而黏韧,除巨砾、卵石以外,可见黏土带,砾石一般磨圆度较好,常有磨光面,弯曲的光面在阳光下闪闪发亮。 厚5.0 m

~~~~~~不整合接触~~~~~~

下白垩统杨湾组
　　紫红色粉砂岩。

3. 上更新统

区域上更新统根据地貌、岩性特征、古地磁、绝对年龄资料等可划分为下蜀组和檀家村组,主要组成区内Ⅱ级和Ⅲ级阶地,地层基本色调为黄色、灰黄色。主要岩性为砂质黏土,含铁锰结核或胶膜的砂砾石层。

(1) 上更新统下蜀组(Q_3x)

上更新统下蜀组分布广泛,组成区内Ⅱ级或Ⅲ级阶地,其成因主要有冲积及混合两种。

① 冲积成因。下部岩性为灰黄色砾质中至细砂,所含砾石以脉石英、硅质、石英砂岩质成分为主,分选性、磨圆度较好;上部为灰黄色砂质黏土,局部含砾,普遍含铁锰质小球,厚10.07 m。以含山县王庄钻孔剖面为代表,描述如下:

上更新统下蜀组　　　　　　　　　　　　　　　　　　　　　　　　厚 10.07 m

3. 土黄色粉砂质黏土,含铁锰小球。　　　　　　　　　　　　　　　　厚 2.40 m

2. 土黄色粉砂质黏土,含少量砾石。　　　　　　　　　　　　　　　　厚 4.05 m

1. 棕黄色砾质中至细砂,砾石成分以石英岩为主,砾径在 3 cm 以下,磨圆度较好。　厚 3.62 m

～～～～～～～～～～～～～不整合接触～～～～～～～～～～～～～

始新统双塔寺组

　　红色砂岩。

② 混合成因(包括风积、残积、坡积、冲积等)。其岩性下部为浅棕黄色砂质黏土,底部含砾石,成分以脉石英、硅质岩等为主,分选性、磨圆度较好;中部为棕黄色砂质黏土;上部为黄褐色砂质黏土,含铁锰小球。厚 5.4 m 左右。以巢湖杨家河剖面为代表(图 3.1.1),描述如下:

上更新统下蜀组　　　　　　　　　　　　　　　　　　　　　　　　厚＞3.6 m

4. 灰黄色含植物根系亚黏土。　　　　　　　　　　　　　　　　　　厚 0.6 m

3. 棕黄色、灰黄色亚黏土。　　　　　　　　　　　　　　　　　　　厚 0.5 m

2. 棕黄色、棕灰色砾石层,砾石成分以砂岩砾、硅质岩砾、灰岩砾、燧石等为主,砾径 2 mm～7 cm,大小不一,磨圆度Ⅰ～Ⅱ级,分选性差。充填物为砂泥质(呈透镜体)。ESR 测年结果为距今约 3.76 万年。　　　　　　　　　　　　　　　　　　　　　　　　　　　　厚 0.7 m

1. 棕灰、棕黄以亚黏土,含铁锰质小球。　　　　　　　　　　　　　　厚 2.5 m

(未见底)

该剖面反映为风积、冲洪积特征类型。

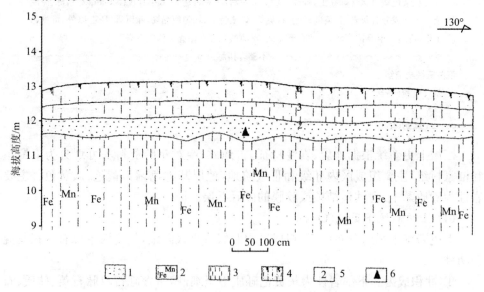

图 3.1.1　巢湖杨家河上更新统下蜀组(Q_3x)上部实测剖面图(杨则东,2000)

1. 砂砾石层;2. 含铁、锰小球亚黏土;3. 砂质砂土;4. 含植物根系亚砂土;5. 分层号;6. 采样点

(2) 上更新统檀家村组(Q_3tn)

主要组成长江Ⅱ级阶地,其成因为冲积型。其岩性下部为砾石层、砂砾石层或含泥砂砾石层,以青灰色为主,砾石成分以石英为主,次为燧石。砾径一般为 0.2～1 cm,大者可达 8 cm,以圆、陡、次圆状为主;中下部为中细砂层或含砾中细砂层,主要为石英砂,其次为长石、云母碎片,分选较好,局部含少量泥质成分,呈灰黄色;上部为粉砂质黏土或黏土质细粉砂,呈灰黄色、褐黄色;顶部为粉质黏土,灰黄色为主,含铁锰结核等富集层,结核呈圆状,核径 1～2 mm,厚度大于 40 m,在江北较深地区底部标高为 -48 m。该地层与下伏地层呈平行不整合接触。^{14}C 年龄小于 36 000 a BP。以和县东圩庄钻孔剖面为代表(据安徽省地矿局 322 地质队 QK28 孔资料),叙述如下:

全新统芜湖组(Q_1w)	厚 42.18 m
上段	厚 5.16 m
16. 浅灰色粉砂质黏土。	厚 0.90 m
15. 青灰色粉砂质黏土,夹灰黑色淤泥。	厚 0.50 m
14. 棕黄色黏土质砂。	厚 0.79 m
13. 棕黄色粉砂。	厚 0.30 m
12. 浅棕黄色黏土。	厚 2.67 m
中段	厚 31.32 m
11. 黑色泥炭层,^{14}C 年龄<8 000 a BP。	厚 1.04 m
10. 浅棕灰色黏土。	厚 0.36 m
9. 浅棕色粉砂。	厚 0.30 m
8. 浅棕灰色黏土。	厚 2.50 m
7. 灰色黏土质砂。	厚 2.50 m
6. 棕灰色黏土。	厚 1.94 m
5. 棕灰色黏土质砂。	厚 1.00 m
4. 棕灰色黏土,夹薄层黏土质砂。	厚 10.58 m
3. 青灰色粉-细砂。	厚 11.10 m
下段	厚 5.70 m
2. 青灰、灰黄色砂质黏土,夹细粉砂。	厚 3.10 m
1. 青灰色中-细砂,^{14}C 年龄<10 000 a BP。	厚 2.60 m
上更新统檀家村组(Q_3tn)	厚 28.27 m
11. 青黄杂色砂质黏土。	厚 0.45 m
10. 青灰色中-细砂。	厚 0.75 m
9. 青灰色中-细砂,夹砂质黏土。	厚 4.92 m
8. 灰黄色砂砾石。	厚 1.82 m
7. 灰黑色砾石,铁质胶结。	厚 1.28 m
6. 淡黄色砂砾石,夹薄层砂质黏土。	厚 8.10 m
5. 棕黄色砂质黏土。	厚 1.60 m

4. 青灰色细砂。 厚 1.09 m
3. 灰黄色砾质砂。 厚 2.61 m
2. 泥炭层，^{14}C 年龄约 36 000 a BP。 厚 0.84 m
1. 砂砾质黏土。 厚 4.81 m

～～～～～～～～～不整合接触～～～～～～～～～

中三叠统铜头尖组

  紫红色泥岩。

4. 全新统

  全新统在区内分布广泛,主要分布于长江两岸及支流水系的两岸,以及巢湖、石臼湖等一带,在区内组成河流Ⅰ级阶地、漫滩、江心洲、河心滩、湖滩等。

  其地层单位为全新统芜湖组,建组剖面位于和县东圩庄,厚 42.18 m,分为下、中、上三段。

  下段(Q_4w^1):下部为青灰色中细砂,上部为青灰、灰黄色砂质黏土,夹薄层细至粉砂,厚 5.7 m,^{14}C 年龄＜10 000 a BP。

  中段(Q_4w^2):下部为青灰色粉细砂,中部为棕灰色黏土质粉砂与砂质黏土互层,上部为浅棕黄色黏土夹粉砂,顶部为灰黑色泥炭层,厚 31.32 m。

  上段(Q_4w^3):下部为浅灰、青灰色粉砂质黏土,夹灰黑色淤泥,上部为浅棕黄色粉质黏土,夹薄层粉砂,厚 5.16 m。

  本组在区域上岩性和厚度均有变化,总体趋势为地貌由山区向平原,物质颗粒由粗变细,厚度由薄变厚,其成因为典型的冲积或湖积类型。

  根据柱状对比图及相应层位 ^{14}C 测年数据,可以大致推算其淤积速率。全新世以来,在宿松江北湖群处,10 000 年内淤积厚约为 38 m,淤积速率为 3.6 mm/a;最近 1 000 年内平均淤积速率为 5.44 mm/a;在安庆任家店处,1 700 年内淤积速率为 5.4 mm/a;在安庆大枫处,10 000 年以内,平均淤积速率为 2.44 mm/a。在无为县汤沟处,10000 年以来,平均淤积速率为 2.72 mm/a。当然,上述估算没有排除后期河道变迁过程中被冲刷掉的地层厚度。

  根据区域第四系的岩性特征、古地磁成果、孢粉组合特征、植物动物化石、绝对年龄测试结果等可以做出区内第四系综合柱状图(图 3.1.2)。

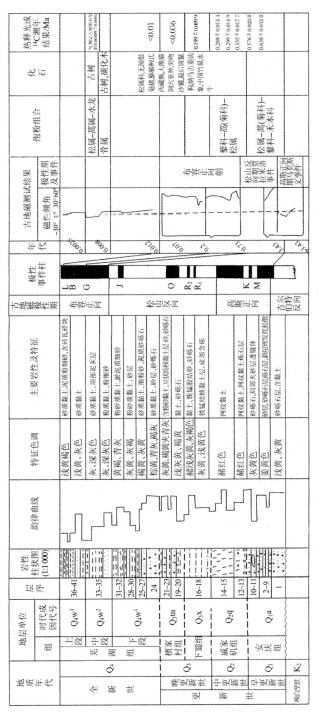

图 3.1.2 巢湖区域第四系综合柱状图

(三) 巢湖区域第四系层序特征

巢湖区域第四系层序可分为两大类型：平原区和岗地区。平原区地层层序从老至新表现为：下更新统安庆组的粗碎屑至全新统的中细砂、粉质黏土、淤泥质黏土等的总体变细序列；岗地区地层层序从老至新总体上无序，但组内局部有序。平原区又可分为湖积平原区和河流冲积平原区，第四系以巢湖同大圩钻孔资料（图3.1.3）为代表，描述如下：

1. 下更新统

基本层序为由砾石层→砂砾层→含砾砂层→中细砂层→细砂层组成的向上变细旋回性层序。

2. 中更新统

基本层序为由泥砾→含砾网纹红土→网纹红土组成的向上变细层序。

3. 上更新统

① 下蜀组：基本层序为由底部含砾黏土层或砾石层→铁锰质黏土层→砂质黏土层组成的非旋回性层序。

② 檀家村组：基本层序为由底部含砾砂层→粉细砂层→砂质黏土层组成的向上变细层序。

4. 全新统

下段的基本层序为由底部砂砾层→含砾砂层→中细砂层→砂质黏土层等组成的向上变细旋回性层序。

中段的基本层序为由细砂层→粉砂层→黏土质粉砂层→砂质黏土层→粉质黏土层组成的向上变细层序。

上段的基本层序为由粉细砂层→泥质粉细砂层→粉砂质黏土层组成的向上变细旋回性层序。

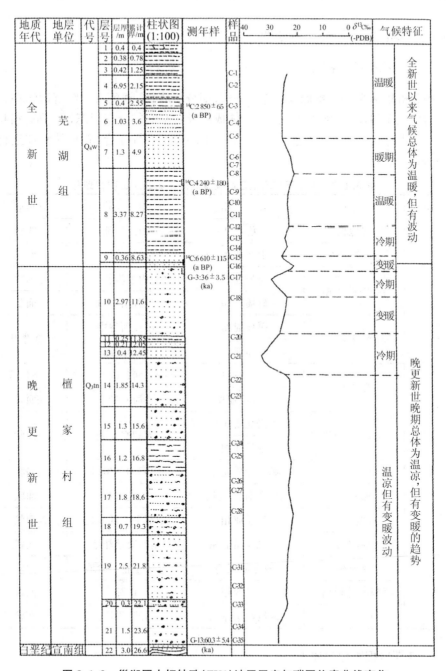

图 3.1.3 巢湖同大圩钻孔(ZK1)地层层序与碳同位素曲线变化

（四）第四纪沉积相与古地理

1. 沉积相类型及特征

相分析指标为：① 剖面结构特征分析，即分析岩性、颜色、粒度、沉积结构在剖面上的变化序列；② 含砂层百分比、砂体成因及在空间的分布形态；③ 具有指相意义的特殊土体；④ 古生物的生态等。其中，以①、②进行综合，着重从整体进行研究（表3.1.2）。

表3.1.2 长江下游安徽江段及巢湖区域第四纪沉积相划分

相区	相	亚相	地貌	分布形态
大陆相区	谷地相	含砾泥质亚相	山区谷地	线状
	丘间洼地相	泥质亚相	丘间洼地	面状
	洪积-冲积相	砾质亚相	山坡沟谷	面状
		砾质亚相	沟谷出山口	面状
	河床相	砾质亚相	山丘河谷中	条带状
		砂质亚相	中部平原	条带状
	漫滩相	砂泥质亚相	河谷内	条带状
		泥砂质亚相	河间带	面状
	河流-湖泊相	含淤泥质亚相	河湖交互处	面状
		砂质亚相		
	洪积相	砾质砂质亚相	山间沟谷出口	扇状
	坡积相	砾质、泥质亚相	山坡坡麓	面状
	湖泊相	泥质亚相	中部平原低洼处	面状
	湖沼相	含淤泥质亚相	扇前交接洼地	面状
	风成相	黏土质亚相	II级至III级阶地	面状
	洪积-冲积相	泥砾亚相	山麓	面状
	洪积-冲积相	网纹红土亚相	丘陵平原	面状

2. 各期岩相古地理轮廓

以上划分的相或亚相，其分布与组合反映了长江安徽江段及巢湖区域第四纪各时期的古地理轮廓。

(1) 早更新世

早更新世时,区内基本保持新近纪末形成的广大准平原格局,淮阳山地及皖南山地的范围比现在更大,几乎连成一体,山前一片准平原化景象。

古长江在早更新世时并未形成。虽然在早更新世堆积了望江砾石层、安庆砾石层、铜陵砾石层等古河道沉积物,但据前人在望江、安庆等所做的砾石统计得出的结果表明,物质来源于西北方向,与长江谷地方向有所不同。安庆砾石层的砾石成分以硅质砾为主,分选性、磨圆度良好;但铜陵的砾石成分有岩浆岩、火山岩砾等,长江两岸丘陵区也有不少岩浆岩与火山岩分布,故进一步说明安庆砾石层并非长江冲积而成。

(2) 中更新世

中更新世的古地理轮廓与早更新世时期比,有很大差别,剥蚀区大大缩小。区内网纹红土亚相沉积物最为发育,在巢湖、芜湖市等地表现为丘间洼地;长江两岸局部有河道相沉积物分布,但只是较小水系的产物;在无为汤沟镇有湖相层分布,表明中更新世该处有较大的内陆湖存在的可能。

中更新世是否存在长江,存在争议。但中更新世沉积物如网纹红土等却不具备河流沉积物特征,此时长江可能并未形成。

(3) 晚更新世

晚更新世区内岩相古地理又发生了重大变化,河流相沉积物分布较广,其次风成相及坡积相等沉积物也大面积分布。无为等地发育了与现代长江河道河漫滩相似的二元结构河床相沉积物,故长江贯通有确实证据。

(4) 全新世

全新世时期,区内的长江及支流的堆积面积较晚更新世有明显的扩大,主要为河流相沉积,其中淤泥或泥炭较发育,多为河流型湖泊洼地成因。

区内皖南、大别山地继续经受剥蚀,成为物源地;长江及江淮中更新世地层组成的阶地因长期遭受侵蚀、剥蚀,阶地面破坏严重,形成岗丘起伏、冲谷错杂、以垄岗地形形态为特征的地貌景观。

综上所述,巢湖区域地层划分简表如表 3.1.3 所示。

表 3.1.3 巢湖区域地层划分简表

界	系	统	地层名称		代号	厚度/m	主要岩性	沉积环境	矿产
新生界	第四系	全新统	上段		Q_4^3	2.0~4.0	粉质亚砂土,或粉质轻亚黏土	湖积堆积	
			中段		Q_4^2	>2.0	粉质重亚黏土		
			下段		Q_4^1	1.8~3.7	砂砾层,上部为含砾粉质亚黏土		
		上更新统	上段		Q_3^2	5.7~8.9	粉质重亚黏土,含铁锰结核,底部为砂砾层	冲积堆积	砖用黏土
			下段		Q_3^1	>1.0	粉质重亚黏土,含铁锰结核,底界常见铁锰结核富集层		
		中更新统	上段		Q_2^2	3.9~7.5	粉质重亚黏土,或粉质轻亚黏土,含重亚黏土、砂砾、泥砾		陶用黏土
			下段		Q_2^1	1.3~7.2	含砾中亚黏土,或含砾重亚黏土	冰水、冰缘堆积	
		下更新统	银山村组		Q_1 Q_1y	0.4~2.9 2.0	含砾重亚黏土和砂砾层 古溶洞堆积,含砾亚黏土	残积、洞穴堆积	
中生界	白垩系	上统	宣南组		K_2xn	>97.6	砾岩夹砂岩		
	侏罗系	上统	黄石坝组		J_3h	>91.5	粗安质沉凝灰角砾岩夹凝灰质粉细砂岩、粉砂岩	河流相	
		中统	罗岭组		J_2l	>475.1	粉砂质泥岩夹岩屑长石砂岩,底部为砾岩		
		下统	磨山组		J_1m	449.9	岩屑长石砂岩、石英砂岩、泥岩及煤线,底部为石英砾岩	河流-沼泽相	
	三叠系	中统	东马鞍山组		T_2d	>96.0	上部盐溶角砾岩,下部微晶灰质白云岩,为鸟眼构造白云岩	蒸发台地相,潮上低地带	
		下统	南陵湖组	上段	T_1n^3	64.1~138.8	蠕虫状微晶灰岩夹微晶白云质灰岩,局含燧石结核	开阔台地相,潮下浅水低能带	水泥石灰岩
				中段	T_1n^2	49.1~70.8	瘤状泥晶灰岩夹微晶灰岩及页岩		
				下段	T_1n^1	42.3~48.5	微晶灰岩夹页岩及瘤状泥晶灰岩,底部为瘤状泥晶灰岩		

续表

界	系	统	地层名称		代号	厚度/m	主要岩性	沉积环境	矿产
中生界	三叠系	下统	和龙山组		T_1h	21.2～36.2	上部瘤状泥晶灰岩、微晶灰岩，下部页岩夹泥晶灰岩	陆棚相，潮下较浅水低能带	水泥、石灰岩
			殷坑组		T_1y	83.8～84.5	上部泥晶灰岩夹页岩，中部泥岩夹瘤状泥质泥白云质灰岩，下部泥岩夹微晶白云质灰岩		
古生界	二叠系	上统	大隆组		P_3d	13.0～24.2	硅质、炭质泥岩夹白云质泥灰岩、硅质岩、泥质粉砂岩	浅海盆地-陆棚相，潮下较浅水低能带	铝
			龙潭组	上段	P_3l^2	10.5～20.8	上部硅质泥岩、炭质泥岩夹硅质岩，下部硅质岩、硅质页岩	海岸沼泽相	
				下段	P_3l^1	54.75～110.4	下部微晶灰岩，上部泥质粉砂岩夹煤层，底部长石英砂岩		煤
		中统	孤峰组		P_2g	28.3～53.8	硅质岩夹含硅质泥岩、泥岩，底部粉砂质泥岩，含磷结核	浅海盆地相，潮下深水低能带	磷
		下统	栖霞组	上段	P_1q^2	110.7～169.3	生物碎屑灰岩、微晶灰岩、微晶白云质灰岩，含燧石结核		
				下段	P_1q^1	38.1～62.2	微晶灰岩，具臭味		石灰岩
	石炭系	上统	船山组		C_2c	6.7～8.3	微晶灰岩，中上部夹微晶球状灰岩，巢北底部为泥岩	开阔台地相，潮下浅水低能带	白水泥、石灰岩
			黄龙组	上段	C_2h^2	26.8～40.3	微晶灰岩、球粒状微晶灰岩		水泥、石灰岩
				下段	C_2h^1	13.8～14.0	亮晶灰岩，下部含白云质灰岩团块，上部含微晶灰岩团块		
		下统	老虎洞组		C_1l	4.3～7.0	白云岩、泥质白云岩夹白云质灰岩，底部相变为石英砂岩		
			和州组		C_1h	8.1～26.8	上部生物碎屑微晶白云岩，下部瘤状泥质灰岩夹泥岩，巢北上部微晶灰岩、生物碎屑微晶泥质灰岩，风化后呈炉渣状		
			高骊山组		C_1g	12.6～23.2	粉砂质泥岩夹石英砂岩、白云质泥灰岩，底部夹褐铁矿、豆状赤铁矿	滨岸湖泊沼泽相	铁矿、黏土

续表

界	系	统	地层名称		代号	厚度/m	主要岩性	沉积环境	矿产
古生界	石炭系	下统	金陵组		$C_1 j$	0.4～9.3	含生物碎屑微晶灰岩，底部铁质、粉砂质泥岩	开阔台地相	
	泥盆系	上统	五通组	上段	$D_3 w^2$	96.6～104.8	泥质粉砂岩夹石英细砂岩、黏土页岩	滨岸湖泊沼泽相	褐铁矿、黏土
				下段	$D_3 w^1$	73.2～96.8	石英细砂岩，底部为砾岩		
	志留系	上统	茅山组		$S_3 m$	28.9～59.0	细粒岩屑石英砂岩夹泥质粉砂岩	三角洲相	
		中统	坟头组		$S_2 f$	189.1～415.4	上部粉砂岩、泥岩，中部含粉砂质泥岩、石英粉砂岩，下部石英细砂岩	广海陆棚相，潮上高能带	
		下统	高家边组	上段	$S_1 g^3$	136.4	石英粉砂岩，细粒石英砂岩夹粉砂质泥岩		
				中段	$S_1 g^2$	>138.0	泥岩，含粉砂质泥岩夹石英粉砂岩	广海陆棚相，潮下低能带	
				下段	$S_1 g^1$	>104.5	上部泥岩、粉砂质泥岩，下部泥质、硅质页岩		
	奥陶系	上统	五峰组		$O_3 w$	11.7	硅质页岩夹硅质岩	浅海陆棚相，潮下浅水低能带	
			汤头组		$O_3 t$	6.9	泥质、硅质泥岩夹似瘤状含白云质泥灰岩		
		中统	宝塔组		$O_2 b$	28.6	瘤状局部龟裂纹状含生物碎屑微晶泥灰岩	广海陆棚相，潮下较深水低能带	
			大甲坝组		$O_2 d$	1.5～3.0	细晶泥灰岩，含生物碎屑泥灰岩		
		下统	牯牛潭组		$O_1 g$	5.1	瘤状生物碎屑泥晶泥质灰岩、泥灰岩		
			大湾组		$O_1 d$	>24.7	上部灰岩，下部页岩		
			红花园组		$O_1 h$	>47.6	亮晶微晶灰岩、砂质灰岩夹透镜体	台地边缘浅滩相，潮下高能带	
			仑山组		$O_1 l$	121.6	细晶白云岩夹硅质条带，顶底夹灰岩透镜体	局限台地相，潮间-潮下低能带	

续表

界	系	统	地层名称		代号	厚度/m	主要岩性	沉积环境	矿产
古生界	寒武系	中上统	山凹丁群	上段	$\epsilon_{2-3}sh^2$	131.7	含硅质团块细晶白云岩,粉晶含灰质白云岩	局限台地相,潮间-潮下低能带	
				下段	$\epsilon_{2-3}sh^1$	178	微晶、粉晶白云岩夹砂屑白云岩,底部杂基白云质细砾岩		白云岩
		下统	半汤组		$\epsilon_1 b$	156.1	泥晶、粉晶白云岩与白云质泥灰岩互层	局限台地相,潮间-潮下低能带	
			冷泉王组		$\epsilon_1 l$	104.9	粉晶白云岩夹硅质条带,底部含砂砾岩		
元古界	震旦系	上统	灯影组	上段	$Z_2 dn^2$	68.5~90.4	含硅质条带泥晶白云岩、细晶微粒白云岩,底部为磷粉砂质页岩,青苔山底部为钙质岩屑石英砂岩	局限台地相,潮间-潮下低能带	白云岩
				下段	$Z_2 dn^1$	70.5~291.5	葡萄状含蓝藻微晶、粉晶白云岩夹硅质条带		

第二节 巢湖区域地质构造特征

本区位于下扬子坳陷带西北部,属滁-巢褶断带中部,半汤复背斜的西翼。下扬子坳陷带是古生代-三叠纪的坳陷带,中生代以来经受印支、燕山多旋回构造及岩浆作用,形成复杂的褶皱、断裂构造带。

一、褶皱

本区位于半汤复背斜的西翼,以三个二级褶皱为主要构造形式,自东向西主要由炭井村向斜、狮子冲口背斜、平顶山向斜组成。出露地层有志留系(S)、泥盆系(D)、石炭系(C)、二叠系(P)、三叠系(T)。其中二叠系龙潭组(P_2l)为炭井村向斜核部地层,而三叠系殷坑组(T_1y)、和龙山组(T_1h)、南陵湖组(T_1n)和东马鞍山组(T_2d)则构成平顶山向斜核部,狮子冲口背斜核部由志留系(S)组成。三个褶皱两翼的地层产状基本正常,局部倒转。轴迹方向为20°~30°,枢纽均向SSW倾伏,倾伏角15°~26°不等。由于多期构造运动的影响,轴面倾斜且弯曲。褶皱相互平行排列，加之褶皱枢纽倾伏，在平面上表现为"M"形展布的低山地貌，南端则被 EW 向桥头集-东关断层横切而终止。多期构造运动的叠加，使区内形成的褶皱大都歪斜，局部倒转，次级小褶皱颇为发育，特别在两个向斜核部尤为明显。褶皱多被断裂破坏，并有岩浆侵入。

（一）向斜

1. 炭井村向斜

又称俞府大村向斜，位于本区东北部，分布于猫耳洞-大理寺-炭井村-俞府大村一带，规模较大，总体构造线的方向为 NNE-SSW。向斜核部由二叠系大隆组(P_3d)、龙潭组(P_3l)、孤峰组(P_2g)、栖霞组(P_1q)组成，两翼分别由石炭系船山组(C_2c)、黄龙组(C_2h)、和州组(C_1h)、高骊山组(C_1g)、金陵组(C_1j)，泥盆系五通组(D_3w)，志留系坟头组(S_2f)、高家边组(S_1g)组成。由于受构造多期运动的影响，该向斜大部分直立，局部倒转，特别在其核部栖霞组(P_1q)、龙潭组(P_3l)、大隆组(P_3d)发生强烈揉皱，枢纽向 SSW 倾伏，轴面倾向为 NW，倾角变化很大。该向斜 NNW 端在本区试刀山北部转折，并且扬起，其 SSW 端被本区南部近 EW 向的桥头集-东关断层切断而倾伏终止。该向斜被许多断裂错切，并有岩浆侵入。

炭井村向斜在空间的展布形态复杂多变，根据其在不同部位的表现特征，可将其分为六个部分进行分段研究、描述。

（1）288 高地-小李家以北至 305 高地北侧斜歪倾伏褶皱

主要为炭井村向斜的转折部分。总体构造线的方向为 NNW-SSE，其枢纽产状 234°∠32°，轴面产状 285°∠74°，两翼岩层夹角 50°。该段出露长度约 1 km，宽 1.5～2.0 km。组成核部的地层为下二叠统栖霞组(P_1q)，组成翼部的地层依次为石炭系(C)、泥盆系五通组(D_3w)、中下志留统(S_{1-2})。从东翼经转折端至西翼，地层产状分别为 264°∠60°、172°∠83°、320°∠82°，东翼缓，西翼陡，而且西翼石炭系(C)局部倒转。该段被多条断层破坏，地层被错切。由石炭系(C)构成的褶皱转折端明显加厚，呈紧闭的顶厚褶皱，地层直立，局部甚至倒转，北部扬起，并发育大量的放射状小断层和节理。在转折端西侧，即 305 高地西北侧，可见三条走向为 70°～250°方向的断层，断层面倾向西北，由于重力作用，使石炭系(C)沿断层面滑动坍塌，形成三个阶梯，并且石炭系黄龙组(C_2h)、船山组(C_2c)重复出现，并可见金陵组(C_1j)、高骊山组(C_1g)、和州组(C_1h)夹在其中。该段二叠系(P)同样构成紧闭的顶厚褶皱。

(2) 356 高地-256 高地以北直立倾伏褶皱

出露长度约 800 m,宽约 2.5 km,枢纽产状 228°∠42°,轴面产状 280°∠88°,两翼岩层夹角 46°。组成核部的地层为二叠系(P)石灰岩层,大部分被第四系(Q)松散沉积物覆盖,组成两翼的地层依次为石炭系(C)、泥盆系五通组(D_3w)、志留系中下统(S_{1-2})的部分地层,东翼产状 250°∠30°,西翼产状 136°∠78°,东翼缓,西翼近于直立。该段被 NWW-SEE 方向和 NEE-SWW 方向断层破坏,地层被错开。在大理寺水库南西侧 300 m 左右的地方,二叠系栖霞组(P_1q)灰岩构成的转折端被扁井-大理寺纵断层穿过并错开。向斜核部的栖霞组(P_1q)灰岩被强烈揉皱。

(3) 320 高地-177 高地以北斜歪倾伏褶皱

炭井村向斜在本段出露的长度约 800 m,宽约 3 km,枢纽产状 30°∠46°,轴面产状 298°∠58°,两翼岩层夹角 68°。由枢纽倾伏方向(30°)可以看出,炭井村向斜的枢纽起伏不平。核部由二叠系栖霞组(P_1q)灰岩组成,两翼依次由石炭系(C)、泥盆系五通组(D_3w)、志留系(S)组成,东翼产状 250°∠46°,较缓,西翼产状 348°∠55°,倒转。本段被断层破坏较严重,主要为 NWW-SEE 向的横断层和 NNE-SSW 向的纵断层,造成地层的错动和重复。核部地层多被第四系(Q)松散沉积物覆盖。

(4) 狮子冲口-岠嶂林场以北直立倾伏褶皱

出露长度约 1.5 km,宽约 3 km。其枢纽产状 204°∠28°,轴面产状 298°∠86°,两翼岩层夹角 70°。核部与两翼地层的组成与前述相同,只是两翼地层产状有所变化,东翼产状 292°∠51°,西翼产状 137°∠40°,比前述地层正常,且两翼均较缓。本段受断层影响,地层错动和重复显著,伴随着构造运动,有岩浆侵入,出露的岩体大致位于 NWW-SEE 方向。

(5) 310 高地-俞府大村以北斜歪倾伏褶皱

出露长度约 900 m,宽 3.5 km,枢纽产状 220°∠14°,轴面产状 306°∠45°。在该段,炭井村向斜向 SSW 方向展开。组成核部的地层为零星出露的二叠系上统及下统,西翼则由石炭系(C)、泥盆系五通组(D_3w)、志留系部分地层组成,产状较缓,东翼 295°∠30°,西翼 135°∠45°,向斜核部大部分被第四系(Q)松散沉积物覆盖。本段东翼被断层破坏较严重,主要为 NWW-SEE 向的横断层,随着构造运动的多期活动,次级小褶皱较为发育。在巢湖地区石油公司油库附近采石场边,二叠系孤峰组(P_1g)中发育有大量不协调的小褶皱。

(6) 218 高地-铸造厂以北陡歪斜倾伏褶皱

出露长度 1.5 km,宽度约 1 km,枢纽产状 219°∠14°,轴面产状 318°∠70°。本段平缓开阔,东翼及核部大部分地区均被零星出露的侏罗系象山群(J_1x)和第四系

(Q)松散沉积物覆盖,西翼主要由石炭系(C)、泥盆系五通组(D_3w)、志留系(S)的部分地层组成,产状为125°∠48°。本段西侧为狮子冲口背斜折断,因此炭井村向斜在本段逐渐向狮子冲口背斜过渡,断层极其发育,主要为NWW-SEE方向的横断层和NNE-SSW方向的纵断层,造成地层错动和重复。

根据上述褶皱各段的形态特征和产状要素,按照理查德(M. J. Richard)褶皱分类法,炭井村向斜总体上为一轴面弯曲、枢纽起伏的歪斜倾伏复式向斜。

2. 平顶山向斜

位于本区西部,分布于马家山-平顶山-向核山(石灰山)一带,出露规模仅次于炭井村向斜,总体构造线方向为NEE-SWW。向斜核部为三叠系东马鞍山组(T_2d)、南陵湖组(T_1n)中部;两翼为南陵湖组(T_1n)下部、殷坑组(T_1y)、和龙山组(T_1h)和二叠系大隆组(P_3d)。两翼岩层产状:平顶山南坡山脚下东翼277°∠52°,西翼132°∠83°;山顶东翼261°∠51°,西翼150°∠44°。该向斜扬起端出露清晰,西翼(平顶山西南坡)岩层直立,局部斜转,山顶北坡转折端清楚,其瘤状灰岩挤压破碎,但未发生位移。北坡转折端产状:东翼235°∠46°,西翼146°∠44°。影响平顶山向斜发育的因素有:① 核部扬起端岩层产状很陡(50°~80°),风化剥蚀主要沿着岩层节理面进行;② 三叠系殷坑组(T_1y)岩层软,抗蚀性差,易风化,这是由岩性差异造成的。

同样,由于受多期构造运动的影响,其向斜形态复杂多变,并被许多断层破坏。向核山(石灰山)转折端正是因为受到一条右行平移正断层的影响,而使石炭系向下跌落,地形上表现为向东扭转。

平顶山向斜的次级褶皱极为发育,主要分布于耙子山-马家山-巢湖水泥厂一带,典型的次级褶皱主要有以下三个:

(1) 水泥厂扇形背斜

位于巢湖水泥厂NW方向平顶山向斜西倾伏端附近的圆形采坑内。圆形采坑的周围岩层均为三叠系南陵湖组(T_1n),且都向采坑中心倾斜。扇形背斜的核部为三叠系南陵湖组下部(T_1n^1),两翼分别为南陵湖组中部(T_1n^2)、上部(T_1n^3),以及东马鞍山组(T_2d)。其产状东翼280°∠54°,西翼135°∠78°,转折端196°∠41°。在扇形背斜的东、西两侧,又出现两个以三叠系东马鞍山组(T_2d)为核部的倒转小向斜。平顶山向斜枢纽自北向南有起伏,至扇形背斜出现处,枢纽急剧起伏并翻卷。根据区域应力分析,该扇形背斜形成于印支-燕山期,是先受近南北向、后近东西向挤压并改造而形成的,扇形背斜的东、西两侧,特别是西侧挤压特征非常明显,挤压带岩层揉皱加剧,挤薄拉长,尖棱角状褶皱极其发育。

(2) 耙子山小向斜

位于耙子山的西南麓。核部主要由东马鞍山组（T_2d）组成，两翼由和龙山组（T_1h）组成，从东翼经转折端至西翼地层产状分别是 $254°\angle 45°$、$200°\angle 59°$、$146°\angle 86°$。在转折端，由于枢纽的倾伏角大于坡角，以至于小向斜的转折端给人以背斜的假象。

(3) 马家山-耙子山倒转背斜

位于马家山与耙子山之间。耙子山小向斜东南 150 m 处到该次级倒转褶皱的转折端，由三叠系和龙山组（T_1h）灰岩组成，产状 $236°\angle 48°$。背斜两翼产状：东翼 $209°\angle 85°$（倒转），西翼 $254°\angle 45°$（正常）。

(二) 背斜（狮子冲口背斜）

位于本区中部，分布于凤凰山-麒麟山-朝阳山-碾盘山一带，总体构造线方向 NEE-SWW。狮子冲口背斜枢纽起伏，大致向 SW 方向倾伏，轴面倾向 NW 并有绞扭现象，可命名为斜歪倾伏褶皱。狮子冲口背斜出露长约 7 km，宽约 4 km。在其北端大尖山的西麓，可见核部地层的转折部分。核部的大部分由于是由志留系页岩构成的，剥蚀强烈，形成小型山间盆地，并被第四系（Q）松散沉积物覆盖。

核部由志留系组成，两翼依次为泥盆系（D）、石炭系（C）、二叠系（P）。东翼地层倾角较大，局部倒转，西翼地层较缓，倾角一般 30°左右。由于核部志留系多为泥岩、粉砂岩，抗蚀性差，两翼由泥盆系五通组（D_3w）石英砂岩形成单斜山（单面山），如麒麟山、大尖山、朝阳山等。

该背斜转折端处地层产状明显。放射状小断层和节理特别发育，形成向倾伏端散开的扇形组合。

二、断层

本区断裂构造比较发育，由于多次构造作用的影响，形成不同方向、不同性质的断裂。从本区构造应力场分析，区域上主要受 NE-SE 向构造应力作用，按它们的方向、性质、与褶皱的关系及所切割的地层判断，构造运动主要活动于印支-燕山旋回。

根据断层的主要展布方向与一定方式的区域构造运动关系，并结合野外断层的主要发育程度，将本区断层分为 NE 向、NW 向、NWW 向和近 SN 向断层。其中较发育的有 NE 向和 NW 向断层：前者与区域构造方向一致，多为纵向压扭性逆断层；后者与区域构造方向近垂直，横切褶皱方向，多为张扭性断层。

以下主要阐述本区较发育的 NE 向和 NW 向断层。

(一) NE 向压扭性逆冲断层

断层方向多为 40°～50°，主要有狮子冲口断层、王乔洞断层、凤凰山南侧断层、靠山黄断层等。

1. 狮子冲口逆断层

位于狮子冲口公路北侧，走向 NE40°左右，倾向 SE，倾角 70°左右。在断层处发现有断层角砾岩，呈棱角状，大小不一，大的 3～5 cm，小的几毫米，主要成分为石英砂岩，胶结物为砂泥质、硅质和铁质。断层面两侧地层分别为北西侧坟头组、南东侧五通组。断层发育在坟头组粉砂岩、泥质粉砂岩软弱岩层与五通组石英砂岩的接触带处，五通组底砾岩层缺失。根据地层接触关系、断层产状、地层缺失判断该断层应为一逆断层。

2. 王乔洞逆断层

位于王乔洞附近，断层延伸方向为 NNE 向，与地层走向、褶皱轴向近一致，属纵向断层。断层中部在王乔洞附近，由于西盘受剥蚀明显，形成高达 6 m 的断层崖，断面向东倾，倾角在 80°左右。断面上擦痕阶步很发育，断层带发育有断层角砾岩和构造透镜体。此外，断层所派生的两组节理非常发育，断层面和断层带的特征反映为一纵向压扭性逆断层。紫微洞溶洞的形成与其有密切关系。

3. 麒麟山南侧逆断层

位于凤凰山与麒麟山交界山沟处，走向 NE45°左右，倾向 NW，倾角 51°。断层带露头宽 1 m 左右，由断层角砾岩组成，角砾大小不一，大的近 10 cm，小的几毫米，大多为 3～6 cm。角砾成分较单一，由五通组石英砂岩、砾岩组成，胶结物为硅质，少量铁质。断层带切穿两侧地层，与两侧地层近垂直，北西盘为坟头组灰黄色石英砂岩，南东盘为五通组含砾石英砂岩。坟头组与五通组产状虽近一致，但两者不连续，并且五通组砂岩由断层引起的次级劈理发育，产状为 305°∠32°和 350°∠45°的两组相交劈理。根据断层两侧地层的位移关系及断层产状判断，该断层应为纵向压扭性逆断层。

4. 靠山黄逆断层

位于靠山黄西南侧 22.8 高地处，断层走向 NE35°，与地层走向一致，倾向 NW，倾角 51°。断层产生于三叠系南陵湖组内部，岩石为中-薄层微晶灰岩。断层两侧岩石碎裂明显,发育有较多次生方解石脉,在断层带内可见到断层角砾岩,角砾由微晶灰岩组成,大小不一,呈棱角状、透镜状,靠断层面上糜棱岩化、片理化现象明显。北西侧上盘顶端有上移逆冲产生的岩层弯曲。根据以上断层产生的一系列断层相关现象判断,该断层应为纵向压扭性逆断层。

(二) NW向张扭性断层

NW向断层走向210°～240°,倾角较陡,多以张扭性平移断层为主。区内主要有狮子冲口平移断层和310.2高地平移断层。

1. 狮子冲口平移断层

位于狮子冲口,沿狮子冲口沟谷大致呈NW240°方向延伸,判断此处存在平移断层的主要依据是在断层的南西盘可见坟头组与五通组的接触界线,沿接触界线五通组地层产状向断层北东盘延伸并直接与坟头组中上部地层相连。五通组底部系巨厚层的石英砾岩、石英砂岩,岩石坚硬,在这样的短距离(几十米)内与坟头组中上部岩层相连,推测应该存在一个平移断层。由于未见到断层面,其倾向、倾角不明。

2. 310.2高地平移断层

位于310.2高地南西侧山坡处,断层走向NW210°,倾角近90°。断层走向与地层走向近垂直。断层方向分布着断层角砾岩,在五通组内,角砾成分主要为石英砂岩,大小不一,大的几厘米到十几厘米,小的1 cm左右,胶结物主要为硅质,少许铁质。断层横向切割坟头组、五通组,使五通组沿走向直接与坟头组相接触,造成地层不连续。平移距离为60 m左右。根据地层接触关系、断层角砾岩性质判断,该断层应为一右行张扭性平移断层。

三、节理

本区节理极为发育,大多数发育在泥盆系五通组(D_3w)石英砂岩中。主要有两种:一种是区域性X型节理,在泥盆系五通组(D_3w)石英砂岩中最常见,将石英砂岩切割成许多极为规则的平行四边形块体;另一种是与断层伴生的各种节理,多组互相平行,密集排列。另外,还有可用于追踪张节理和节理尾端变化的羽裂、节理叉、菱形节环和折尾等。本区节理还发育在志留系(S)、石炭系(C)、二叠系(P)、三叠系(T)、侏罗系中下统(J)及岩浆侵入体中。发育在灰岩中的节理大都被方解石脉充填。

由于多期运动的影响,本区节理比较复杂。本区节理根据发育方位和特征,可以分为如下两期:

(一) 印支期

节理发育在志留系-三叠系沉积岩中,表现为两组共轭剪节理(X型节理),其力学性质以扭性为主,随着力偶的加强,由扭性变为张性。一组方向大致为 330°,另外一组大致为 70°。这两组节理产状较稳定,但穿过岩性差别显著的不同岩层时,其产状可能发生变化,反映出岩石性质对剪节理方位有一定程度的控制作用。剪节理面较平直,在泥盆系五通组(D_3w)石英砂岩、砾岩中,可见此剪节理切过砾石,并把石英砂岩切成规则的平行四边形。剪节理在石灰岩中表现为大多数被方解石脉填充,硅质胶结多见,有的节理在灰岩中表现为被溶蚀成许多的沟槽。两组共轭剪节理有羽裂现象,羽裂小裂面与剪节理错动面的夹角指向代表本盘运动方向。该节理是 SE-NW 向应力挤压的产物。

(二) 燕山期

主要发育在侏罗系象山群($J_{1-2}xn$)和岩浆侵入体中。在中生界中也有发育,主要为追踪前期形成的共轭剪节理——张节理,发育较弱。如凤凰山南坡五通组中部石英砂岩中发育两组与层面垂直的节理,它们相互交叉呈网格状,被铁质充填,由于受后期剥蚀作用而凸出于岩层表面。附近还见有扭节理与派生的楔形张节理被铁质浸染的现象。在马鞍山南陵湖组的直立灰岩中发育有规模巨大的节理,其中既有张节理也有扭节理。

第三节 岩浆岩体

区内岩浆岩体不怎么发育,仅发现有四个小岩体,分布在 7410 工厂-王乔洞一线,严格受 NW 向断裂控制。单个岩体规模均很小,面积仅 100~1 200 m^2,其中以维尼纶厂东侧、炭井村东侧岩体规模最大,露头也较新鲜,但现已全部被维尼纶厂平整并建成体育场,很难再看到。主要岩性为黑云母花岗斑岩(7410 工厂岩体)、花岗斑岩(王乔洞岩体)、花岗闪长斑岩(炭井村岩体和 177 高地南坡岩体),呈岩株状产出,一般剥蚀不太深,属浅成-超浅成相。岩体与围岩均为接触关系,除 7410

工厂岩体侵入在下志留统高家边组外,其余三个岩体均侵入在二叠系中。

岩体一般风化强烈,呈疏松状,但蚀变很微弱,仅见叶腊石化、绿泥石化和高岭土化。围岩仅具轻微的硅化、角岩化等,一般不见矿化现象。1983年,7410工厂因修建体育场,推土机揭露出来的炭井村岩体,新鲜露头上NNE向和NEE向两组裂隙中均呈明显的褐铁矿化。

岩体SiO_2含量在70%左右(67.88%~70.37%),为SiO_2过饱和的过碱性及中碱性岩石。岩体的侵入时代,根据炭井村岩体黑云母K-Ar的同位素测得的年龄值为64 Ma,应为晚白垩世。

现以王乔洞岩体为例进行介绍。

王乔洞岩体(图3.3.1)位于王乔洞南约30 m处,炭井村向斜的西翼,平面呈圆形,面积160 m²。岩体侵入下二叠统栖霞组下段灰黑色中厚层微晶灰岩中,岩株的南接触带产状为252°∠50°。

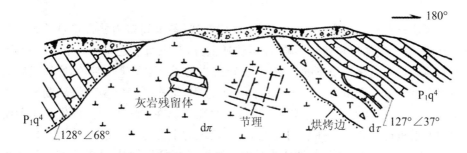

图 3.3.1　王乔洞花岗斑岩剖面图(李祚文,1980)

岩性为花岗斑岩,呈浅灰、浅灰黄色,具斑状结构,斑晶主要由斜长石(20%)、钾长石(4%)、黑云母(2%,野外肉眼观察大于10%)组成。斜长石较钾长石自形晶好,颗粒大小不等,粒径在0.05~1.00 mm之间;钾长石呈不规则状;黑云母多有暗化现象。

基质主要由石英、微晶钾长石及斜长石等组成,均呈他形晶微粒结构。钾长石多已高岭土化;斜长石已绢云母化。岩体南界附近边缘相很明显,斑晶显著小且近接触带出现大量的气孔,均呈细长的椭圆形空洞,少量为方解石或沸石类矿物充填的杏仁体,定向排列,可见十分明显的流线、流面构造,流面产状为70°∠45°。

外接触带围岩可见几厘米宽的烘烤褪色带,并可见超过30 cm宽的硅化及角岩化带。岩石系SiO_2过饱和的碱性岩石,属铝过饱和系统。

岩石中含有锆石、磷灰石、金红石、磁铁矿、赤铁矿、褐铁矿、矽灰石、黄铁矿及自然铅等副矿物。微量元素有Be、Cu、Pb、Sn、Cr、Ni、V、La、Zn、Y、Yb、Co、Ba、Zr、Mn、Ga、Sr等,各元素含量一般都和该元素的克拉克值相近。

第四节　地质发展演化史

地壳的不断运动和变化发展是一种矛盾的运动过程,这种运动和发展表现了地壳运动的继承性、阶段性,以及不同时期不同地区的发展不平衡性。根据地层间区域性不整合,结合沉积建造、形变特征、岩浆活动等,将本区地质构造发展过程划分为加里东运动、海西-印支运动、燕山运动、喜马拉雅运动,见表3.4.1。

一、加里东运动

本区从寒武系至奥陶系是一个海侵沉积序列,各组间多为整合接触关系。奥陶系上部,由于受加里东运动影响,本区快速上升,与志留系之间有一个沉积间断。奥陶系顶面具有氧化环境下的铁质层,五峰组缺失上部四个笔石带,高家边组缺失下部两个笔石带。志留系经历了海侵到海退过程,沉积了稳定型广海陆棚相灰色复陆屑建造至三角洲相杂色单陆屑建造,表明地壳仍在缓慢上升。发生在志留纪晚期的加里东运动是一次强烈的地壳运动,表现为上泥盆统与志留系呈明显假整合接触,缺失下、中泥盆统,其性质为长期而缓慢、大面积而不均衡的隆起。区内志留纪末开始大规模快速上升,没有接受中、下泥盆统茅山组的沉积。

二、海西-印支运动

由于二叠系与三叠系之间为连续过渡关系,故将海西运动、印支运动作为一个不可分割的整体。特点主要表现为频繁的振荡运动,促使海水进退交替频繁。加里东运动以后,本区大部分地区上升为陆,属河流三角洲及滨海地带。

上泥盆统和三叠系,总厚达1 171 m,建造组合比较复杂。上泥盆统五通组下段为河流至滨海相灰色单陆屑建造,上段为滨岸湖泊-沼泽相杂色陆屑建造,产腕足类、叶肢介、瓣鳃类、植物等化石。石炭系除高骊山组有少量滨岸湖泊-沼泽相杂色单复陆屑-碳酸盐建造外,主要为一套开阔台地相碳酸盐建造,表明石炭纪总体表现为地壳下降、海水入侵阶段,但各地下降时间、幅度不均衡。

表 3.4.1 巢湖地区地质构造发展阶段简明特征

构造旋回	构造层	亚构造层	小构造层	微构造层	构造运动	相和沉积物特点	厚度/m	褶皱	断裂	岩浆活动	金属	非金属
喜马拉雅	喜马拉雅	Q			喜马拉雅运动	河湖相、冲-洪积相、残积相、近代堆积	15～37	舒缓开阔的坳陷盆地构造	NE向压性断层，NW向扭性断层，EW向扭性断层	中酸性岩体及中酸性、碱性岩脉侵入		
		K_2				河湖相、红色砾质复陆屑建造	98					
燕山	燕山	J_3			晚燕山运动	河流相、火山复陆屑建造	92					
		J_{1-2}			早燕山运动	上部为河湖相杂色复陆屑建造；下部为河湖-沼泽相含煤灰色复陆屑建造	925					
海西-印支	海西-印支	D_3-T_2	D_3-T_1	T_2	海西-印支运动	蒸发台地相蒸发岩建造	>17	线型连续的NE向褶皱	NE向压性断层，伴有NW向扭性及近EW向张性断层		钼	磷、煤、灰岩
				T_1		陆棚-开阔地相单陆屑碳酸盐建造	261～379					
				P		上部为浅海盆地相硅质建造；中部为滨岸沼泽相含煤复陆屑建造；下部开阔台地相-浅海盆地相碳酸盐-硅质盐建造	461					
				C		上部为开阔台地相碳酸盐建造，底部夹少量滨岸湖泊沼泽相杂色复陆屑-碳酸盐建造	430					黏土
				D_3		滨海-滨岸湖泊沼泽相灰色杂色单陆屑建造	202				铁	
加里东	后皖南	Z_2-S	Z_2-O	S	加里东运动	上部为三角洲相杂色单陆屑建造；下部为广海陆棚相灰色杂色单陆屑建造	853					
						上部为广海陆棚相碳酸盐建造；顶部有少量浅海盆地相远硅质建造；中部有少量台地边缘浅滩-开阔台地相碳酸盐建造；下部为局限台地相含镁碳酸盐建造	820					白云岩
				Z_2		局限台地相含镁碳酸盐建造	382					

二叠系建造组合比较复杂,海进、海退交替频繁,地壳不太稳定,但每次运动的时间很短暂。总的来看,本区处于同一个坳陷之中,主要矿产有煤、钼、磷、石灰岩、黏土等。下三叠统为陆棚相至开阔台地相单陆屑碳酸盐建造,主要生物化石为菊石、瓣鳃及鱼龙等。中三叠统仅出露东马鞍山组,系蒸发台地相蒸发岩建造,因此三叠系属海退序列,地壳不断上升,海水不断退缩,气候炎热,海水盐度大。至中三叠世后,本区全面上升为陆,坳陷范围已向南迁移出区外。三叠纪晚期,本区发生了显著的褶皱造山运动,即印支运动(南象幕)。这是一场翻天覆地的地壳变动,表现为大规模的褶皱、断裂活动,形成了NE向的褶皱带,海水从此退出本区,与安徽省其他地区连成一个大陆,并为现今的地质构造轮廓奠定了基础。这场运动使震旦系至三叠系全面形成褶皱,组成一系列以线形紧闭褶皱为主的NE向褶皱带,同时发育一系列的NE向逆断层和NW向正断层,近EW向的平移断层规模也较大。因此可以说,印支运动是地质历史的一个重要转折点,具有继往开来的划时代意义。

三、燕山运动

印支运动后,本区面貌发生了根本性变化,从侏罗纪燕山运动开始,以大陆边缘活动带型构造、大陆型地形、大陆型气候、大陆型生物、大陆型岩浆活动的崭新面貌进入了地史演化的新阶段。本区运动根据地层发育情况和地层接触关系,可分早、晚燕山运动。

早燕山运动构造层包括中、下侏罗统。在印支运动后,巢湖一带的坳陷(印支运动形成)中沉积了磨山组河湖-沼泽相含煤灰色复陆屑建造,罗岭组河湖相杂色复陆屑建造,两者呈假整合接触,这是燕山运动的序幕。中侏罗世末,早燕山运动使中下侏罗统产生舒缓的褶皱,同时使海西-印支运动形成的褶皱进一步加剧。断裂构造以改造海西-印支运动形成的近EW断层为主。

晚燕山运动构造层仅见上侏罗统黄石坝组的沉积(本区未见早白垩世沉积,而晚侏罗世早期的火山熔岩则可能深深地被掩埋于坳陷之中),系一套河流相火山复陆屑建造。晚燕山运动使上侏罗统产生舒缓褶皱,叠加在早燕山运动形成的坳陷中心部位,印支运动褶皱进一步被改造。断裂构造以NW向新生断裂活动与EW向断裂的再活动相结合的形式为主,形成断块运动,它控制着晚白垩世一些山间小断陷盆地的形成与发展。晚燕山运动早期、晚期各有一次岩浆活动,但表现形式不同:早期以火山喷溢为主,区内地表仅见含大量火山岩砾石的火山碎屑沉积岩;晚期规模较小,以岩株、岩脉的侵入为主,表现为巢北地区中酸性小岩株侵入,如狮子冲口黑云母花岗斑岩、王乔洞花岗斑岩。

总之,燕山运动是地质发展史中的又一个新阶段——大陆边缘活动带阶段,运动形式以断块运动为主,兼有褶皱和岩浆活动等各种方式。本区的岩浆活动比中国东部大部分地区的岩浆活动强度要弱。

四、喜马拉雅运动

晚燕山运动后,喜马拉雅运动早期的地壳活动基本上继承了燕山旋回的特点,包括晚白垩世晚期和第四纪的沉积。白垩纪末,地壳缓慢上升,坳陷渐趋收缩,没有再接受古近纪和新近纪的沉积。早期形成的不同方向断裂仍继续活动,并新生了一些NW向断层、裂隙等。由此可知,喜马拉雅运动早期的地壳运动除继承燕山运动的某些特点外,不均衡升降与断裂运动相结合的新形式占据主导地位。

第四纪以来,地壳运动主要表现为周期性的变化和不均衡的升降,塑造了近代地貌特征。

早更新世,地壳缓慢上升,除在巢湖紫微洞等地见有含丰富古脊椎动物化石骨骼的古溶洞堆积物外,主要系河流相杂色含砾重亚黏土及砂层的沉积。这个时期气候温暖湿润,雨量充沛,风化作用强烈。这种亚热带气候,有利于森林和草原动物的繁衍生息。

中更新世,地壳再度上升,气候转冷,至后期气温下降幅度较大,降温范围较广。有学者认为发生了冰缘作用,遍及巢湖低山丘陵地区,时代大体与大姑冰期相当。此后,气温回升,气候变为炎热多雨,使堆积物因湿热化作用而形成网纹状,时代相当大姑-庐山间冰期。在巢湖银山村古溶洞堆积物中发现了猿人化石,说明我们的祖先曾在巢湖一带定居。

晚更新世,地壳抬升和河流下切作用仍在继续,气候又开始变冷,但环境相对比较稳定,沉积物分布很广,主要为棕黄色粉质亚黏土,含铁锰结核。

全新世,区内大部分地区仍有幅度不等的地壳抬升和河流下切作用,部分地区则表现为持续的沉降运动。地壳的周期性波动和阶梯式上升,塑造了近代地貌特征,夷平面和阶地比较发育,Ⅲ级阶地标高一般为40～80 m,Ⅱ级阶地标高30～40 m,Ⅰ级阶地标高10 m左右。同时,本区西南部逐渐沉降而形成巢湖。有人认为巢湖是构造陷落湖,由不同方向的活动性断层升降幅度不一所造成。

综上所述,本区地质构造发展史中的各个发展阶段之间既有联系,又有各自的特点,反映了地壳运动在不同时期、不同地区的阶段性和不平衡性。

第四章　巢湖北山地质考察线路

第一节　考察前的准备

野外考察涉及专业知识及食、住、行、用生活常识等，在考察前均应做充分准备，以保证考察的顺利与成功。

一、实习区资料的收集整理与准备

进行考察前应系统收集区域内及邻区已有的前人工作成果资料，最大限度地充分了解区域内地质地貌、水文、土壤、植被等自然要素情况，以及社会、经济、文化情况等，做到心中有数，避免在野外考察中的盲目性。

具体来说，所收集资料应包括：

① 本区中、大比例尺（>1∶100 000）的地形图，以便了解地形地貌情况。当前，也可以使用遥感图像直观、方便并实时地对现状地形地貌进行认识。对于本考察区，Landsat TM(ETM+)的 30 m 与 15 m 分辨率可供对本区山、川、河、湖宏观分布进行总览；SPOT 10 m、全色波段 2.5 m 分辨率或 CBERS 19.5 m 图像可供对小流域内地形、地貌、河流的较详细了解。若要更进一步详细了解地面情况，可用航片（彩红外或黑白），或 0.61 m 分辨率的 Quickbird、1 m 分辨率的 IKNOS 等高分辨率航片和卫星影像。

② 本区前人工作研究成果包括地质调查、矿产普查勘探、物探、化探、水文地质等专题科学调查研究报告，发表的地质、地貌、水文、土壤、植被等自然地理要素及经济、文化等人文地理方面的论文，甚至未发表的资料。现在使用网络技术，用关键词搜集非常方便、快捷。对于这些收集到的资料，首先需要学习、了解；然后再消化吸收，由表及里、由浅入深地达到对该区情况的综合掌握，并努力去挖掘资料中的知识内涵，发现新的需要研究的内容；最后设计出本次野外考察的数条线路。

二、实习用具与材料的准备和正确使用

野外考察前,需要准备的工具与材料主要有:地质包、地质锤、罗盘、放大镜、测绳(皮尺)、直尺、量角器、讲义夹、相关图件、相关遥感图像、铅笔、橡皮、记录本、记录表格、米格纸、比色卡、相关化学试剂、话筒、对讲机、GPS、数码照相机、笔记本电脑等。其中测绳每组一根,笔记本电脑、数码照相机若干部。此外,还要准备若干防暑降温药品、防蚊虫叮咬药品及生活常用药品与生活常用品(如针、线)等。

关于罗盘的使用前文已述及,可参阅第一章第二节。其他如GPS、对讲机的使用,在此不再赘述。

三、野外踏勘与驻地的选择

虽然在室内对考察区的相关材料已经进行了收集、整理并做了综合研究,但其毕竟是理论上的,缺乏对考察区的感性认识。即便曾去过考察区,在实习前,带队教师也会由于人工的或自然的变动造成的地形、道路等变化,或者研究与认识的深入而产生新的认识。故在实习考察之前需要带队教师重新再做一次踏勘,以便对实习区的典型地层剖面划分及各类地质体等取得统一认识;对室内设计的若干实习考察线路依次进行检查,考证其是否合理、科学,是否需要修改、调整;最后,为分组作业确定统一标准。

踏勘路线选择的基本原则:选择位于典型或重点剖面上的线路,或沿若干重点考察线路进行踏勘。

带队教师要事前进行考察,选定实习学生的住所,住所要能满足实习学生食、住及学习的空间的基本需求,居住地最好位于考察区的中间部位,以节约考察时的行走路程。

第二节 野外地质考察主要线路

根据地理学类专业"地质学基础"课程的教学内容、课时及本区的地质特点,以巢湖铸造厂为驻地,设计如下五条线路供实习参考。

一、炭井村-岠嶂山-金银洞北山

(一) 线路简介

从巢湖铸造厂驻地出发,经炭井村到达岠嶂山山脚,从炭井村向斜的西翼经其核部到达东翼,然后沿岠嶂山到达山顶,沿山脊下山,到达金银洞北山,进行实习考察。

(二) 实习内容

① 炭井村向斜的构造及形态特征分析。对出露的主要岩层及其特征进行分析,了解正、负地形的概念。炭井村倾伏向斜的西翼与狮子冲口倾伏背斜的东翼相连。轴部经过炭井村呈 NE30°方向延伸,核部由二叠系上统龙潭组(P_3l)组成。两翼由下二叠统、石炭系和泥盆系构成,两翼产状亦表现出西翼陡东翼缓的现象。整个向斜向西南倾伏开口,向东北收敛,在地表构成向斜谷地。

② 岠嶂山山体特征及地层、构造分析。观察构成山顶核部的泥盆系五通组石英砂岩的特性,以及东坡由山脚到山顶的志留系岩性特征的变化规律。

③ 金银洞北山的地层分析、金银洞洞体的形成原理。观察金银洞山的金陵组、高骊山组、和州组、黄龙组、船山组、栖霞组层序、岩性特征与主要化石特征,并采集化石标本。

④ 观察金银洞北山与岠嶂山之间次生谷地的形成与小型断裂。

⑤ 在岠嶂山山顶学习使用罗盘在地形图上定点。

(三) 观察点及观察内容

[No.1] 金银洞山西坡金银洞

金银洞为喀斯特溶洞,可连通金银山坡的数个落水洞。溶洞发育于栖霞组上部含燧石结核层,沿节理发育成地下河。

① 观察金银洞(地下河)走向。

② 观察发育该洞的栖霞组(P_1q)上部的岩性特征。

③ 分析水质特性(水温、水味等)。

[No.2] 金银洞山东坡断层露头点

该断层切割了下石炭统,断层面倾向为 NNE,断层上盘相对下降,下盘相对上升,造成了高骊山组(C_1g)明显的位移,使该组石英砂岩直接与和州组(C_1h)接触。为走滑性正断层(图 4.2.1)。

① 观察断层面、断层上下盘岩性差异。
② 测量断层面产状及断层。
③ 判定断层性质。

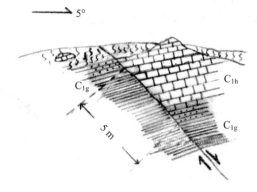

图 4.2.1　金银洞山东坡断层露头点信手剖面（王心源,1991）

No.3 金银洞山东坡-岠嶂山西坡谷地

谷地有五通组（D_3w）上部耐火黏土的开采矿坑。在矿坑内,可以见到五通组（D_3w）上部灰黄、灰紫、灰白等色薄层粉砂岩。薄层粉砂质泥岩及中薄层石英细砂岩呈现韵律性互层。内含灰色黏土矿层、碳质页岩及黄铁矿结核,并见大量植物化石,反映当时的近海滨河湖-湖沼相特征。

该谷地下部由五通组（D_3w）上部、金陵组（C_1j）、高骊山组（C_1g）等地层组成,总体上较易风化。

① 观察五通组（D_3w）上部之岩性特征,测量其产状。
② 观察金陵组（C_1j）深灰白中至厚层结晶灰岩,新鲜面岩石有发亮的黑色方解石小晶体散布其中,为本层特征。
③ 观察高骊山组（C_1g）黄色、紫红色等杂色页岩,内含大量豆状赤铁矿结核。观测该组顶部的 1.5 m 厚灰白色细粒石英砂岩与和州组（C_1h）之接触关系,并观察和州组（C_1h）下部灰黑色碎屑灰岩的特征。

No.4 岠嶂山

岠嶂山山顶由五通组（D_3w）下部构成。在山顶东侧,可以见到五通组（D_3w）下部的标志层底砾岩与坟头组（S_2f）上部的平行不整合接触。

站在山顶东望汤山,西可见凤凰山、麒麟山、马鞍山,可在此练习用罗盘定点及分析有关地形地貌成因。如图4.2.2所示。

① 观察五通组(D_3w)下部、坟头组(S_2f)上部的岩性及接触关系。
② 学会用罗盘在地形图上定点。
③ 认识岠嶂山单面山的地质成因。
④ 分析岠嶂山与金银洞山之间次生谷地形成的原因,并画信手剖面图或拍照。

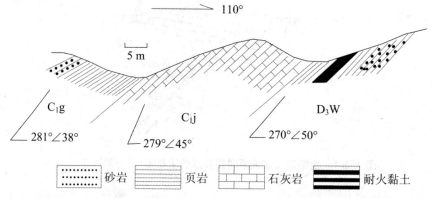

图4.2.2 岠嶂山西坡谷地五通组上部耐火黏土出露信手剖面(王心源,1991)

No.5 金银洞山顶

观察C_2h、C_2c、P_1q岩性及地形特征。整个金银洞山是由石炭系与二叠系构成的。石灰系和州组(C_1h)、黄龙组(C_2h)、船山组(C_2c)及二叠系栖霞组(P_1q)、孤峰组(P_2g)因风化及泥土石块和茂密灌丛的遮掩,绝大部分露头不好。而龙潭组(P_3l)、大隆组(P_3d)则位于炭井村向斜核部,现在基本无露头点。但不同岩性抗风化程度之不同,在地形线上仍可区别。如图4.2.3所示。

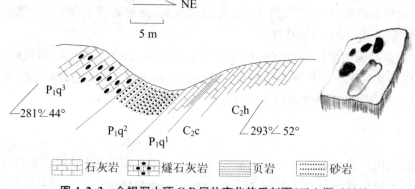

图4.2.3 金银洞山顶C-P层位变化信手剖面(王心源,1991)
右图为栖霞组上部含燧石结核灰岩特征素描

① 在探坑内观察栖霞组(P_1q)下部碳质页岩层,并采集生物化石。
② 观察栖霞组(P_1q)下部臭灰岩层段、中部硅质岩层段及上部含燧石结核灰岩层段之原生特征。
③ 分析金银洞山 NE-SW 向地形线起伏形之成因。

No.6 金银洞山西侧加油站处

此处劈山建房,加之后期山体的滑塌,使地层出露较好。该点展示的是孤峰组粉砂质页岩夹硅质层、硅质页岩及薄层页岩。由于位于向斜核部而受较强的挤压,加之页岩塑性大,故小型褶皱特别发育。

该层含磷结核,20 世纪 50 至 60 年代农民把它们磨成粉作磷肥用。地层中的磷对巢湖水面造成了一定的污染。
① 观察孤峰组(P_2g)岩性特征。
② 观察并分析层间(小型)褶皱成因。
③ 采集磷结核,分析地层中磷对巢湖富营养化的作用途径,并对此提出治理措施。

二、麒麟山-凤凰山-朝阳山-平顶山

(一) 路线简介

从巢湖铸造厂驻地出发,经凤凰山和麒麟山之间的山坳到达麒麟山顶,再经朝阳山到达平顶山,之后沿公路返回。

(二) 实习内容

① 麒麟山东坡采石场,观察栖霞组(P_1q)、船山组(C_2c)、黄龙组(C_2h)及和州组(C_1h)上部地层剖面和接触关系。
② 鹅头岩的形成及断层性质的判断与断层存在的标志分析。
③ 朝阳山山脚采石场,观察栖霞组(P_1q)与孤峰组(P_2g)的岩性及接触关系。
④ 平顶山向斜山的形成及地层分析。在公路边观察下三叠统"金钉子"候选层型剖面。

由国际地层委员会、国家自然科学基金委员会、全国地层委员会和中国地质大学共同发起,由中国地质大学、安徽省国土资源厅和巢湖市人民政府联合主办的"三叠纪年代地层与生物复苏国际会议"于 2005 年 5 月 23 日在安徽巢湖召开。会议将平顶山三叠纪地层确定为三叠纪年代地

层的首选标准剖面候选对象。

平顶山倾伏向斜,轴在平顶山-马家山一线,轴线走向沿 NE35°延伸。核部最新地层为三叠系,两翼由二叠系、石炭系和泥盆系组成。枢纽向南倾伏,整个向斜构造向西南展开,向北东收敛。两翼地层分别在平顶山山顶及以北汇合形成内倾转折端,东南翼较缓,西北翼较陡。常见岩层有直立或倒转现象,并因挤压变动而不协调,西北翼在马家山一带还出现次一级倾伏向斜和倾伏背斜构造,造成岩层产状在局部地段出现较复杂的变化。平顶山向斜在地表上构成向斜山地。

平顶山向斜的核部由三叠纪灰岩、泥灰岩组成,因岩性相对较为坚硬,两侧为二叠纪龙潭组和大隆组煤系组成,岩性松软,经后期差异风化剥蚀,向斜核部三叠纪灰岩凸起成山,在地貌上构成向斜成山的倒置地形,平顶山得以形成。

平顶山三叠纪地层出露完整,层序稳定,沉积环境标志明显。在 2.5 亿年前发生地球史上最大的一次生物灭绝,此地层完整地保存了距今 2.5 亿年～1.9 亿年间地球生物复苏的丰富信息,包括巢湖龙化石、鱼类化石、螺及贝类等众多的化石。

(三) 观察点及观察内容

No.7 麒麟山采石场入口

该处由于开采黄龙组(C_2h)、船山组(C_2c)石灰岩,形成一个南北向纵深 50 m 的采石场,并形成一个坑塘。站在入口,可见东侧栖霞组中下部底层煤线,西侧和州组(C_1h)顶部炉渣状灰岩,层面 X 型节理清晰。黄龙组与船山组共超过 40 m,夹于栖霞组(P_1q)与和州组(C_1h)之间。在地形线上,也有其特征显示,和州组(C_1h)因含泥较多,易风化形成和缓的山坡,相反,黄龙组(C_2h)形成的山坡则较陡。如图 4.2.4 所示。

① 在采坑入口东侧小山观察栖霞组(P_1q)下部臭灰岩,用锤敲击新鲜面并嗅其味,寻找生物化石。

② 进入采矿坑内,观察和州组(C_1h)、黄龙组(C_2h)、船山组(C_2c)及栖霞组(P_1q)特征和接触关系,测量产状,寻找船山组(C_2c)内球状构造及黄龙组(C_2h)缝合线构造。

③ 观察和州组(C_1h)顶部炉渣状灰岩,观察岩层面的节理及其性质特征。

④ 画地层信手剖面图或拍照。

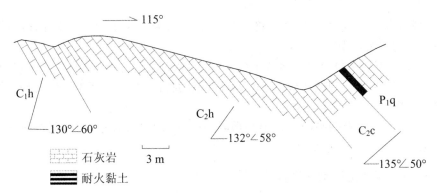

图 4.2.4　麒麟山东坡采石坑露头面信手剖面示意图（王心源，2006）

No.8　麒麟山东坡坑道内

此坑道是开采五通组（D_3w）上部耐火黏土的通道，正好垂直于地层走向，切割和州组（C_1h）底部、高骊山组（C_1g）、金陵组（C_1j）。

① 观察和州组（C_1h）与高骊山组（C_1g）上部标志层——1.8 m 厚石英砂——之接触关系。

② 观察高骊山组（C_1g）并与金银洞山东坡对比，测量厚度、产状。

③ 观察金陵组（C_1j）特征。

④ 观察五通组上部特征。

No.9　鹅头岩

在麒麟山与凤凰山之间半山腰的山坳处，矗立着一块巨石，它比周围地面高出近 7.5 m，从正面看，如同鹅的头部，栩栩如生，鹅头岩因此得名。

组成鹅头岩的岩石为断层角砾岩。在断层面两侧，可见上盘的坟头组（S_2f）与下盘的五通组（D_3w）相接触，结合断层面擦痕、阶步、小陡坎及密集节理带，可以推断该断层为走滑性逆断层。

① 分辨五通组（D_3w）的层面、节理面、断层面。

② 观察断层破碎带砾石成分、结构、形态、排列方式和胶结物成分，测量断层带宽度及断层面产状。

③ 寻找断层存在的一些相关标点，分析判定断层性质。

④ 画素描图或拍照。

No.10 朝阳山西坡狼牙山采石场

此处因开采 C-P 石灰岩及公路开凿,露出许多新鲜掌子面。要求在该区域内,寻找适当的露头点观察。

① 观察五通组(D_3w)与金陵组(C_1j)的接触关系,观察高骊山组(C_1g)与和州组(C_1h)的岩性特征,观察栖霞组(P_1q)岩性段的特征,并与之前观察到的相应地层做对比分析。

② 在公路边观察栖霞组(P_1q)与孤峰组(P_2g)的接触关系,仔细观察孤峰组岩性变化特征。

No.11 平顶山西南坡采石场

平顶山为一向斜山,岩层由三叠系石灰岩组成,新鲜地层呈青灰色,风化后呈土黄色、黄绿色。向斜核部陡立,由于位于三叠系之下的大隆组(P_3d)、孤峰组(P_2g)等岩层抗风化能力较弱,故中部的三叠系相对凸起成山,而大隆组(P_3d)、孤峰组(P_2g)等部位成为谷地。

① 观察平顶山向斜核部形态,测量向斜两翼产状。

② 向南观察平顶山对面之 133 高地褶皱形态,进行素描或照相。

③ 在公路边,观察大隆组(P_3d)的特征,以及大隆组(P_3d)与殷坑组(T_1y)的分界线。

④ 在公路边,沿保护墩观察下三叠统,它们分别是殷坑组(T_1y)、和龙山组(T_1h)与南陵湖组(T_1n),这是一套瘤状泥晶灰岩夹页岩的地层,注意观察其颜色、岩性等的变化,分析古环境变化之特征。近年来,根据各国专家学者对殷坑组牙形刺、碳氧同位素及菊石等的研究,三叠系巢湖阶剖面被国际地质科学联合会地层委员会遴选为三叠纪界线层型候选剖面之一。

三、凤凰山-狮子冲口-扁井山

(一) 路线简介

从巢湖铸造厂驻地出发,经麒麟山和凤凰山之间的山坳到达凤凰山山顶,沿着狮子冲口公路进入谷底,然后经 7410 兵工厂穿过公路到达扁井山。

(二) 实习内容

1. 狮子冲口倾伏背斜

它的西翼与平顶山倾伏向斜东翼相连。核部高家边组广泛出露,两翼由坟头组、五通组组成。轴迹走向延 NE30°方向展开。枢纽倾伏方向为 SW，倾伏角约 20°。两翼岩层在凤凰山汇合，构成向 WS 倾伏的外倾转折端。背斜向 NE 方向延伸，没入张家山北覆盖层下面而消失，在地表上构成背斜谷地。

登上麒麟山山顶，向 EN 方向望去，便会看到一块广阔平坦的"U"字形谷地，这就是狮子冲口谷地，7410 兵工厂便位于谷地的中央。

在狮子冲口谷地形成之前这里还是高山。因印支运动而隆起的狮子冲口倾伏背斜，轴部岩层因遭受挤压拱起，上覆五通组和坟头组岩性坚硬，张性节理发育，岩层破裂，抗风化能力减弱，利于风化剥蚀。当上覆五通组和坟头组的岩层剥去后，下伏的高家边组出露。高家边页岩因比较松软，更易被流水等外力侵蚀，故在地貌上形成背斜成谷的倒置地形，在地表上构成背斜谷地，也就形成了今天的狮子冲口谷地。

进入狮子冲口谷地，你会发现两侧谷坡出露的岩层像书页一样排列有序，记载着丰富的地质历史信息。这里独特的地貌、地质成因和优美的谷地景观吸引着越来越多的人来此进行科学考察和参观旅游。人们登山远眺深谷，视野开阔，既能感受大自然的神奇力量，又能在参观旅游中了解和学习地质学知识。

2. 观察志留系岩性特征

① 观察志留系高家边组页岩特征。
② 观察志留系坟头组砂岩特征。
③ 在坦克修配厂桥头东侧公路边，寻找坟头组上部粉砂质泥岩中的三叶虫化石。
④ 观察凤凰山背斜的核部转折端岩层产状的变化特征。

3. 扁井山南部马鞍山和金银洞北山岠嶂正断层

二者沿炭井村倾伏向斜东、西两翼发育，横切组成两翼的泥盆系、石灰系和二叠系。断层走向 NW-SE，沿断线西北翼地层向 NW 错开，ES 翼地层向 SE 错开，造成断层线两侧地层不连续，且偶见有方解石质胶结的灰岩破碎角砾带，并且附近见有中-酸性岩浆的小侵入体分布。根据上述断层的有关标志，推测二者属于横向正断层。

(三) 观察点及观察内容

No.12 凤凰山顶

由此可见巢湖。该点位于凤凰山的顶部，该山形犹如一只匍匐的凤凰，两翅伸展,头伸向巢湖饮水。此处为狮子冲口倾伏背斜的转折端。构成该山体的岩层是下中志留统,由于岩性差别侵蚀,形成凤凰状山形。

① 寻找坟头组(S_2f)与高家边组(S_1g)的接触点。
② 观察坟头组(S_2f)的岩性特征。
③ 沿山坡小路边,观察转折端的岩层产状变化并记录、绘图。
④ 观察炭井村倾伏向斜开口端的地形特征。

(No.13) 凤凰山垭口

此垭口西连朝阳山,南连凤凰山,东连麒麟山,北连狮子冲口,便于对周围地质、地貌、岩性特征的观察。

① 观察狮子冲口背斜谷地及地貌特征。
② 远观朝阳山地层的倾斜方向,志留系(S)至泥盆系(D)地层的分布特征及与地貌、植被的关系。该区域的山体均是单面山,平缓面是顺岩层发育的山坡,陡峭面是顺断层形成的山坡。
③ 对狮子冲口背斜地层进行虚拟的空中连接,在地貌上进行虚拟重建,画素描图并对地貌拍照。

No.14 狮子冲口谷地内的公路边坟头组(S_2f)与高家边组(S_1g)分界处

该公路在坟头组(S_2f)与高家边组(S_1g)内开辟,沿途观察坟头组(S_2f)、高家边组(S_1g)岩性及产状变化特征,观察坟头组(S_2f)与高家边组(S_1g)分界处岩性变化。

No.15 7410厂大门口狮子冲口公路边

此冲口当为一断裂线经过处,后期流水改造使之成为一个通道。

观察附近坟头组(S_2f)及五通组(D_3w),再与公路对面马鞍山西端出露的坟头组(S_2f)及五通组(D_3w)对比,观察该冲口的地层、地貌特征。

① 联系山坡上的坡积物特征及植被分布特征,寻找并说明坟头组(S_2f)至五通组(D_3w)的岩性变化特征。
② 区分五通组(D_3w)的层面与节理面,分别测量五通组(D_3w)的岩层面产状与节理面产状。
③ 到公路对面马鞍山山坡采集三叶虫化石,观察坟头组(S_2f)上部及三叶虫产出层位的岩性特征。

No.16 马鞍山西北坡采石坑内

此处产下志留统中上部砂岩,可作建材之用,露出新鲜断面,便于观察下志留统高家边组(S_1g)的岩性与产状。下志留统高家边组可分为下、中、上三段。在本观察点可见中段。高家边组中段主要为黄绿色泥岩、页岩及粉砂质页岩,夹灰绿色薄层细砾砂岩,并在层面上可见波痕。

① 从 No.14 点沿公路至该点,观察坟头组(S_2f)至高家边组(S_1g)的岩性变化特征。

② 观察高家边组(S_1g)中上部的岩性特征,测量产状。

③ 寻找层面波痕构造,分析其形成环境。

④ 画剖面素描图。

四、王乔洞-紫微洞

(一) 路线简介

从巢湖铸造厂驻地出发,经炭井村到达火车道,沿火车道到7410兵工厂的大门,然后穿越公路到达紫微洞景区,进入游览区。

(二) 实习内容

① 思考喀斯特地下溶洞地貌形成的物质基础和条件。

② 观察王乔洞(古地下暗河道)形态,测量洞长、宽、高及延伸方向,判断其发育形态与石灰岩层理及节理的关系;观察洞内三层古侵蚀M槽特征并测量其相对高度,阐述其与新构造运动的关系。

③ 观察紫微洞形态、产出层位,观测喀斯特溶洞的延伸方向、长、宽等,考察溶洞内各种岩溶现象。

④ 观察王乔洞花岗斑岩侵入体。

⑤ 观察王乔洞断层特征与性质。

(三) 观察点及观察内容

(No.17) 紫微洞

紫微洞的发育是,沿EN-WS向的断裂,经地下河对$CaCO_3$的溶蚀加上构造抬升与停歇相间作用而形成的水文地貌景观。

进入洞内,观察如下内容:
① 观察洞延伸的方向,并与上方的"一线天"景观联系起来,分析其成因。
② 注意观察"双井"与"扁井"的形状,思考其成因。
③ 观察洞内栖霞组(P_1q)岩性及被侵蚀后岩层面的特征。
④ 观察洞内多种岩石及石钟乳、石笋,分析其成因。
⑤ 观察壁面溶蚀凹槽。

No.18 王乔洞

发育于紫微洞西侧。紫微山又名金庭山、王乔山。据传周灵王太子王乔在此修炼成仙,故得名王乔洞。
① 观察洞延伸方向,认识其与紫微洞的联系。
② 观察喀斯特溶洞形成的地层层位、岩性特征。
③ 选择一个合适剖面,观察并测量洞宽、高及三道凹槽,分析其形成过程。
④ 仔细观察石刻,估计大气及淋溶对岩石溶解速率的影响。
⑤ 画素描图。

No.19 王乔洞逆断层

在王乔洞与紫微洞之间有一条逆断层,该断层切割金庭山顶而形成一个陡壁。整个断层位于王乔洞-大尖山东坡一带,发育在二叠系栖霞组灰岩中。
① 观察并测量该断层产状。
② 观察断层面上存留的一些断裂构造信息(破劈理、擦痕、透镜体等),据此分析断层的运动方向。
③ 确定断层的性质,画素描图。

No.20 王乔洞岩体

该岩体位于王乔洞内约 300 m 处,岩体侵入下二叠统栖霞组下段灰黑色中厚层微晶灰岩中,平面呈圆形,面积约 160 m^2,风化严重,呈疏松状。岩性为细粒花岗斑岩,灰白至浅灰黄色,具斑状结构,斑晶主要由斜长石、钾长石、黑云母等组成。
① 观察岩体的颜色、成分、结构、构造,掌握火成岩肉眼鉴定的方法。
② 观察岩体与围岩接触处的烘烤现象,理解侵入体侵入围岩时发生的地质作用,估计其侵入时代。
③ 测量岩体大小,画素描图。

五、龟山-唐咀-中庙-姥山

(一) 路线简介

从巢湖铸造厂驻地出发,沿巢湖湖滨大道,依次到达龟山、唐咀、中庙、姥山。

(二) 实习内容

此条路线主要为地质旅游开设。

① 观察巢湖湖盆的形态特征、构造特性及形成和演化;巩固构造湖盆的理论;观察巢湖湖岸的岩性特征及不同岩性湖岸的侵蚀、崩塌的有关情况。

② 在龟山附近观察坟头组(S_2f)和五通组(D_3w)的生物化石及节理;观察五通组层内断层,测量断层产状,分析断层性质。

③ 了解唐咀湖滩地散落的陶片及有关文化遗存现象;了解有关古居巢国的文献资料、古居巢国消失与巢湖盆构造运动的关系、古居巢国考古研究进展、巢湖水下考古大事记;培养在实践中分析判断问题的能力。

④ 了解中庙的人文景观、岩性与湖蚀特性。

⑤ 了解姥山岩性特征。

中庙位于巢湖北岸的中庙镇境内,与湖中心的姥山岛隔水相望。岸矶形如栖凤,庙宇红墙绿瓦,层峦叠嶂。中庙始建于东吴赤乌二年,先时祭祀主巢湖波涛的太姥,后来也祭奉传为泰山玉女的碧霞元君。历史上几经毁坏,至清代修葺完善前、中、后三殿,计七十余间。一进大殿供神龛,描神鬼,各式各样;二进大殿为佛事活动场所;后殿为藏经阁,三层结构,稳重质朴。中庙佛事活动源远流长,晨钟暮鼓,商贾云集,馨香祷祝,络绎不绝。

(三) 观察点及观察内容

No.21 龟山

此处位于龟山西端与湖边交接的湖岸大堤边。巢湖断层在此沿 NE-SW 向通过。

① 进一步观察五通组(D_3w)下部岩性特征,观察层面化石,测量五通组(D_3w)产状。

② 观察五通组(D_3w)内一个小断层,测量断层产状,分析断层性质。

③ 分析龟山凸出的原因。
④ 了解巢湖的湖、山地貌特征。

No.22 龟山层间滑坡

龟山位于巢湖湖滨大道向北 200 m 处。沿路可见五通组（D_3w）、坟头组（S_2f）和其上分布的节理。

① 进一步观察坟头组（S_2f）的岩性特征，测量产状，采集三叶虫化石。
② 针对一处小规模的顺层滑坡，分析其成因。
③ 联系沿道所见的岩性变化，分析湖岸在浪蚀作用下的变迁过程。

No.23 唐咀

该地为一处汉代遗址，现在这里是一处湖漫滩，枯水季节出露，丰水季节处于水下。

① 分析滩地的性质。
② 在滩地上寻找文化层及文化遗迹（陶片、草木灰层、动物骨骼等）。
③ 通过古今对比，认识巢湖的演变。

No.24 中庙

中庙位于白垩系-古近系红色砂砾岩之上。

中庙一带湖岸主要出露白垩系张桥组（K_2z），岩性为灰红至灰黄色厚层状砂砾岩夹中薄至厚层粗砂岩。砂砾岩砾石主要为脉石英、燧石、片岩、花岗岩、火山岩等，次圆状，分选性差，粒径为 0.2～8.0 cm，含量 15%～20%。基本层序为砂砾岩、砂岩组成的韵律性沉积，为河流相沉积。气候显示为干燥炎热。

① 在岸边寻找红色砂砾岩露头点。
② 向庙内水井中俯视，可见庙宇位于被湖水掏蚀悬空的湖穴盖上，据此分析湖浪作用的高度，体会湖浪作用的弧度。

No.25 姥山

姥山及孤山均由晚侏罗世黄石坝期中性火山碎屑、熔岩（主要为结晶质凝灰岩、安山岩）堆积而成，郯庐断裂在此通过。

① 观察喷出岩结构构造。
② 分析郯庐断裂与火山喷发之关系。
③ 进一步认识与理解巢湖形成的地质背景。

④ 观察巢湖周围的地质、地貌,理解巢湖成为历史上交通要道的原因,欣赏巢湖自然、人文景观。

第三节　实测巢湖麒麟山地质剖面

一、实测的目的

到一个地区做地质调查工作,工作的内容很多,其中非常重要的工作就是测绘地质图和地质剖面图。地质剖面是研究地层、岩石和构造及矿产资源的基础资料,是地质填图工作的前提。地质剖面根据研究对象和目的可进一步分为地层剖面、岩浆岩侵入体剖面及构造剖面。若是剖面图作的不对,地层顺序自然就弄不清,地质构造也就不清楚,那么对该区地质情况的了解也就难免会有错误。所以,进行实测地质剖面是很重要的事。

麒麟山地层基本涵盖了本区的各类地层,因而具有代表性。实测地层剖面的目的主要是对本区的基本地层序列,各时代地层厚度、顺序、岩性、接触关系等进行调查。

二、实测的方法

地质剖面图的作法很多,主要是根据工作的目的、地区的情况所取的比例尺大小来决定,一般采用导线法来进行。导线法的基本思路就是在野外用导线穿越实测岩层面,顺导线对山体进行岩层划分及相关描述。

导线布线的基本原则是:
① 剖面的方向与岩层的走向线要互相垂直。
② 剖面线要取直线。

这两个原则在理论上是对的,但在实际工作中会遇到许多不可避免的问题,使我们不可能完全按照上述两个基本原则来进行,除非实测的剖面很短。原因如下:
① 岩层的走向经常有变化,因此剖面图方向开始一段虽然取的和走向垂直,但前进一段之后就可能有变化,变得不再垂直了,但剖面线不能跟着转到另一个垂

直的方向上去。

② 剖面线取直线当然很好，但是很容易受地形的限制，如无法攀登的悬崖及不能通行的峡谷等，就会使剖面线非拐弯不可。

③ 在山区选剖面线一般是要找大致垂直剖面的一条山脊或沟谷，而山脊和沟谷往往都是有些弯曲的，也就致使剖面不得不拐弯。

所以，如果剖面线不是直线（即不与岩层走向线垂直），这时沿剖面线所测的地层产状要素，在编绘地层剖面图时就要先经过换算才能编绘。

布线还应注意以下一些方面：

① 工作地区若是露头相当好，就可以选择相当长的剖面线，利用这样的剖面可以得到有关地层及构造方面较完整而系统的资料，也可以更正确地了解地质变化。所取的线比较长，就不容易得到自始至终完全垂直走向的方向，但是仍要注意选取的剖面线总方向要大致和走向垂直，不能偏斜太大，否则就会增添许多麻烦，且易增加差错。

② 由于地形的变化，如深沟、悬崖及不能通行的区域，还有地层分布的限制，几乎不可能在同一方向测完一个很长的剖面，这样就不得不采取略有拐弯的连续导线法。通常选择一条长沟的一侧或是长的山脊为路线，这种路线仍然要大致是直的，不可有太大太多的拐弯，路线的方向及岩层走向的夹角也要足够大，若是太小或近于平行，那就没有意义了。

三、实测的室内准备工作

① 资料收集、整理。
② 布线路径分析及设计。
③ 相关岩层岩性、分层标志的初步认识及实测剖面的岩层序列预测。
④ 区域地质考察实测地层剖面记录表（表4.3.1）设计。
⑤ 剖面测量的实物准备。

表 4.3.1 野外实测地质剖面记录样表

剖面名称：
剖面位置、起点坐标：　　　　　终点坐标：　　　　　第　页 共　页

导线号	方位角	导线距		坡度角	高差	累积高差	地层产状				导线与岩层走向夹角	地质记录		
		斜距	水平距				位置		走向	倾向		位置		描述
							斜距	水平距				斜距	水平距	

单位：　　　　　填表人：　　　　　组长：

四、野外实测

工作的基本方法是在垂直或相交岩层走向的线上布连续的导线。开始工作时，从最低的露头起。以最低的高度为 0 点（必要时也可以使 0 点向下移），同时也将其作为导线的起点，以测绳沿山坡量距离，以罗盘定方向，以测斜仪定坡度，将导线点按次编成号码，并且慎重地记录在表格中。记录的要素如下：

① 导线号码。可编为 0－1，1－2，2－3，…，在表上不可单写每一点的号码如 0，1，2，3，…，因为如此写容易产生错误。

② 导线的方位。要慎重地记下每段导线的方向，如 184°，190°，180°，…。

③ 导线距离。要用卷尺量出每段导线的长度，并记录在表中。测量时导线要尽量拉紧，不可弯曲，水平距离可用三角函数计算获得。

④ 坡度角。用测斜仪量导线两端间的山坡度，上坡为正号，下坡为负号，两点间一人仰视，一人俯视，以便校正误差。

⑤ 高差（山坡两点差）。根据山坡角度及距离计算出来。这一工作可在室内进行。

⑥ 累积高度。自起点起至每一点都有累积高度，可在室内求得。对于在每段导线之间遇到的一些地质现象，如岩层的倾斜方位角、断层、节理、褶曲轴、标准层、不整合面、化石采集面和岩石标本等，都要记录下来，并注明其距某导线点的距离和高度。

⑦ 地质描述。对于所遇到的地质现象，要用简单文字记录在表格中，所在行要与导线的号码行相对，以便查考。在野外测量剖面时，工作头绪很多，人员需要

分工，一般分层一人，拉皮尺、量方向两人，记录、看岩性一人，画草图一人，取标本一人，共六人。

使用的仪器主要是测斜仪和罗盘，如用卜氏罗盘，可代替前两者。还有卷尺、测绳等，用水准仪也可以，但不甚方便，用经纬仪当然较准确，但只能测重要的点，两点间的部分还要用卷尺和测斜仪来量。

此外，在现场要绘出信手剖面图，以便进行层位对比和构造分析。同时，还应按实地地形的起伏勾绘剖面草图及地形线，并在其上方标绘出重要地物的位置，以便室内做实测剖面图时参考。

五、室内整理、绘图工作

回到室内，第一步先整理记录，原来在山上量测的导线距离和在山坡上量测的斜距需要折算成水平距，并算出两点高差：斜距×倾角余弦＝水平距；斜距×倾角正弦＝高差。将由上述两式算出的数字填入表中，并将各点高差分别累计，得出自 0 点起每点之累积高度，填入表中，以便制图。

据整理好的记录先画出一个平面图，自 0 点起至终点止，各导线的方向、方向距离，都按照所定的比例尺绘在图上。每一点累积高度、各种地质界线及地层的方位角，都按照准确的数据填画在平面图上。以 0 点为最低的水平起点连一根水平线至终点作为水平基线，即剖面的总方向。

将已画好的平面图及计算所得的高差投影在已定了方向的剖面图上，导线各点虽不在同一平面上，但可将它的高度投影在以同一水平基线所作的另一个平面上。

具体的作法：取 0 点至终点的连接直线为剖面图的总方向，以 0 点为最低的高度起点，作水平导线 AB，画在平面的下面，并留出足够的方格，以便投影高度，在 0 点垂直 AB 作直线代表高，AB 代表水平距。将平面图上之 0,1,2,3,4,5,…各点依次按水平距离与累积高度的交点，投影为 0,1,2,3,4,5,…。

把各点连接起来，并做圆滑处理，就得到剖面之地面线（地形剖面图）。地质观察点及产状记录按照此方式分别设在平面上，剖面的方向 AB、岩石的走向、地质界线、断层和所作的夹角很重要，务必写出，以便计算其视角、视方向与厚度等，如和剖面线垂直就不要计算。当将所有的材料都投在剖面图上以后，即可将工作区域的统一地层符号填充到剖面图中，构成一幅正确的地质剖面图。

最后注上剖面图的图名、比例尺、方向及所经过的重要山名、地名、矿坑等，并附图例说明，必要时还要写出岩层的厚度，并另绘一柱状图表示岩层的分厚度和总厚度。比例尺最好采用自然比例尺，即水平距和高度比例尺相同。

以下附巢湖麒麟山实测地质剖面(图 4.3.1)及野外实测地质剖面记录(图 4.3.2)。

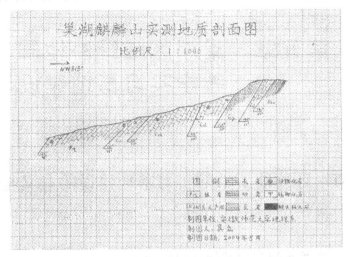

图 4.3.1　巢湖麒麟山实测地质剖面(吴立,2004)

导线号	方位角	导线距		坡度角	高差	累积高差	地层产状				导线与岩层走向夹角	地质记录		
		斜距	水平距				位置		走向	倾向		位置		描述
							斜距	水平距				斜距	水平距	
0-1	NW315°	11.6m		13°			0m		50°	190°∠35°		3.5m		植物及腕足类动物
												7.1m		腕足类化石 灰白色栖霞组灰岩
1-2	NW315°	8m		15.25°			4m		40°	120°∠60°		2m		腕足类化石、链状珊瑚化石、贝壳
2-3	NW315°	25m		11.5°			4m		40°	130°∠58°				栖霞组灰岩
3-4	NW315°	13m		14°			0.5m		50°	140°∠60°		0m		动植物碎屑、贝壳化石
												12.5m		腕足类化石、珊瑚化石
4-5	NW315°	9m		10.5°			7m		45°	栖霞组 135°∠45°		8.8m		栖霞组与船山组分界
									50°	船山组 140°∠45°		1m		腕足类化石、贝壳
5-6	NW315°	14m		13.5°			8m		50°	140°∠64°		4.5m		腕足类化石、贝壳
												8.5m		船山组与黄龙组分界
6-7	NW315°	13m		14°			3m		45°	135°∠47°		3.5m		腕足类化石、贝壳

图 4.3.2　巢湖麒麟山野外实测地质剖面记录(吴立,2004)

第五章　巢湖区域野外地质教学实习基地建设

第一节　野外地质教学实习基地建设的意义与原则

一、野外地质教学实习基地建设的意义

野外地质实习基地建设的意义,除第一章第一节的相关论述外,尚有如下三方面意义:

1. 学生在基地可以学到系统性的知识

具有全面而典型地质现象的野外地质实习基地,有助于学生在野外找到地质书上的地质原型,为学生呈现一个从地层到构造乃至地球发展历史的一整套可供参观考察的"天然博物馆",使学生能够身临其境地感受地质作用的伟大与神奇、海陆变迁的壮观与真实,体会《诗经》中"高岸为谷,深谷为陵"的哲学道理。

2. 可以共享不同高校关于基地建设的地质信息与服务

野外地质实习基地,往往会吸引诸如地质、地理、石油、海洋、土木工程、旅游等不同专业的学生来此实习。他们带来了不同的专业风格与特色,并通过对基地的建设和发展,将其汇聚成一个多方位、多层次的地质信息库,这对于扩大实习学生的视野、丰富学生的知识具有极其重要的作用。

3. 学生可以得到基地驻地良好的后勤服务

由于众多高校学生来此实习,基地形成了稳定的客源市场,因此,带动了该处的服务行业,使驻地有关地方部门能从食、住、行、用一体化的综合角度,考虑做好优质的后勤服务。这样固定的实习驻地,能促进有关部门从长远考虑,进行硬件的投入与软件的改造,从而为实习学生提供更加舒适的住所、良好的学习环境与便利的生活条件,以便学生全身心投入实习之中。

二、野外地质教学实习基地建设的指导思想和原则

地球科学专业群巢湖开放型实习基地建设的过程中,要按照培养 21 世纪基础扎实、知识面宽、能力强、素质高的综合性人才的需要,改变教学思路,更新教育观念,确定实习内容和课程结构,改革教学方法,努力提高教学质量和效益,注重对学生的素质教育,重视对学生创新能力的培养,关注学生的个性发展,因材施教,努力将实习基地建设成为地球科学专业群的天然实验室、开放的教学实习基地,满足地球科学专业群中各专业或相近专业对实习内容和教学资料的要求。因此,根据野外地质实习基地建设的指导思想,我们提出以下野外地质实习基地建设的必要条件与原则:

(一) 教学实习基地建设的必要条件

实习基地是包含实习场所与对象、内容及驻地的总和。野外地质实习基地建设必须同时满足如下条件:
① 地质内容丰富、典型且成序列。
② 在区域内观察点相对集中且分布均匀。
③ 路线设计方便且交通便利。
④ 驻地区位好且后勤保障有力。

(二) 教学实习基地建设的原则

根据野外地质实习基地建设的指导思想,我们提出如下野外地质实习基地建设的原则:

1. 理论与实践相结合

一切知识来源于实践。地质学是一门实践性很强的学科。教师必须注重在实践中向学生传授理论知识,在实践中提高学生提炼理论的水平。

2. 教学与科学研究相结合

对于高校教师而言,提供优质的教学是教师的本职工作,它是建立在良好的科研基础之上的;反过来,只有与教学相结合的科学研究,才能持续而稳定。

3. 图文与实物相结合

有些巢湖实习基地没有的地质现象，教师可以用他处的图片（像）与文字来弥补，以求得对地质现象的全面展示。

4. 专业教育与素质培养相结合

教师需要通过地质专业教育，对学生进行德、智、体、美、劳的综合素质培养，达到一举多得的效果，充分发挥基地的多方面教育功能。

第二节 野外地质教学实习基地建设概述

一、野外地质教学实习基地的环境背景

巢湖市位于安徽省中部。本区在构造体系上是淮阳山字形构造东翼的组成部分，具体位于下扬子坳陷的北缘。实习区为一复式褶皱构造，褶皱轴线的总体走向为 NE35°～40°方向，枢纽均向南倾伏，并没入巢湖之滨。自西向东明显包括平顶山倾伏向斜、狮子冲口倾伏背斜和炭井村倾伏向斜等褶皱构造。地层以沉积岩为主，出露最老的为古生界奥陶系(O)，依次有志留系(S)、泥盆系(D)、石炭系(C)、二叠系(P)、三叠系(T)以及侏罗系(J)等，最新的为第四系(Q)的现代堆积物，岩层出露较好，分布具有一定的规律。

素有江北"鱼米之乡"之称的巢湖流域，旅游资源丰富，人文景观众多，是皖中旅游胜地。境内有山、水、岛、泉、洞等旅游资源。江涛、湖光、温泉是巢湖"水景三绝"。长江流经区内 182 km，江涛拍岸，气势磅礴，八百里巢湖波光帆影，景象万千。巢湖市历史悠久，文化荟萃。这里是"和县猿人""银山智人"繁衍生息的地方，是"商汤放桀于南巢""伍子胥过昭关""霸王乌江自刎"的纪念地，是名人丁汝昌、冯玉祥、张治中、李克农、戴安澜的故里。历史上许多著名的政治家、军事家和文人墨客给这里留下了众多的名胜古迹和灿烂的诗文，与湖光山色相得益彰，融汇成一道道独特的风景线。巢湖市环湖襟江，是安徽省对外开放重点地区之一。它地处合肥、芜湖、南京"金三角"腹地，地势优越，交通便捷，可以依托合、芜、宁三个航空港和芜湖外贸码头直达世界各地。

二、野外地质教学实习基地的基础条件

巢湖北山系指巢湖市北郊青苔山以东、汤山以西、白虎尖以南的一段褶皱山地,集山水于一体,风景秀丽,环境优美,四季气候分明,交通极为便利。重点实习区面积仅有 30 km²,古生代到中生代地层连续,化石典型,地质剖面结构清晰,市区北郊的平顶山-马家山一带,晚古生代-中生代地层出露完整,层序稳定,沉积环境标志明显,尤其是位于平顶山西南侧的中生代三叠纪地层,在 2.5 亿年前地球史上最大的一次生物灭绝后,完整地保存了 2.5 亿年~1.9 亿年前地球生物复苏的丰富信息,包括巢湖龙化石、鱼类化石、螺及贝类等众多化石。野外地质教学内容丰富,是一个难得的"天然地质博物馆",并可根据教学的需要向邻区辐射。多年来,合肥工业大学、南京大学、浙江大学、同济大学、中国石油大学、华东师范大学、安徽师范大学等全国近 30 所高等院校中的地质、石油、地理、土建、旅游等专业学生来此实习,并挂牌成立了野外实习基地。

本区自 20 世纪 30 年代以来,先后有不少地质工作者来此进行考察,如 1931 年南京大学的徐克勤、1958 年合肥工业大学的罗庆坤、1959 年的安徽省地质矿产勘查局石油大队、1961 年的安徽省综合地质大队等。由国际地层委员会、国家自然科学基金委员会、全国地层委员会和中国地质大学共同发起,中国地质大学、安徽省国土资源厅和巢湖市人民政府联合主办的"三叠纪年代地层与生物复苏国际会议"于 2005 年 5 月 23 日至 25 日在巢湖召开。

该区可作为地理、地质、旅游、工程等专业的野外地质实习基地。驻地以巢湖铸造厂宾馆(巢铸宾馆)为首选。它处于实习区中间部位,且设施齐全,方便各个学校师生在此学习和休息。

巢铸宾馆位于安徽省巢湖铸造厂内。安徽省巢湖铸造厂以生产铁道扣件为特色,享誉四方,多次被安徽省授予"文明单位""综合治理先进单位""全国思想政治工作先进单位",生活小区采用半封闭式管理。宾馆为 5 层楼单体建筑,建设面积约 2 600 m²。作为实习师生驻地始建于 20 世纪 90 年代初,一楼、二楼、五楼为学生公寓,一次可以接纳 300 多名学生,三楼、四楼为标准间,一次可以接纳 50 多名教师。宾馆内主要设施有客房、男女浴室、教室(含多媒体教室)、会议室、标本陈列室、有线电视网等;还设有食堂、篮球场、足球场、羽毛球场、健身器材、舞厅等,能为实习师生提供良好的学习、健身、娱乐、休闲等场所。

三、教学实习基地的建设与改革

为了把这一天然实验室建设成为地质学及相关专业的实习基地,一个教学内容丰富典型、生活环境优美安全的野外教学场所,我们需要进一步积极努力,在以下方面更加深化基地的建设。

1. 切实保护基地天然的教学场所

目前,由于对石灰岩、耐火黏土等矿的开采,许多观察点受到较为严重的破坏,这直接威胁到实习基地的继续存在,需要有关部门立即制定相关保护办法和措施。我们建议将一些地质现象丰富典型、交通条件便利的区域作为地质公园来保护开发,这是实现实习区现状保护的一条途径。

2. 继续提高实习基地的研究程度

实习基地地质现象的研究程度及研究成果向教学内容的转换程度是评价一个实习基地成熟度的最重要标志。对于巢湖野外实习基地,要在地质、地理、旅游、环境地质、工程地质等方面进行进一步的深入研究,不断发现新的地质现象,深化对基地内自然现象的科学认识,并及时将其补充为新的教学内容,让基地在教学水平、科研水平方面不断提升。

3. 加强新技术、新手段在实践教学中的应用

基地建设和实践教学过程中,除传统的地质罗盘、放大镜、地质锤以及地质剖面测量和绘图工具以外,我们还将运用3S(GIS、RS、GPS)技术。创建能够满足应用3S技术的实践教学平台,改革现有的实践教学模式,将3S应用于现代的区域地质调查实践中。发挥GPS在野外考察中的特殊功能,实现准确定位考察的路线、高度与方向等有关地理空间信息;利用RS大面积同步观测的优势,对考察区的地貌及地质特征进行系统观测;利用GIS特点,发挥其在地质填图、数据处理、空间分析等方面的功能。现代技术手段的综合运用,极大地改变了传统实习教学模式,使地质实习教学水平迈上了一个新台阶。在实践教学中,可以用数字摄像、摄影存储起来,利用多媒体实现教学预习、过程重现和重点观摩,达到对实习知识的强化。

4. 加强教学、科研与生产实践的结合力度

在进行该区的地质实习教学与科研相结合的同时,还应努力做到教学、科研与生产实践相结合。目前,巢湖区域的社会经济正处于一个蓬勃发展的时期,"生态

巢湖"、"大巢湖旅游"、"安徽中部崛起"等规划为来此实习的师生提供了进行实践教学的难得机遇,在自然资源调查与社会经济发展研究、地质旅游资源的调查与规划、流域生态环境的保护与整治、巢湖区域生态环境演变与遥感考古,以及推动巢湖申报建设地质公园等方面均可以发挥重要的作用。这对于调动学生学习的积极性和主动性、培养他们的动手能力和创新精神具有重要作用。

5. 不断培养合格的教师队伍

高水平的教师队伍是高质量教学的有力保证。教师对实习基地的熟悉程度和认识程度影响着野外教学质量。有一个高质量的实习基地,还必须有一批熟悉实习基地教学内容的教师,才能更好地实现基地的价值。因此,实习基地不仅要能为教师提供高水平的实习资料,还要能对新来基地进行实习教学的指导教师进行培训,使他们通过基地所展示的图、文、影像,对实物的学习、研究,再辅之以实地考察,快速熟悉基地的教学内容、实习资料和生活环境,并能快速提高业务水平,形成一支又一支巢湖野外地质实习合格乃至优质的教师队伍。

6. 注意对实习基地资料的收集与提炼

巢湖地质实习基地建设过程中,除应对课程体系与教学内容等方面进行深入改革外,还应注重深化教学改革和基地建设的内涵。注意对区域地质资料的收集、整理和加工,建立标本柜及模型、图件、卫星遥感图像资料库,深化对研究区的展示,使考察队伍进一步明确地质实习的目的、内容和过程,从而更科学、合理地对野外工作区域、实习路线和观察点进行选择。资料收集主要通过相关资料的查阅、踏勘、测量和绘图、文字记录、数码摄像和照相及岩石、矿物和生物化石标本的系统采集等方式实现。然后将收集到的资料(包括实物、文字和图片资料)加以整理和加工。这对于增强教学效果将起到重要作用。

7. 提高高校与地方共建实习基地的积极性

固定的、良好的教学实习基地对于培养合格的大学生具有重要意义。为了顺利地进行野外地质教学实习,必须依靠社会力量来共同建设实习基地。巢湖地质实习基地建设,要积极与巢湖地方政府的相关部门合作,从实习基地的前期研究、规划及基地的教学保障等方面,争取政府的支持,并实行"厂校共建实习基地"等措施。要本着互惠共赢的原则:一方面,让实习基地的建设为教学质量的提高服务;另一方面,让科研和教学实践活动也能为地方经济建设服务,给地方的旅游、交通、住宿、餐饮等相关产业带来益处。

8. 建立中学生及大众地学学习园地

这里的紫微洞-王乔洞、仙人洞及环巢湖等旅游景区的开发，每年吸引了大量观光游客。应在巢湖高校野外地质实习基地基础上，将其扩展成中学生乃至大众的地学学习园地，使这里成为地学科普场所。

9. 开展网站建设，共享信息资源

随着基地的建立与发展，巢湖野外地质实习网站建设已迫在眉睫。首先，通过网站，既能实现基地的信息资源共享，又能实现基地的信息库共建，便于高校间、实习者间及旅游者间沟通交流。其次，扩大了基地建设的功能与成效，使实体基地、虚拟基地共同提供服务，这对缓解实习基地的环境压力意义深远。

下 篇

巢湖区域地质作用与旅游资源

　　内外力地质作用形成的多种奇异景观,构成了该区的地质旅游资源。巢湖区域地质旅游资源丰富,颇具特色。区内既有典型的地质构造景观、丰富的动植物化石,又有奇特的喀斯特地貌与丰富的地热资源,以及巢湖湖盆及其岸线变迁痕迹和古人类活动的遗迹等。这些旅游景观有的极富观赏性和参与性,有的还具有很高的地质学与环境考古学普及价值。

　　巢湖区域地质旅游资源的独特价值及在区域旅游发展中的地位与潜力,是巢湖区域旅游发展的重要依托和生长点。发展巢湖的地质旅游,彰显巢湖文化和历史积淀,提升人民群众的科学文化水平,扩大巢湖区域的知名度,是巢湖实现跨越发展的特色之路。

第六章　巢湖的形成与岸线变迁

第一节　地质构造与湖盆的形成

在巢湖地区一直流传着这样一句话:陷巢州,长庐州。巢湖成因,在地方志中多有"地陷为湖"的记载。如《淮南子》:"历阳之都一夕反而为湖。"传说中当地有一个善良的妇人对人很仁义。一天,有两个后生告诉她,巢州将被湖水淹没为湖。嘱咐她要向东门走,看到门框上有血迹的话,就一直向北山走,不能回头。老妇人第二天向东门一看,果然有血迹,就上了北山,淮南国成为了一片湖沼。据考证,在5 500年前凌家滩遗址就出现了城市,而居巢国(又称南巢、巢伯国)则是3 000年前殷周时期的重要方国,青铜器《班簋》和通行证"鄂君启节"的铭文都记载有"巢"国。《水经注》对古巢国的山、水、城有较详细的记载。在巢湖市柘皋镇东南10 km处有地名夏阁,传说中夏桀被放逐南巢,巢伯在此建阁接桀。直到春秋时巢国尚在,它是吴、楚两国相互争夺之地,先是归服于楚,后为吴所灭,但其后则不见典籍。那么,巢湖的形成与发展用地学的眼光应该怎样看待呢?

一、构造运动与巢湖湖盆的奠定

巢湖流域的地质构造单元位于塔里木-中朝板块和华南-东南亚板块的交会地带。这两大板块于约2.01亿年前三叠纪末的印支运动会聚,拼合形成了今天的安徽陆地。巢湖流域主要轮廓是由中生代燕山运动和新生代喜马拉雅运动奠定的。

在燕山运动时期,整个侏罗纪、白垩纪的巢湖流域以垂直断陷为特征,巢湖一带白垩纪沉积盆地的产生明显受NNE向的郯庐断裂和NW、EW向的断裂构造控制,形成了古河、肥北和古城等断裂凹槽。凹槽断陷越深,沉积物堆积越厚,反过来沉积物的厚度基本上也可以代表当时地壳断陷的深度。据钻探资料,古河凹槽中的白垩纪地层厚度达1~2 km,说明当时断陷运动是十分强烈的。

到了喜马拉雅运动时期,从古近纪开始,巢湖一带沿着一组NE走向和另一组

NW走向的断裂发生进一步断陷,沿构造断裂有安山岩系喷发,局部地区还有辉长岩侵入和玄武岩喷发。由于第四纪初受到气候变迁及新构造运动的影响,构造盆地上升为剥蚀区,同时形成红色剥蚀面。第四纪中期,构造盆地下沉,成为附近山地的集水洼地,然后汇水成为一大水体。直到晚更新世棕黄色亚黏土堆积后,巢湖盆地受拱曲掀斜运动影响,地面产生不等量下降。滨湖地带经河川切割,形成波状起伏的岗冲地形,今天的巢湖湖盆至此才告定型。

新构造运动和活动断层对湖盆变化有很大的影响。从航片解译的结果和现有的其他地质资料来看,巢湖湖盆周围有着多组不同方向的断裂。这些断裂对于巢湖湖盆的形成有着很大的意义。巢湖被认为是一个断陷湖,断裂不仅控制着巢湖的形状,而且一般来说,顺断裂线常形成断层谷、地堑或一系列的断陷湖盆。

巢湖的断裂构造及继承性活动断裂主要有巢湖断裂、六安深断裂、盛桥-白山断裂、滁河断裂、黄栗树-破凉亭断裂、嘉山-庐江深断裂、池河-太湖深断裂等七条。初步认为这几条断裂基本控制了巢湖的形态,各侧湖岸对湖盆的升降运动呈现出被三组不同方向活动性断裂所控制的三角形沉降带地貌。影响湖盆的新构造运动主要发生在晚更新世之后。

在野外如何判断这些断裂呢?山脉的山脊或山峰一般顺着岩层的走向延伸,如果突然错开、中断,或呈大角度拐弯,或突然与平原相接触,则考虑存在断层的可能性。断层两侧的地壳呈现不同程度的上升或下降。在野外判断地壳的升降也有一个方法,就是观察地貌。地貌是内外地质作用相互制约的产物。构造运动常控制外力作用进行的方式和速度,如以上升运动为主的地区常形成剥蚀地貌,以下降运动为主的地区常形成堆积地貌。

由目前掌握的资料证实,湖盆底部沉积物属晚更新世,即上更新统下蜀组黏土与沿岸广布的黏土同属一个时代。由北岸塘西及南岸齐头咀等处湖滩的浅井进一步证实,湖的底部均属于下蜀组黏土,说明巢湖形成于晚更新世之后,在大约2.5万年前形成雏形。到晚更新世末即全新世开始,奠定了巢湖的基本形态。1万年前,即全新世之初,巢湖仍然继续接受沉降,同时也伴随着抬升运动,特别是由于受到巢湖断裂、滁河断裂、盛桥-白山断裂三条活动性断裂及继承性活断裂的影响,巢湖湖盆及各侧湖岸相对湖底的升降运动表现为以这三条断裂所围绕的三角区沉降和外围的抬升。

(一) 抬升运动的证据

巢湖抬升运动主要表现在合肥-槐林咀以西、全椒-槐林咀以东和合肥-巢县以北地区,主要证据如下:

① 合肥-槐林咀以西,即巢湖西岸现代河流普遍抬高淤积堵塞处。例如,新中

国成立之前杭埠河从舒城至湖口尚能通航,到了20世纪50年代就很难通航,现在杭埠河从湖口只能勉强通航到三河附近。由于地壳隆起,主要入巢河流的下游河床普遍加宽。杭埠河、丰乐河多次改道,加速了自然截弯取直。

② 航片上反映出西湖岸从下派河到马尾河段有普遍向湖内萎缩的痕迹。例如,夏塘咀至马尾河,由湖岸线的退缩可明显分辨出现代湖岸线、近代湖岸线及早期湖岸线的分布情况。

③ 根据历史记载,明末清初三河镇是滨湖重镇,而300多年后的今天,三河镇已远离湖边达十几千米,除泥沙淤积造成退缩外,抬升运动造成的影响也很明显。

④ 合肥-巢县东北,柘皋河入湖口处的河口村原来为紧靠湖边的小村,1998年航片显示现在的河口村已经远离湖边达700 m左右。

上述所列的事实证明,巢湖由于受到活动性断裂和继承性断裂的影响,西侧从北岸塘西经湖心姥山至南岸马尾河段表现为抬升运动,北面合肥-巢县以北为抬升区,东侧全椒-槐林咀以东为上升区,因而巢湖岸线西侧普遍向湖内退缩,湖盆变浅,岸线开阔平坦,三角洲、湖滩大量出露水面。虽然上述地貌的形成也不排除泥沙淤积造成的可能,但上升运动应是主要因素,泥沙淤积则是次要因素。

(二) 下降运动的证据

下降范围是合肥-槐林咀、合肥-巢县、全椒-槐林咀所围绕的下沉区,主要证据如下:

① 现代的巢湖北岸从塘西-长临-中庙-黄六至东岸巢县-槐林咀附近,多为陡岸分布。其湖岸线与湖面以陡坎或陡坡相接,并且普遍发生湖岸侵蚀的现象,如锯齿状的凹凸、湖蚀穴、离岸陡坎、岬角湾。

② 东侧湖岸一些河流入湖处可以明显看到,后期形成的冲积扇叠加在早期形成的冲积扇之上,并且二者形成明显的陡坎,说明早期冲积扇形成后接受沉降,后期冲积扇又叠加在它们的上面形成陡坡。例如,东湖岸杨家河入湖处的冲积扇,在立体镜下可明显看到两期叠加的现象。早期形成的冲积扇最大,其后形成的冲积扇叠加其上,二者之间明显存在陡坡,再后形成的冲积扇又叠加在后期形成的冲积扇之上,二者之间又有陡坡存在,并且扇体发生偏斜。偏斜的原因是在最新的冲积扇形成之前,受到滁河断裂控制,湖岸相对湖底抬升,河流发生偏移。从1955年的航片能够看出,杨家河并不在现今的位置,而在现今杨家河的北面,说明地壳掀斜隆起使河流产生了位移。

二、第四纪环境演变与巢湖形成

巢湖的成因复杂,既受到地质构造的强烈作用,又受到第四纪以来全球多次的气候冷暖交替影响,也有与之连通的长江的作用。巢湖位于长江下游的北岸,它的形成和发展必然受到长江形成和发展的巨大影响,特别是湖水水位的变化及湖面的消长。

更新世早期,由于新构造运动抬升的影响,流水的侵蚀、堆积作用加强,在古构造格局的基础上,本区开始形成较为宽阔的河谷,在槐林咀、林头腰庄一带形成了具有良好分选性和磨圆度的砾石层或砂砾层堆积物。在巢湖市南约 6 km 处的银山村古溶洞下部,主要是砾石、角砾、砂和黏土等堆积物,表明当时这些地方受到河流或短暂性洪流的作用,有更新世早期的长鼻三趾马、巨剑齿虎、四棱嵌齿象、拟豺等化石。

更新世中期,周围山体上升幅度加大,加上气候冷热交替,风化作用强烈,堆积物的来源增多,泥砾和网纹红土堆积范围扩大,成因复杂,可能有残积-坡积堆积物、泥流或泥石流堆积物、暂时性洪流堆积物、冰缘堆积物等。造成这种复杂成因的原因,除气候干湿、冷热交替频繁和后期次生改造外,新构造运动较为强烈也是一个重要原因。堆积物的大量发育,局部地段河道阻塞,形成河涧洼地和小湖泊群。此时在银山村古溶洞中继续形成上部堆积物(主要为黏土、角砾和砂),在其中发现了更新世中期的猿人化石及中国短吻鬣狗等化石。

更新世晚期,世界性的海面升降变化频繁且幅度加大。大约 20 万年前,我国东部也出现了数次高海平面。同时,青藏高原的强烈隆起和东南季风的巨大影响带来了大量雨水。长江水位也随之大幅度上涨,尤其是在汛期,沿江地带的小湖群和河涧洼地由于江水倒灌和内涝积水,联片、扩大形成湖泊。本区也不例外,前期形成的河涧洼地、河流宽谷和小湖泊也扩大成片,成为较大的湖泊,湖中还有为数不多的孤岛。晚更新世早期,巢湖的扩展达到鼎盛时期。正是在这个时期,在多种因素的综合作用下,一个古巢湖的面貌得以真正形成。其面积比现在的巢湖大得多,西边可以到舒城、双河镇一带,北边可以到肥西、合肥、肥东、梁园镇一带。

全新世早期,地壳发生了间歇性的抬升,使前期形成的堆积物构成了二级阶地或二级基座阶地,古巢湖明显缩小,进入了新巢湖形成时期。这个时期,从六安南边的中店、清风岭、龙家山,经肥西县的大潜山,合肥市的大柏店、将军岭、长岗店、吴山庙,向滁州的章广集一线抬升,形成了江淮分水岭;而东关-钓鱼台峡谷进一步深切、加宽,巢湖水流又恢复到从这里汇入长江,东去大海。

距今 8 500～5 500 年为全新世的气候最适宜期,最高温度出现在距今 7 000～6 000 年,产生了全球性的大西洋海进。此时的高海面又使长江水位抬升,巢湖的湖面又有些扩大,但是水的深度不大,形成了芜湖组中段淤泥质黏土和薄层泥炭层,据《安徽地层志》资料,其年龄为距今 5 500 年左右。

进入全新世晚期,大约距今 2 000 年以来,气候向较为凉干的趋势演变,长江水位下降,巢湖水面进一步缩小,形成了今天的巢湖。巢湖由此进入了现代发育阶段,中期形成的淤泥质黏土和泥炭层,构成了今天的河(湖)漫滩,其海拔一般为 6~8 m。

第二节 岸线变迁与发展趋势

一、岸线范围及变迁

(一) 最大岸线的推测

根据探测结果和地质资料判断,巢湖在晚更新世就开始沉降形成雏形,至晚更新世末奠定了巢湖的基本形态,距今已有一万多年。据推测,古巢湖湖面积约 2 000 km^2。历史还记载,在明末清初,三河镇是滨湖重镇,经过三百多年变迁,如今三河镇已距湖边逾 10 km。同时,历史上还记载了杭埠河入湖河道原在新河东南 5~6 km 处的白石天河,即庐江横沟至南闸段,入丰乐河后汇入巢湖,但由于地壳隆起,使河床变窄、排洪不畅而逐渐北移至今日的新河入湖。巢湖的西湖岸线仍不断向湖心推进,近 25 年来,湖岸线每年平均向湖心推进 3 m 多,最大水平幅度为 80~100 m,每年输入的泥沙使湖盆沉积厚度达 3.5~4.0 cm。目前巢湖面积仅为古巢湖的 38%,比过去减少了近 2/3,蓄水量从 20 世纪 50 年代的 50 亿立方米,降到目前的 20 亿立方米。要研究湖岸线的变迁,首先要确定湖泊的最大岸线范围。根据 1954 年航拍和 1960 年绘制的现代地形图推测 10 m 等高线处即为湖泊形成之初的湖岸轮廓。

为了进一步分析巢湖最大岸线可能范围,利用研究区的 TM 进行图像处理,提取出植被情况及土壤含水量情况等,同时结合古遗址的布局分布特征与古河道的关系进行信息复合,我们进一步证明了湖泊发育期岸线的最大范围。由环湖的商周遗址分布(图 6.2.1)可见,遗址均分布于 10 m 等高线之外,即 10 m 等高线范围内在商周时期仍不适合人类居住。

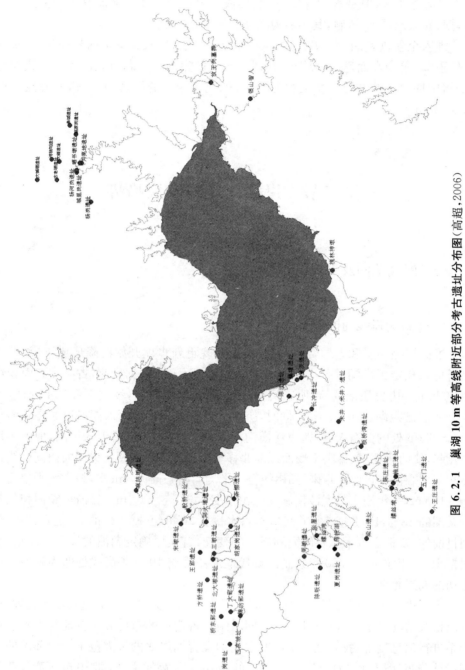

图 6.2.1 巢湖 10 m 等高线附近部分考古遗址分布图(高超,2006)

(二) 岸线的变迁分析

巢湖的岸线范围曾在波动,如肥西县牌坊郢遗址现在已经没入河床之中,且该遗址面积巨大,达 40 000 km²,在遗址上发现两口汉代的水井,表明当时湖泊水位较低,该遗址距离湖泊较远,需要打井取水,同时居民点受湖泊洪水的影响较小。根据竺可桢先生《中国近五千年来气候变迁的初步研究》,汉代末期,中国地区气温较低,为一个干冷期,此时湖泊面积退缩,人类活动向湖沼地区推进,巢湖亦处于一个较低水位期,此时人类活动进入原先的湖沼区。在肥西县牌坊郢遗址西北 4 km 处还有一处遗址,名为西凉城,该遗址旧名为星夜城,呈方形,面积约 25 000 m²,城垣由夯土筑成,边长约 150 m,高约 3 m,底宽约 30 m,其时代跨度为东汉至隋,在气温较低的东汉时期开始繁荣,但到了隋代却出现了文化断层,而隋代恰好处于一个高温多雨期,湖泊水位上升,湖面扩大,该居民点不再适合人类居住,遭到废弃。

不仅在巢湖西部的肥西县有这样的情况,在巢湖东部的散兵镇亦有这样的情况。在 2005 年野外考察过程中,在散兵镇大艾村巢湖边,在与现代湖面最高水位相对高度约为 2 m 的位置发现了大量螺蛳壳,经过 ^{14}C 测定为 $(1\,640\pm60)$ a BP,正好处于两晋时期,为中国地区气温最低时期,人类在湖边生活,留下了大量吃剩的螺蛳壳。而后在高温多雨的湖泊扩张时期,该处遗址又遭到废弃。

巢湖湖泊范围在商代还处于 10 m 等高线范围左右;到了周代经过了短暂的区域性降温之后,湖泊面积有所减小,此时多数遗址点在周代之后出现了文化断层,呈不连续状;到了两汉时期又渐渐随着气温回升,湖泊面积有所扩大,但还没有回到 10 m 等高线范围;东汉末年湖泊萎缩,人类活动向湖推进,而后湖泊再次扩大,人类后退;到了宋代,开始大量围湖造田,特别是在庐江、肥西两县;到清代尤烈时期,湖泊面积迅速减小。

所以,巢湖现今 10 m 等高线即为湖泊曾经最大范围,湖泊面积随着气候变化而变化,在高温湿润时期扩张,低温干冷时期则收缩,并且古人类活动与气候变迁和湖泊张缩有较大关系:湖泊扩张,人类活动范围受到挤压;湖泊收缩,人类活动范围扩大。

二、岸线崩塌及发展趋势

(一) 巢湖地质环境因素对崩岸的影响

1. 湖区的构造单元划分

根据《安徽省区域地质志》对安徽构造单元的划分(图 6.2.2),巢湖位于中朝准地台(I)的江淮台隆(I_2)南缘。湖西北部(面积占整个湖的 1/5)属秦岭地槽褶皱系(Ⅱ)的金寨山前(Ⅱ$_1^{1-1}$)区；湖中部(面积约占整个湖的1/5)属扬子准地台(Ⅲ)张八岭台拱(Ⅲ$_1^1$)区；湖东部(面积约占整个湖的2/5)属下扬子台坳(Ⅲ$_2$)的滁州穹褶断束(Ⅲ$_2^{1-1}$)；湖东沿岸(面积约占整个湖的1/5)属沿江拱断褶带(Ⅲ$_2^2$)的巢湖穹断褶束(Ⅲ$_2^{2-1}$)。可见这个不到800 km²的湖区，属于数个不同的构造单元，并有相对的东升西降运动，显现出该区地质的复杂性。我们可把上述的湖东部与湖东沿岸合称为东湖区，因此巢湖就可分为西湖区、中湖区和东湖区三部分。

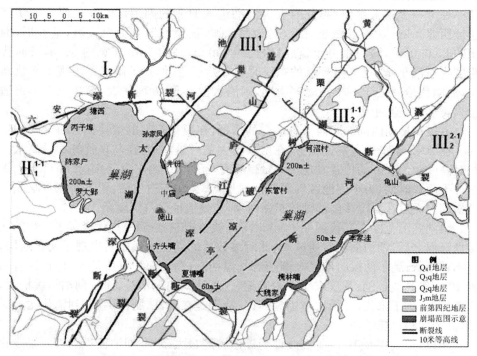

图6.2.2　巢湖地区断裂、岸线地层分布与崩塌相关示意图(修改自安徽省地质矿产局,1987)

2. 断裂分布及对湖岸线形状的影响

基于Landsat TM遥感图像及航片，结合野外实地调查和前人调查资料分析，巢湖主要由NE、NW及EW向断裂控制着"V"字形状(图6.2.2)。该流域内水系有着明显的向盆内汇聚的方向性。控制巢湖形状的NE-SW向断裂主要有滁河断裂、黄栗树-破凉亭断裂、嘉山-庐江深断裂、池河-太湖深断裂、石门山断裂。东北部的NW-SE向巢湖断裂是本区深大断裂中最年轻的断裂，切割湖区NE向断裂。南部的有盛桥-白山断裂、运漕断裂。EW向的主要有六安深断裂。除上述深大断裂控制湖泊的基本形状外，还有众多小的断裂。

这些断裂对湖岸线形状的重要影响主要有以下几点。① EW 走向的六安深断裂控制着湖西北端。② NW-SE 向的巢湖断裂控制着湖东北端的岸线，并在东关切开由古生代、中生代地层构成的 NE-SW 向的山体，使巢湖水通过裕溪河流入长江。在湖东北部巢湖穹断褶束（III_2^{2-1}）的沿湖岸边中志留统（S_2f）、上泥盆统（D_3w）、石炭系（C）、二叠系（P）和下三叠统（T_1）被巢湖断裂倾向断层切割，构成巢湖湖边基岩层的自然湖岸。③ NE-SW 向的滁河断裂控制湖东部 NE-SW 向巢湖南岸展布的形状。由于受湖浪侵蚀作用，岸线总体上平行后退，只是由于局部岩性不同，嘴或咀（指伸出湖中的部分）、湾（指凹进岸内的部分）地形相间分布。④ NE-SW 向的黄栗树-破凉亭断裂控制湖东部北岸 NE-SW 向岸线展布。⑤ NE-SW 向的池河-太湖深断裂对西湖的东岸线有控制作用，并控制着白石天河的展布。

这些断裂在卫星影像上线性特征清晰，可以量算出它们分别对巢湖湖盆形状控制的程度。滁河断裂控制约 43.2 km 的东南岸；最新的巢湖断裂截断滁河断裂和郯庐大断裂带后，控制约 22.8 km 的平直巢湖东北岸；黄栗树-破凉亭断裂控制着约 15.9 km 的北部岸线；池河-太湖深断裂控制着约 8.8 km 的西北部岸线；烔炀-复兴一线断裂控制着约 14.1 km 的岸线；盛桥-白山一线断裂控制着约 27.5 km 的西南岸线；六安深断裂控制约 19.8 km 的西北岸线。这些断裂总共控制着约 152.1 km 的岸线，约占巢湖岸线长度的 82.4%（按水位约 8 m 时计算）。从遥感图像可见，巢湖曾经一期较大水面是受构造单元的隆、凹控制的，与今天 10 m 等高线重合。

上述断裂性质与郯庐断裂在本区的作用有关，但对于郯庐断裂的范围人们有不同的认识。一般把五河-合肥断裂与嘉山-庐江深断裂定为郯庐断裂的西、东界，有人认为郯庐断裂南部即苏皖断裂要比前述的窄，即两界为五河大矶山-肥东桥头集一线（即池河-太湖一线上）。但是，不管如何，正是郯庐断裂带的活动造成了一系列 NE 向排列的小型低洼盆地的形成，在巢湖地区亦不例外。合肥盆地东部的中、新生带坳陷就与此有关，合肥盆地于新近纪开始逐渐消亡，表现为新近系-第四系角度不整合于古近系及更老地层之上，这便是下蜀组-檀家村组黏土（Q_3x-tn）广泛分布的原因。巢湖东部的大部分属于喜马拉雅早期以来坳（断）陷的来安断陷部分，黄栗树-破凉亭断裂、滁河断裂大致控制着南、北边界。正是上述断裂，使巢湖在该区形成断陷洼地，积水成湖。

3. 沿岸地层抗崩塌的岩性特征及分布

环巢湖岸线的地层分布、岩性及抗崩塌能力情况见表 6.2.1 和图 6.2.2。从表中可以看出，巢湖岸线 181.81 km 中，抗崩塌能力最弱的是全新统，但是它处于构造相对下沉的淤积部位，主要分布于河谷的两侧，由全新统构成的湖岸比较宽阔，水位一般不直接造成其崩塌。湖岸崩塌主要发生在分布广泛的上更新统范围内,该类型湖岸全长 64.4 km,现在的高、低水位之间,正是冲蚀这一层位,构成了 44.38 km 的严重崩塌岸线。

表 6.2.1 环巢湖岸线的地层分布、岩性及与抗崩塌能力情况

系	统	层序		在研究区的分布位置	岩性特征	抗崩塌能力(分五级,+越多,表示抵抗能力越强)
		组				
		淮河分区	下扬子分区			
第四系	全新统 Q_4	丰乐镇组 (Q_4f)	芜湖组 (Q_4w)	Q_4f 分布于丰乐河、派河、南淝河、柘皋河等河谷两侧,组成河漫滩一级阶地。Q_4w 分布于湖南岸高林、槐林咀及裕溪河谷两侧	Q_4f 下部岩性为棕黄色砂砾石;中部以浅灰、灰黄色黏土质砂为主,夹砂质黏土;上部为青灰、灰黄色砂质黏土。总厚度 5~30 m。Q_4w 下段为青灰、灰黄色含砾中-细砂、粉砂、砂质黏土,厚 9 m;中段为灰黑色淤泥质粉砂、粉砂质淤泥,厚 30 m;上段为浅棕黄色粉砂、砂质黏土和黏土,厚 11 m	+
	上更新统 Q_3	戚嘴组 (Q_3q)	下蜀组-檀家村组 (Q_3x-tn)	Q_3q 湖岸广泛分布于环湖,组成二级阶地,厚度变化大,为 4~38 m。Q_3x-tn 主要分布于区内河谷两侧,组成二级阶地,具有二元结构,为典型的冲积类型,Q_3x-tn 构成湖泊的基底	Q_3q 为一套浅黄至褐黄色细-粉砂、砂质黏土,富含铁锰小球。Q_3x 下部为浅棕色黄色中-细砂、砂质黏土,底含脉石英、硅质岩砾石,砾石分选性、磨圆度较好。上部为棕黄至灰黄色粉砂质黏土,含铁锰小球。本组厚度各地不一,一般为 5~30 m。Q_3tn 各地岩性变化较小。下部岩性为褐灰色淤泥质砂质黏土,底部有灰褐色黏土质砂砾石层;中部为褐黄至灰褐色细-粉砂、粉土质细-粉砂,夹砂质黏土;上部为褐黄色砂质黏土,含铁锰小球。本组厚 37 m	++

续表

系	统	层序 组		在研究区的分布位置	岩性特征	抗崩塌能力(分五级,+越多,表示抵抗能力越强)
		淮河分区	下扬子分区			
第四系	中更新统 Q_2		戚家矶组 (Q_2q)	零星分布,主要见于湖东岸巢湖茶场、茶亭子等地	各地岩性基本相同,厚7~21 m,可分为两部分:下部赭红色蠕虫状泥砾,厚2~6 m,砾石大小不一,大者可达30 cm,磨圆度较好;上部为赭红色蠕虫状黏土、砂质黏土,偶尔见砾石,厚5~15 m	+++
	下更新统 Q_1		银山村组 (Q_1y)		洞穴堆积物,命名地在巢湖市银山村。棕红色角砾质钙质砾,厚2 m,含新生代内更新世之前的残存属种哺乳动物群化石	
侏罗系	统略		黑石渡组 (J_3h) 毛坦厂组 (J_3m)	J_3h见于巢湖西岸丰乐河入湖口处附近。J_3m见于中庙、姥山、荒塘堰等地,零星分布	J_3h分为两段:下段为一套灰至深灰、黄绿至紫红色凝灰质砾岩、粗砾岩与凝灰质砾岩、粉砂岩、钙质页岩互层;上段为灰黄至棕黄色中至厚层凝灰质砾岩、砂岩与青灰至黄绿色泥质砂岩、钙质泥质页岩互层。J_3m下部以灰至灰绿色中至厚层安山质角砾凝灰岩、凝灰质角砾岩、气孔安山岩为主,夹灰黄至灰黑色砾岩、砂岩和页岩,厚907 m;上部为灰白色中厚层硅化粗面晶屑凝灰岩,厚89 m	++++
三叠系—泥盆系	统略	组略		湖东岸龟山附近,湖滨	总体上属浅海相环境,岩性以石灰岩为主,夹页岩、泥岩、砂岩等	现在湖滨大道内侧,岸线受到保护

(二) 气象、水文环境因素对崩岸的影响

1. 风向、风速是诱发崩岸形成的重要外动力环境因素

本区属东亚季风气候区,风向有明显的季节性转换。夏季以偏南风为主,冬季以偏北风为主,但受本区四周山脉、南部长江及巢湖湖泊的影响,风向、风速变化比较复杂。如庐江县六七月份以西南风为主,冬季(11月至次年2月)以西北风为主,季节性明显;而巢湖市气象资料表明:巢湖2~3月为东风,4~7月为东南风且风速较大,8~10月为东北风,11月至次年1月为西北风且风速较大。1957~2003年46年平均风速为2.9 m/s,最大风速平均值达13.8 m/s,巢湖水面最大风速平均值为18 m/s。

"风"这个外动力作用使湖浪定向冲击湖岸岩石与土层,造成岸的掏蚀、崩塌。如东风、东南风、东北风对黄沙站-东管村-汪方村一线、西岸罗大郢-王郢一线、湖西南岸齐头咀-夏塘咀一线及荆塘等处破坏力度大,西北风则造成李家洼-大魏家一线岸线的破坏,其破坏力度更大。岸线在波浪掏蚀作用下形成湖穴,并在重力作用下发生崩塌,产生平行后退。

2. 高水位对二级阶地造成重大破坏

巢湖沿岸分布有基岩陡坎和二、三级阶地,阶坎高者可达8~10 m,低者为3~5 m,有的已下切到基岩,成为基座阶地,反映该区新构造上升运动。

巢湖新构造运动,总体来说,西岸上升幅度小于东岸的上升幅度。从遥感影像上看,西岸比较平直。河(湖)漫滩海拔一般为6~8 m,从地形图和野外调查可知,这里二级阶地海拔一般为20 m左右,阶坎高度为2~5 m(仅在刘河集东南面的吴家坎,二级阶地的阶坎高度可达6~8 m);湖区东岸的二级阶地标高为30 m左右,阶坎高度一般为8~10 m,下部常切割到基岩而成为二级基座阶地,反映新构造运动造成的东西部不等量抬升。二级阶地主要由Q_3x-tn组成,其上部是粉砂-细砂质黏土,涨缩性大,厚度各地不等,为5~30 m。湖水(建巢湖闸后)多年平均水位为8.37 m,设计洪水位为12 m,中庙站实测最高洪水位为13.09 m(1954年8月测)。故最高水位与平均水位相差达约4 m。正是这多达4 m的水位涨幅,造成了夏季湖浪对Q_3x-tn上部的猛烈掏蚀、冲蚀,引起Q_3x-tn上部的大量崩塌。

(三) 岸线变动趋势分析

1. 新构造运动造成不等量升降是岸线淤长与崩退的根本原因

巢湖东部相对西部抬升。湖东岸由于湖水侵蚀作用,形成曲折岸线;湖西岸在

总体相对下降情况下,形成堆积的较平直岸线。构造抬升大的地方,抗侵蚀能力强的基岩直接构成湖岸,形成伸入湖中的"咀",如中庙、槐林咀和龟山咀等。在构造抬升较大处,中更新统下部砾石层抗侵蚀能力相对大些,如巢湖东南部巢湖茶场等岸线处,在这里常形成曲折的湖岸。

2. 岩性、水位及风向-风速的协同作用是导致湖岸严重崩塌的主要因素

泥沙淤积引起湖水水位不断上涨,对 Q_3x-tn 上部砂质黏土层造成严重破坏,加快了岸线变动速率。而在巢湖闸控制下,湖泊冬季多年维持在一个稳定水位,会对掏蚀基岩及 Q_3x-tn 上部的底部黏土层,使湖蚀穴形成,从而构成岸线不稳定的潜在因素。

3. 岸线变动引起湖形状不断变化

西湖区由于淤积而面积不断减小,中、东湖区岸线崩塌造成湖面不断扩大。如果不考虑人工围湖建坝挡水作用,从自然原因上看,总体是湖底淤高、湖面变大使岸线加长。岸线变动导致的另一个不良后果是,在 Q_3x-tn 之上的良田、房屋及古聚居点不断被湖水吞噬。据航片解译和野外验证,巢湖年崩塌宽度达 4.03 m。

4. 湖盆淤浅使水位升高,顶托入湖河流,导致河岸不稳定性加大

泥沙淤积及人工围湖造田使湖面积变小,并引起湖水位升高。王心源等以2000 年 2 月、11 月的 Landsat ETM+图像和 1987 年 5 月的 TM 图像作为遥感信息源,用谱间关系法提取巢湖水体。他们先对含有水体信息的遥感图像进行二值化处理,接着利用得到的二值图像对 TM2 和 TM3 波段图像进行掩膜处理,最后通过湖泊泥沙指数(TM2+TM3)/(TM2/TM3)得到了水体含沙量图。进一步研究表明,图像中不同的灰度与不同的含沙浓度等级相对应,通过对水体含沙量图进行密度分割,得到巢湖湖区的泥沙分布图。通过对比分析 1987 年和 2000 年泥沙浓度分布图可以看出:① 在各河流入湖口泥沙含量较高,这与入湖河流水体含沙量大有关,去除"风"这个因素的影响,泥沙在湖中的扩散路径、形状不同,表明河口、湖岸线的不断演变;② 可以看到西湖区的泥沙含量高于东湖区。对比两个时相的泥沙浓度相对含量分布图可知,10 多年间湖区泥沙分布面积有很大的增加,尤其是高浓度泥沙区。2000 年高浓度泥沙分布范围与 1987 年的在不同的河口扩大范围不同,前者为后者的 3~6 倍,表明水土流失加剧。实际资料显示,巢湖这 10 多年累计泥沙淤积量为 225 万吨,巢湖流域近 50~60 年来水土流失量是不断增加的,每年平均递增率为 2.9%。泥沙含量的增加使得湖底淤高,湖面变大,岸线加长,近湖的河岸长期被浸泡,使河岸的不稳定性加大,发生洪涝灾害的可能性加大。

第三节 从唐咀遗址考古发现看巢湖岸线的变迁

2001年12月,在巢湖湖滨大道唐咀处的湖滩地上,发现了大量的陶片堆积。2002年7月,巢湖市文物管理所从村民手中征集到陶器、铜器、玉器、银器共260件,最早的是商周时代(或者新石器时代晚期)的玉斧、石镞,最晚的是王莽时代的钱币。根据遗址上出现的大量汉代陶器残片,以及被掩埋的10~20 cm厚的生活灰烬层(其中含有动物骨骼),对文化层中间层灰烬进行 ^{14}C 测年,得出年代为 (2090 ± 130) a BP。结合文化层考虑,该遗址产生于约1 800 a BP。

陶器是调查中发现最多的遗物,分建材、生产工具、生活用品三大类。建材的陶器有筒瓦、板瓦及瓦当等,筒瓦数量比板瓦要多,有灰陶、红陶和黑陶等,面上均有纹饰,主要有方格纹、弘纹、绳纹和刻画水波纹等。一些泥质灰陶比较精细,胎体很薄。发现的瓦当均为圆瓦当,当面饰有云纹。生活用品有夹砂红陶、鬲足、夹砂黑陶罐及印纹硬陶属一些罐类的残片。圈足器一般都比较大,无论是口沿,还是底座弧度都很大,品种有瓮、盆、缸、罐、坛、釜等生活用品。生产工具有泥质灰陶纺轮、陶拍、泥质灰陶鱼坠等。钱币从战国时楚国的蚁鼻钱到秦半两、汉半两、汉五铢及王莽时期的大布黄千、大泉五十都有发现,数量最多的是蚁鼻钱,共发现117枚。在这里还发现了铜币和玉印,玉印正反面都是阴文"辕差"。丰富的遗存,表明这是一个上档次的古居住遗址。

这个遗址引起了有关学者的高度重视,并把它与历史记载中的古居巢国联系在一起。

一、古居巢国考证

巢国(又称居巢)是殷周时期的重要方国之一,《尚书》中有两处记载,《左传》中有九处记载。青铜器《班簋》以及"鄂君启节"的铭文都有记载。在巢湖市柘皋镇东南距离10 km处有地名"夏阁",传说中夏桀被放逐南巢,巢伯在此建阁接桀。直到春秋时巢国尚在,它是吴、楚两国相互争夺的目标,先是归服于楚,后为吴所灭,但其后则不见典籍。后人在探寻这一古国时,始终有一些难解之谜,这些谜都和它的神秘消失有关。

杨东晨指出,夏代封亲族姒姓于巢国,在今河南睢县。商灭夏,封亲族子姓于巢国。周灭商后,子姓巢国迁于今安徽巢县。据《春秋大事表》,巢县五里有居巢城,为巢国故地,与桐(城)相近,同为子姓国,与宗国(今巢县东北 30 km 柘皋镇)成为群舒国之属。

但古居巢国究竟在今天的什么位置,则说法不一。晋杜预在《左传》文公十二年注:"巢,吴、楚间小国,庐江六县东有居巢城。"故有人认为巢国在今安徽省六安县北。还有的人认为,春秋时巢或居巢非限一处,《左传》文公十二年、成公七年到十七年、襄公二十五年、昭公二十四年和二十五年所载之巢,是群舒国的附庸小国,在今桐城市尚有古巢城,秦置为居巢县;昭公四年与五年、定公二年所载之巢,乃楚所置边防要邑,即杜预所谓"六安东居巢国"。

若要进一步考证,可以从庐江历史沿革得到一些线索。庐江本是古代江南一条河的名字,学术界关于这条河的位置又有几种说法。一说古庐江发源于今黄山的支脉率山,西南经鄱阳县流入鄱阳湖,即今江西省阊江和鄱江。一说庐江发源于陵阳,即今安徽省青阳县内的陵阳河。虽两者所说的具体位置不一样,但都肯定了古代江南有庐江这条河。

庐江在江南,然而《汉书·地理志》中因庐江而得名的庐江郡统辖的十二县却都在江北,其原因是汉初所设的庐江国地在江南。在汉景帝三年(B.C.154 年)发生了七国之乱,平乱后,汉景帝把江南的庐江国撤到江北,故从 B.C.153 年起,庐江之地在江北而不在江南;到汉武帝,废止庐江国,建庐江郡,郡管辖十二县,郡治在舒县。东汉初,庐江郡治仍在舒县,汉章帝时改庐江郡为六安县,又并入安丰、阳泉、安风三县,辖县由十二增至十五;汉献帝时复为庐江郡,郡治迁皖(今潜山)。三国吴魏交争时,庐江县属魏。西晋名舒县,惠帝时分庐江郡之浔阳郡,属江州。东晋初,又割庐江郡南部(今安庆-怀宁一带)置晋熙郡。

由以上简述可见,庐江郡(国)治确实发生多次迁移,而晋杜预所说的庐江六县东有居巢城中的"六县",应当就是汉章帝所改为的"六安县"的略称,不在今天的六安市,而在今舒城县。故"庐江六县东有居巢城"即今舒城东部有居巢城。退一步说,即便对"六县"作"六安"解,"庐江六县东有居巢城",则由庐江、六安作一条北西向连线的东部,与前一种认识中的舒城的东部均指向今巢湖方向。因此,杜预所指的居巢城不应在今桐城市,亦不应在今寿县三义集,而就在今巢湖市的范围内。

巢湖处于南北生物区系过渡带。交叉组合的结果是系统的生物多样性增加,种群密度提高。这里山不高,海拔多为 200~400 m,但石灰岩溶洞多,古森林繁茂,具有丰富的动、植物生活资源,临巢湖,一、二级阶地发育,是古人类生存的理想境地。这便是和县猿人、银屏直立人、凌家滩人及商周至汉人均选择这里为活动场所的重要原因。由此,这里也成为各方争夺的重要目标。

(一) 重要的交通与军事地理位置

巢湖之地是扼守东西、控制南北通道的咽喉,曾是介于楚、吴等国之间的重要军事战略要地,为兵家所重视。春秋时期,这里商贾云集,成为中原南下达闽越的交通要塞。根据历史记载,古城居巢就是楚怀王经商线上的重要驿站。橐(柘)皋在鲁哀公十二年(B.C.483年)曾是吴会盟诸侯的城邑。

春秋时期诸侯争霸迭起。齐、晋、楚相继称霸,特别是晋、楚两国争霸进入相持阶段时,中原小国夹在其中,苦不堪言。同时,晋、鲁、齐的大夫势力增强,各国内矛盾加剧,各自忙于国内争夺,也希望有个和平的外部环境。在这种形势下,出现了中原各国的"弭兵之盟"。随着中原弭兵成功,中原一度出现相对和平的局面。而随着南方吴、越的兴起,争霸战则转向南方。从弭兵之盟之后,楚国的力量主要用于对付吴国,吴楚战事不断。《左传》最早关于巢的记载,文公十二年(B.C.615年),"楚人围巢"。襄公二十五年(B.C.548年),"十有二月,吴子遏伐楚,门于巢,卒"。这里明确记载巢有城门。昭公四年(B.C.538年),诸侯朝楚,楚灵王与诸侯在申(今河南南阳北)相会,会上逮捕了服吴的徐国君,并起兵进攻吴国,攻破吴邑朱方(今江苏丹徒),顺便灭了赖国(今湖北随州东北)。这年冬,吴军攻楚复仇,攻入棘(今河南永城)、栎(今河南新蔡北)、麻(今安徽砀山东北)三邑。为了加强防守,昭公四年"楚沈尹射奔命于夏汭,箴尹宜咎城州离,薳启强城巢,然丹城州来"。次年(B.C.537年),楚灵王又联合蔡、陈、许、顿、沈、徐等国军攻吴,越人首次来会兵。楚灵王和越大夫常寿在琐(今安徽霍丘东)会合,楚大军渡过罗汭(今湖南汨罗江),到达汝清,在坻箕山(今安徽巢县南)阅兵。由于吴军早有防备,楚军不能攻入吴国,只好无功而返。"楚子惧吴,使沈尹射待命于巢",楚派沈尹射驻军在巢。为了对付吴国,防备北方,还令尹子瑕修筑了郏城(今河南郏县)。楚平王又修复了州来的城墙。楚国不积极进攻,到处筑城防备,表明其国力已衰,只能以防为主。昭公二十四年(B.C.518年),楚平王组织水军去侵袭吴军,越军也来相会。楚王到达圉阳(今安徽巢湖市附近)后不战而退,吴军却穷追不舍,楚边境的守军又没有戒备,吴军破巢和钟离两地而回。昭公二十五年,楚王为了应付吴军的袭扰,"使薳射城州屈,复茄人焉;城丘皇,迁訾人焉。使熊相禖郭巢,季然郭卷"。这里指出 B.C.517年楚在巢修筑外城。郑大夫子太叔闻讯后说:"楚王将死矣。使民不安其土,民必忧,忧将及王,弗能久矣。"定公二年(B.C.508年),楚属桐国叛楚,吴王派舒鸠氏诱骗楚出兵,吴军引其深入,在豫章击败楚军,包围并攻破巢地,俘其守军将公子繁。至此,属楚的巢消失。

(二) 古居巢城的规模与等级

西周开国之初,政治上实行的是宗法分封制度。周王大肆分封诸侯,每分封一个诸侯国,就要举行一次隆重的仪式,这导致了大规模城邑营建活动。西周城邑制度规定:王城方九里,王畿达千里;诸侯国都城方七里,其疆域大的不过几百里,小的百里;卿大夫邑城方五里,统治区更小。"都城过百雉,国之害也。先王之制,大都不过三国之一,中五之一,小九之一。"其中"雉"是古代计算城墙面积的单位,高一丈,长三丈为一雉。都邑之城墙,不可修得太长太高,否则劳民伤财。

居巢是一个什么等级的城呢?首先,"居巢"的"居"是发语词,故"居巢"就是"巢"。另,"巢"亦作"鄛",至魏晋后,"鄛"均简化为"巢"。凡右置之"双耳旁",古皆通"邑"。"邑"乃一行政机构,为旧时县的别称。参考《汉书·百官公卿表》述:"列侯所食县,曰国;皇太后、太后、公主所食县,曰邑。"另据《左传》记载,定公二年(公元前509年),吴国人包围巢地,攻占了巢城,俘获楚国公子繁。当时楚公子在"居鄛"亲临把守。正因为是太后、太子或公主居住之地,或因为巢城战略位置之重要,故巢城城墙在昭公四年(B.C.538年)加固一次,在昭公二十四年(B.C.518年)又修筑了外城,足以表明楚对该城的重视。故巢城地位当在伯、侯之间。

从考古发掘的春秋城邑看,列国的城市规模早已突破了西周的城墙规模等级规定。如钟离城,与巢城同时期但低一个等级的城,位于安徽凤阳东北,考古研究表明,其东西长360 m,南北长380 m,墙基宽18 m,顶宽6 m,城门5 m左右,城墙顶面积8 880 m²。其周长1 480 m,已经超过规定的1/3限制。

由此可推知,古居巢城的大小即便按照都城周长五里,一边的长也会在600 m左右。墙基厚应在15~20 m范围内,顶宽当在6 m以上,且巢城还有廓。

在西周之前,城是统治阶级的堡垒,君王是城的核心和主宰,故产生了"筑城以卫君"的规划概念。西周之后,城市的经济基础受到重视,手工作坊及大量的城市居民也成为保护的对象,这就产生了郭,"建郭以保民"。

在都城的平面形态上,早期都城有同心圆式的"内城""外郭"功能分区。到了春秋战国这个大动乱、大变革的时代,诸侯国都的城市平面形态也趋向多样性,外郭的规模不再受西周旧制的限制。如郑韩故城遗址,时代较晚的东城的郭城面积约为西城的两倍。但城的选址均具有临水的特点,平面布局似乎有"西城东郭"的形式。

在唐咀湖滩地上,被湖浪冲上来的现埋藏在巢湖东湖湖底的遗物(如从战国时蚁鼻钱到秦半两和汉半两、汉五铢及王莽时期的大布黄千、大泉五十等系列钱币)传递了一个重要信息:居巢城的平面布局形态似乎也是"西城东郭"之城郭并列形式,先筑小城(内城),后筑郭,即唐咀遗址可以看作是后人对居巢郭再向北、东的外延。

二、居巢城消失的环境因素与巢湖岸线变迁

世界上许多国家与民族都流传着大洪水导致文化中断或衰落的传说。在中国,有学者认为4 000年前的大洪水导致良渚文化的衰亡,或通过马桥考古遗址地层剖面的沉积学、微体古生物和孢粉的环境考古分析,论证洪水是导致良渚文化中断的主要原因。那么,居巢城的消失是否也与洪水有关呢?

在巢湖一带,有"陷巢州,长庐州"之传说。但要论证古居巢城的消失,必须对巢湖形态变化及其原因做进一步了解。

结合Landsat TM遥感图像和地形图,最大一期巢湖水位高度与今天地形等高线10~15 m相合,面积约2 000 km^2,是今天800 km^{2}的2.5倍。湖盆受多组方向的断裂构造控制,且古今均有活动。最大一期湖泊的形状与今天迥异,表明巢湖形成以后,形状在不断变化。其变化是在构造控制、泥沙淤积、降水变化、湖水位变化和湖岸岩性不同及人类的围湖造田等共同因素作用的结果。

发源于大别山的丰乐河、杭埠河挟带大量泥沙,使巢湖西南部发生大面积填充,陆地面积不断扩大,这便是"长庐州"之因。由于大量泥沙淤积湖底,致使湖底抬高,湖水位相应上涨,湖水于是侵蚀到第四系中-晚更新统(Q_2-Q_3)黏土层,特别在每年5~8月,造成湖岸的严重崩塌。将20世纪90年代航片同50年代航片比较,巢湖西岸线向湖延伸数米至数十米,而湖东岸及北岸严重崩塌,自20世纪50年代以来最大的崩塌长度达500 m,致使岸线呈锯齿状分布。这种岸线崩塌的外在表现是东湖水面不断向陆地侵进,隐含的则是巢州下陷。从位于巢湖东北部到今天巢湖边直线距离约15 km的柘皋镇(古为"橐皋")地名也可见一斑。"橐"乃象声词,"皋"为"水边的高地"意思。今天,正是在湖东北部修筑的大堤(即滨湖大道),拦住了巢湖湖水向东、东北的延伸。

我国主要的一些湖泊多与新构造运动有关。如鄱阳湖就是由于湖口-星子断块差异升降运动下陷后逐渐扩展而形成的,而彭蠡湖则是由于新构造掀斜下陷在全新世形成的。巢湖被郯庐断裂带NE-SW向斜穿过,这与新构造运动相关,其湖水面是游移的。另外,唐咀文化层位于现在滩地的地下十几厘米处,说明曾经的居住地的确被湖水淹没。因此,这个"陷"字有多重含义:① 突来的地震产生滑坡(塌),使居住地没入湖中;② 突来的洪水、暴雨使湖水位大涨,加上巨浪,淹没居住地;③ 滑坡(塌)、滂沱大雨与强风共起,使居住地"一夕化为湖"。清《庐江县志》载:"湖陷于赤乌二年(239年)七月二十三日戊时。"这时正处于巢湖的丰水季节。我们认为,这并不是说整个巢湖是该日形成的,或者可能的是邻湖边的一块陆地滑塌进入巢湖,或下陷成为巢湖一部分,或水位猛涨淹没该居住地,或者是由于城

(郭)墙因高水位湖水浸泡而倒塌,湖水侵进城内。如果像1954年巢湖湖口的最高水位为12.93 m,则比多年平均水位8.03 m高出约5 m,这对于当时居住在岸边的人来说,简直是灭顶之灾。

《晋书·五行志》载,"吴赤乌三年(240年)冬,吴国水旱交积,人民饥困","吴赤乌四年(241年),正月,大雪,平地深三尺,鸟兽死者大半"。当时水患等自然灾害严重,具备发生地震或产生大的滑坡、崩塌的条件。由于巢湖在郯庐断裂带上,存在众多分支断裂,东湖区湖岸岩层节理丰富,龟山五通组(D_3w)砾岩上部有黏土层,并且在龟山西面志留系坟头组(S_2f)均倾向湖,具备顺层滑塌要素,这为滑坡(塌)的形成提供了条件。

三、唐咀遗址发现的意义

今天,在冬季出露,夏、秋季被淹的唐咀遗址,正在遭受着湖水的冲刷掏蚀与底流的侵蚀和剥蚀,现在只剩下约3×10^4 m^2的湖滩地。

在滩地面上散落着大量以泥质灰陶和夹砂灰陶为主的陶片,同时还有泥质红陶、褐陶、夹砂黑陶及一些烧成温度略高的硬陶等。器物以圈足器为主,一般都比较大,无论是口沿还是底座弧度都很大,品种有瓮、盆、缸、罐、坛、釜等生活用品。少部分陶器上有印纹,土要有方格纹、席纹、弘纹、绳纹和刻划水波纹。一些泥质灰陶比较精细,胎体很薄,表面有贴塑。非常值得注意的是,这些有来自湖下被浪冲上来在滩地表面被发现的文物,最早的是商周时代(或者新石器时代晚期)的玉斧、石锛,最晚的是王莽时代的钱币。

尽管滩地面上层的沉积被湖浪层层淘失,但至今还有数十厘米厚的文化层在唐咀湖边陡坎清晰可见。该文化层夹大量陶片、陶器,还有动物骨骼。文化层中部为较纯的草木灰烬层,我们就在灰烬层里发现了一支鹿角,它反映了古人生活的环境。对草木灰层^{14}C测年的结果为$(2\,090\pm130)$ a BP。

据当地渔民介绍,陶片分布的范围向湖中可以延伸4 km远,陶片多的地方有厚厚的一层。在枯水年份,冬季在湖床上能够看到十多口水井,其中有一个水井旁还有一块两人都合抱不过来的古树的树根。很多人曾在这里捡到过青铜器、古钱币、印章和完整的陶器。在村民家中,考古人员还见到了在河滩捡到的十分完整的陶釜、陶壶等。在调查中,一些年过七旬的老人说,自己年轻时曾见过古城废墟,看到了许多砖、瓦、石头、墙角、门槛、井栏、旗杆、鼓子等,并能大致指出这座城址四个城门的位置。因此,我们基本断定这是一处沉入湖底的城市遗址,结合文化层考虑,可能产生于1 800年前。这个遗址产生的时间,似乎可以与赤乌二年(239年)发生的"陷巢州"相合。

从前面引述的历史记载知,从 B.C. 538 年楚王在巢地加固城墙,到 B.C. 517 年楚在巢修筑外城,表明城市范围在扩大。"筑城以卫君,筑郭以保民",当然,很可能也迁入附近的一些人,加强防务。但 9 年之后,即公元前 508 年,吴军攻破巢地,俘其守军将公子繁,属楚国的巢国灭亡。由于城墙当时是重要的防御工事,我们或可推之,为了阻挡吴军的进攻,当时楚修筑外城(郭)的范围可能很大。故虽然国消失了,但城(郭)当保留着,以至延续数百年到汉。这就是在枯水年份,今天的渔民看到陶片分布的范围有数千米之远,文物早至商周时代(或者新石器时代晚期),晚至王莽时代,而唐咀遗址的陶片又是汉的原因。当然,由于后期湖浪的冲击、底流的作用,陶片离开原位,但我们相信,大体分布范围应当变化不大。又由此推之,"城"就应当在今天的唐咀滩地南面的湖水之下了。这座"城"又让我们很自然地把它与历史记载的居巢国城联系在了一起,商周或者新石器时代晚期的遗物发现似乎暗示这一点。从平面布局形态来看,它也符合"西城东郭"之城郭并列形式,即唐咀遗址可以看作是后人在湖水面不断抬高、湖水不断东进的情况下,废弃原居巢郭而向东北的延伸。

人类原来生活的场所,今天沉在水下。对于这种生态环境的巨大变化,自然作用固然重要,但近期人为作用也是重要因素之一。一方面人类活动特别是农业活动加剧了入湖河流携带大量泥沙对湖底的充填作用,使巢湖水位上升;另一方面冬季关闸蓄水也使水位居高不下。这两方面因素导致古人居住的湖滩地被浪水掏蚀,这是值得我们关注的事情。

最后需要说明的是,对于这一处遗址是否就是历史上的居巢国,还有待进行全面系统的科学考古研究。

巢湖流域的古人类活动遗迹

巢湖流域人杰地灵,人文景观极为丰富,不仅有众多的历史古迹,还是古人类的起源地之一。该区有早期的城市,更有能人、智人古文化遗址,表明这里曾有古老而灿烂的文明。

一、龙潭洞和县猿人遗址

龙潭洞位于和县县城西北 45 km 的陶店乡汪家山北坡,地居长江下游,时代位于北京猿人和爪哇猿人之间。构成洞穴的地层为寒武系白云岩层,洞穴高出海平面 23 m。1973 年冬,陶店乡农民兴修水利时,发现龙潭洞内埋藏着丰富的脊椎动物化石,中国科学院古脊椎动物与古人类研究所和省、县考古工作者联合考察,于 1980 年 11 月 4 日发掘出一个完整的猿人头盖骨、一块左下侧下颌骨碎片和三颗零星的牙齿。这个头盖骨中等大小,脑壳厚,额骨低平,眉骨粗隆,从冠状缝、矢状缝、人字缝尚未愈合推测,头盖骨化石为20岁左右的男性猿人。时代属新生代第四纪更新世中期,距今有30万年~40万年,略早于北京猿人,与北京猿人基本形态相似,具有直立人的许多特征,故定名为和县猿人。此外,还发现有粗陋的石器、骨器和火烧的骨片、灰烬等遗迹。在同一洞穴堆积层中,还发现哺乳类动物化石25种,加上鸟类、爬行动物化石共有50多种。其中有北方生长的肿骨鹿、剑齿虎、巨河狸;南方生长的剑齿象、中国狝、鬣狗等。龙潭洞遗址的动物化石种类繁多、分布密集,是一个南北过渡性的动物组合,这为研究古代气候、古动物群等提供了新的重要线索,也为地质、水文等学科提供了实物研究资料。经专家初步鉴定,和县猿人头盖骨时代系30万年前旧石器时代,属中更新世。它的发现,为研究人类起源与发展、研究南方和北方古人类的共性和差异及探索中华文化渊源和长江阶地的发育史提供了重要的实物依据。1981年9月8日,经安徽省人民政府批准,将龙潭洞和县猿人遗址定为全省重点文物保护单位。1988年1月,经国务院批准,和县猿人遗址被列为国家级重点文物保护单位。

二、银山猿人遗址

银山猿人遗址位于巢湖市银屏镇银屏山村旁的银山山坡上,地理位置为$31°30'12.65''N,117°47'25.79''E$。遗址在1982年4月和1983年10月两次被发掘,溶洞内分灰色堆积、棕红色角砾岩、黄色堆积、棕红色堆积、浅黄色堆积5层,前2层划为归同一时代,后3层划为同一时代。银山猿人化石发现于第二层,化石为一块不完整的枕骨和一块残缺的左上颌骨,附连3枚白齿和第二前白齿,属中年个体。从发掘出枕骨、下颌骨的特征分析,巢县人属于早期人类。在1~2层的上部堆积层中,还伴有哺乳动物豺、熊、中国短吻鬣狗、豹、貘、肿骨鹿、猪、牛、羊等化石。3~5层下部堆积层中有豺、桑氏短吻鬣狗、巨剑齿、虎、豹、四棱嵌齿象、剑齿象、长鼻三趾马、马、貘、犀、鹿、牛等化石。巢湖市银屏山智人化石及早更新世哺乳动物化石用铀系法测定的年代为距今16万年~20万年。可惜的是,在银山猿人化石遗址中尚未找到石器,银山猿人的发现为研究中国古猿人的南北差异和长江中下游地区古人类演化提供了十分珍贵的资料。

三、大城墩遗址

大城墩遗址位于含山县城北约15 km的仙踪镇夏棚村南侧,处于江淮地区丘陵地带。遗址为东西向圆形台地,面积2万多平方米,两头稍高中间较平坦,高出周围农田3~6 m。经过4次考古发掘,发现该遗址至今保存着3 000多平方米的大面积红烧土层,这是以前考古中未曾见到过的。红烧土呈砖黄色,土质纯净、坚硬。遗址文化层堆积厚约4.5 m,共可分为12个文化层,包含有相当于仰韶时期、龙山时期、二里头时期、商代、西周、春秋、战国及隋唐等若干时期的文化,以商周文化最为发达和丰富。新石器时代文化层出土的陶鼎形态与凌家滩遗址出土的非常相似,表明它们之间存在着某种文化交流关系。在相当于二里头文化的地层中发现成片的碳化稻谷,经鉴定有籼稻和粳稻两种,表明那时人类已经熟练掌握了种植两种水稻的技术。遗址T23的陶尊里出土的龙山时期的三角形青铜刀,对研究我国青铜器的起源有重要参考价值。大城墩遗址是安徽省保存最好、面积最大、堆积最厚、各时代文化内涵最丰富的一处从新石器至商周一直延续到春秋战国时期的古文化遗址,为研究巢湖流域古文化的特征、中原古文化与南方古文化的交流和发展提供了重要的实物资料。

四、古埂遗址

古埂遗址,属巢湖流域新石器时代晚期遗址,位于巢湖西岸肥西县上派镇东1.5 km,上派河在遗址的东北方流经并注入巢湖。遗址现呈漫坡状,高出周围水田约2 m,总面积约20 000 m²。遗址文化堆积层厚度为1.5 m左右,两次发掘出土大批陶器、石器等遗物,并发现了房基、灰坑、墓葬等遗迹现象。古埂遗址受海岱地区大汶口文化的影响更为明显,根据层位关系和出土遗物的特征,可分为早、晚两期。早期遗存的年代大约相当于北方大汶口文化中期,以夹砂红陶为主;晚期遗存年代相当于龙山文化时期,红陶明显减少而黑陶数量增加。古埂遗址以丰富的古文化内涵在巢湖流域史前文化中占有重要地位,古埂-侯家寨类型文化因素在流域其他遗址中也有发现,这为认识当时的文化面貌和社会经济生活提供了重要资料。

第七章 巢湖区域环境考古

第一节 巢湖流域新石器至汉代古聚落变更与环境变迁

随着全球气候变化研究的不断深入,人类文明发展阶段的环境变迁受到科学界越来越多的关注。地理环境变迁是影响古代文化演变的重要因素,聚落位置及位置的更移与环境变迁直接相关,这些对于复原历史环境,探求环境变迁信息,阐明当前地理环境的形成和特点,具有十分重要的意义。目前,利用自然地层与文化地层的综合研究来提高时间分辨率,将人类活动的结果(遗迹、遗物)纳入整个自然环境系统之中,尤其是对典型地区进行聚落遗址时空分布与自然环境演变关系的探讨已成为区域古人-地关系研究一个有特色的方法。

巢湖流域是新石器中晚期以来人类活动与自然环境演变较为典型的地区,同时也是黄河流域与长江流域、东部沿海与中部腹地古代文化相互交流、相互碰撞的一个重要区域。这里拥有自新石器时代以来的数量众多的古聚落遗址,区域古文化发达,是中华文明孕育和发展的重要地区之一。在利用巢湖湖泊沉积记录重建流域全新世环境序列的基础上,将聚落遗址时空分布特征与区域自然环境演变序列有机结合,探讨古聚落变更对环境变迁的响应,这不仅有助于对过去全球变化的区域差异性研究,而且对揭示该区新石器中晚期以来人地关系系统演变的历史规律和内在机制、协调现今人地关系都具有十分重要的意义,同时对于进一步认识区域文化的发展、传播和变迁亦具有重要作用。

古聚落是一种具有一定空间并延续一定时间的文化单位,其构成要素包括各种类型的房屋、防卫设施、经济设施和墓地等。巢湖流域是古人类重要的活动区域,历史研究和现代考古资料都表明,5 500年前流域开始迅速出现较多的新石器时代聚落遗址,主要分布在含山、肥西、庐江等地,其中国家重点文物保护单位凌家滩遗址是5 300多年前的一个繁华的古聚落遗址,当时的玉石器制作技术与太湖流域的崧泽晚期和良渚文化有密切联系,其后的聚落遗址数量有所减少;商周时期重新达到繁盛,已发现遗址分布的密度很大,史载这一时期有居巢国(又称南巢、巢伯国),是商周时期的重要方国,青铜器《班簋》和"鄂君启节"的铭文都记载有"巢"国;

汉代流域文化仍较为发达,聚落遗址和墓葬数量很多,在巢湖市北山头和放王岗均出土了两汉时期的大量珍贵文物;汉代以后的聚落遗址和墓葬的数量则急剧减少,流域文化走向衰落。

根据安徽省 1949 年以来新石器时代至汉代的考古资料,以及《安徽省志·文物志》和地方志中古聚落遗址的记载,结合对巢湖流域的实地调查,在研究区发掘的并经详细调查的新石器中晚期至汉代聚落遗址总计 226 处,其中新石器中晚期(6.0~4.0 ka BP)聚落遗址 52 处,商周时期(3.6~2.8 ka BP)聚落遗址 114 处,汉代(2.2~1.8 ka BP)聚落遗址 60 处。本节将以 GIS 为手段,辅以多源遥感影像数据和区域地质地貌资料,将这 226 处古聚落遗址时空分布情况填绘于用 MapInfo Professional 7.8 软件矢量化绘制的不同海拔分层设色的地形图上(图 7.1.1~7.1.3),在对聚落遗址时空分布特征进行分析的基础上,结合巢湖湖泊沉积记录的流域全新世环境演变序列,探讨流域内古聚落变更对环境变迁的响应。

一、聚落遗址时空分布特征

(一) 聚落遗址数量及分布

从各时期聚落遗址数量对比看,本区遗址的数量波动较大。新石器中晚期遗址数量最少,为 52 处;商周时期遗址数量最多,其遗址数量比新石器中晚期增加一倍多,达 114 处,表现为一个激增阶段;而汉代遗址数量较商周时期却减少了一半,为 60 处。

巢湖流域地处江淮丘陵之间,东南濒临长江,西接大别山山脉,北依江淮分水岭,东北邻滁河流域。地形总体渐向巢湖倾斜,地貌形态呈明显的阶梯状,根据地面高程自上而下可分为山地(>300 m)、丘陵(100~200 m)、阶地(分 20 m、50 m 左右两次级)、平原(10~20 m)、湖盆(5~10 m)五级。从聚落遗址的分布来看,新石器中晚期聚落遗址主要分布在巢湖西湖岸的杭埠-丰乐河流域上游及派河流域(图7.1.1),东部是当时的发达文明凌家滩文化遗址群,南部的庐江县地区遗址也较为集中。与图 7.1.1 相比,新石器中晚期分布在流域西部大别山北坡高海拔区的古遗址在商周时期有所减少,东部的凌家滩文化已经消失,而巢湖北岸和西岸地区(即含山-巢湖-庐江一线西北地区)聚落遗址呈密集增加趋势(图 7.1.2),分布最密集的区域在巢湖西岸地区,即杭埠-丰乐河流域中下游、派河流域和庐江县一带,其次在巢湖东北岸的柘皋河流域。汉代聚落遗址分布与商周时期相比(图 7.1.3),原先密集分布于巢湖东北岸柘皋河流域的 14 处遗址全部消失,仅在其南部有 1 处规模较大的唐咀水下遗址,杭埠河流域下游地区的遗址也有大幅度锐减;而在江淮分水岭南麓的南淝河中上游地区遗址却猛然增长了近 20 处,巢湖市区周边、庐江县及和县地区也新出现多处遗址,成为该时期聚落遗址的重要分布区。总体来看,三个时期流域西部的聚落遗址数量和分布都远多于东部。

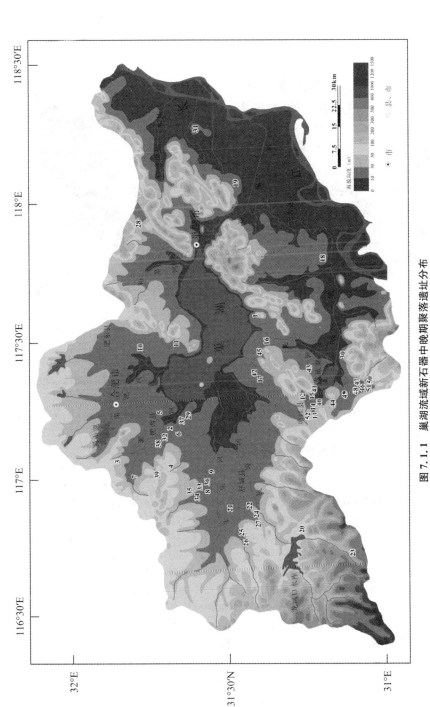

图 7.1.1 巢湖流域新石器中晚期聚落遗址分布

1. 魏林神墩(10~20);2. 古埂(10~20);3. 九狼墩(50~100);4. 唐中湾大墩(50~100);5. 三官庙城(20~50);6. 老虎头(20~50);7. 戴大郢大墩(20~50);8. 张马墩(10~20);9. 袁小墩(20~50);10. 药刘(10~20);11. 小赵(20~50);12. 三板桥(20~50);13. 黄栗大墩(20~50);14. 孙家神坊(10~20);15. 朱家神墩(10~20);16. 盛桥神墩(10~20);17. 朱井(20~50);18. 白鹤观(10~20);19. 凌家滩(20~50);20. 叶墩(50~100);21. 谢河大墩(10~20);22. 黑虎城(20~50);23. 鸢腰树(>100);24. 摩旗墩(20~50);25. 东头大墩(20~50);26. 毛狗大墩(20~50);27. 周瑜城(20~50);28. 仙踪大城墩(20~50);29. 中派城墩(10~20);30. 毕家墩(10~20);31. 乔家庄(10~20);32. 艾大墩(20~50);33. 王大墩(2C~50);34. 棉布岗(20~50);35. 黄花墩(20~50);36. 丁河湾(20~50);37. 末大墩(10~20);38. 汪郢大墩改(20~50);39. 张夹沟(50~100);40. 鲤鱼地(20~50);41. 藕鹭(20~50);42. 米井(20~50);43. 城腰(20~50);44. 小汇墩(20~50);45. 侯洞(10~20);46. 青板桥(10~20);47. 鱼王庙墩(10~20);48. 侯大洎(20~50);49. 三官殿(10~20);50. 曹墩(20~50);51. 王院(10~20);52. 杨墩(20~50)

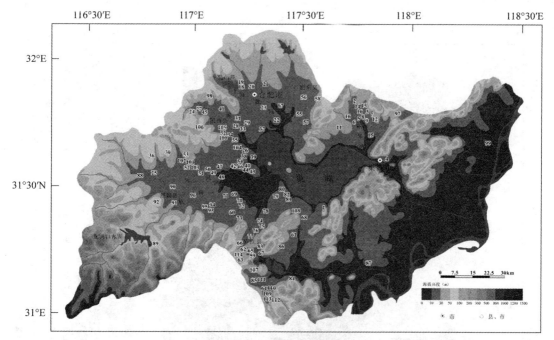

图 7.1.2 巢湖流域商周时期聚落遗址分布

1. 槐林神墩(10~20);2. 分路大城墩(10~20);3. 皋城(10~20);4. 金湖大道(10~20);5. 杨河岗(10~20);6. 杨岗(10~20);7. 施家岗(20~50);8. 晒书墩(10~20);9. 月亮地(10~20);10. 大储(20~50);11. 瓦踏地(20~50);12. 城里岗(20~50);13. 河稍刘(20~50);14. 古老墩(10~20);15. 城子塘(10~20);16. 坝塍(20~50);17. 武大城(10~20);18. 大雁墩(10~20);19. 烟大古堆(10~20);20. 大古堆(10~20);21. 刘大墩(20~50);22. 晓星大古堆(10~20);23. 大兴刘大墩(10~20);24. 大墩子(20~50);25. 城河墩(20~50);26. 中派城墩(10~20);27. 戴大郢大墩(20~50);28. 王古城(10~20);29. 茅墩翟家城(10~20);30. 小河沿(50~100);31. 三官庙墩(20~50);32. 老虎头(20~50);33. 大墩头(10~20);34. 陈墩(10~20);35. 瓦屋郢刘大墩(20~50);36. 龙王庙墩(50~100);37. 麻姑墩(10~20);38. 宋墩(10~20);39. 殷桥(10~20);40. 郑大墩(20~50);41. 王郢(20~50);42. 三墩(10~20);43. 茶棚(10~20);44. 胡家岗(10~20);45. 方桥(20~50);46. 北大墩(10~20);47. 桥东郢(20~50);48. 牌坊郢(5~10);49. 丁大郢(10~20);50. 黄岗(10~20);51. 袁小墩(20~50);52. 张马墩(10~20);53. 黄花墩(20~50);54. 方桥大墩(10~20);55. 药刘(10~20);56. 双桥(10~20);57. 小赵(10~20);58. 龙城(20~50);59. 黄粟大墩(20~50);60. 汇章(10~20);61. 岗头(10~20);62. 沈圩(20~50);63. 罗店(20~50);64. 于院(10~20);65. 董岗(10~20);66. 永桥(10~20);67. 朱家神墩(10~20);68. 盛桥神墩(10~20);69. 周墩(10~20);70. 张屋(10~20);71. 陈畈(10~20);72. 夏岗(10~20);73. 梁山(20~50);74. 陈庄(10~20);75. 施庄(10~20);76. 五大门(20~50);77. 小王庄(10~20);78. 板桥湾(10~20);79. 长冲(10~20);80. 陈洼(10~20);81. 藕塘(10~20);82. 章茨(10~20);83. 三板桥(20~50);84. 毕家墩(10~20);85. 三官殿(10~20);86. 慕容城(20~50);87. 白鹤观(20~50);88. 海螺墩(10~20);89. 叶坟(50~100);90. 谢河大墩(20~50);91. 黑虎城(20~50);92. 花城(50~100);93. 南墓儿墩(20~50);94. 东墓儿墩(20~50);95. 大墓儿墩(20~50);96. 九里墩(10~20);97. 仙踪大城墩(20~50);98. 九狼墩(50~100);99. 黄墩(5~10);100. 艾大墩(20~50);101. 王大墩(20~50);102. 棉布岗(20~50);103. 丁河湾(10~20);104. 朱大墩(10~20);105. 汪郢大墩孜(20~50);106. 张夹沟(50~100);107. 小汇墩(20~50);108. 高板桥(10~20);109. 侯洞(10~20);110. 鱼王庙墩(10~20);111. 三官殿(10~20);112. 曹墩(20~50);113. 王院(10~20);114. 杨墩(20~50)

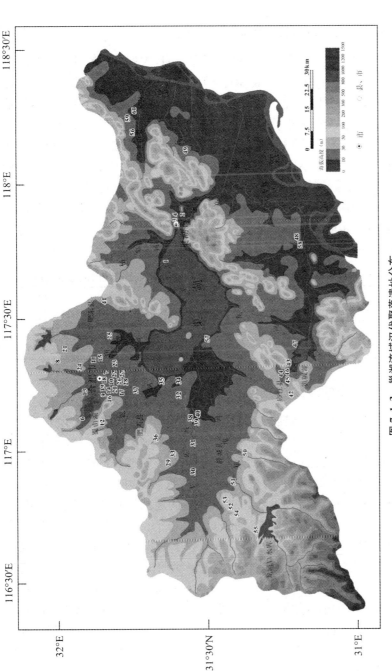

图 7.1.3 巢湖流域汉代聚落遗址分布

1. 唐明(5~10);2. 东炮营(5~10);3. 北山头(10~20);4. 放王岗(20~50);5. 小王庄(5~10);6. 新城(20~50);7. 环城公园(5~10);8. 钱小店(50~100);9. 王小郢(20~50);10. 当李(20~50);11. 庙大墩(50~100);12. 九汶岗(20~50);13. 大杨(20~50);14. 庙古堆(20~50);15. 桃花店(20~50);16. 老虎墩(20~50);17. 墩衡(20~50);18. 熊北队(10~20);19. 虾蟆墩(10~20);20. 三星赶月(20~50);21. 林店(20~50);22. 朱墩头(20~50);23. 大兴古堆(10~20);24. 张连古堆(20~50);25. 尚大墩(10~20);26. 孔堂村(20~50);27. 姚公大墩(20~50);28. 魏大墩(20~50);29. 黄花墩(20~50);30. 张马墩(10~20);31. 袁小墩(20~50);32. 方析大墩(10~20);33. 舒王墩(20~50);34. 郑大墩(5~10);35. 朱墩(5~10);36. 马鞍墩(50~100);37. 乱墩子(20~50);38. 乱墩(5~10);39. 牌坊郢(5~10);40. 西凉城(20~50);41. 龙城(20~50);42. 舒城(20~50);43. 暖汤岗(20~50);44. 丁家旗杆(10~20);45. 夹山村(10~20);46. 新塘村(10~20);47. 裴岗村(10~20);48. 白鹤观(20~50);49. 狼窝山(10~20);50. 北凤岭(20~50);51. 周瑜城(20~50);52. 花城(50~100);53. 余家城(50~100);54. 巢塘城(50~100);55. 亚夫城(50~100);56. 盛家口(10~20);57. 同春(5~10);58. 甘露村(5~10);59. 西阜(10~20);60. 十里(5~10)

(二) 聚落遗址域面积及遗址域内遗址点密度

遗址域是古人生产和生活活动的范围。研究表明，人们一般在步行 1 h 的范围内耕作，在步行 2 h 的范围内狩猎，故古人一般不会到距居住地 10 km 以外的地方去获取资源。因此，本节以遗址周围 10 km 为遗址域半径。此外，遗址域内遗址点分布的密度大小，是古聚落集聚程度的真实反映，也间接反映了古人对居住区自然环境的适应程度和对资源的利用强度，应作为遗址域分析的一项重要指标。在 MapInfo 中对巢湖流域三个不同时期聚落遗址以 10 km 为半径做缓冲区分析（buffer analysis），并对重叠的地区进行叠置（overlay）处理。统计结果（表 7.1.1）显示，商周时期遗址域面积最大，其次为汉代，新石器中晚期最小，与遗址数量的变化特征基本一致，并且由此计算出来的各时期遗址域内遗址点密度也表现出与遗址域面积变化基本一致的情形。

表 7.1.1　巢湖流域新石器中晚期至汉代各时期遗址域面积及遗址域内遗址点密度

时期	新石器中晚期	商周时期	汉代
遗址域面积/km^2	6 523	8 686	6 737
遗址域内遗址点密度/(个/100 km^2)	0.797	1.312	0.891

(三) 聚落遗址分布的海拔

从表 7.1.2 可见，新石器中晚期聚落遗址海拔为 10~20 m 的地区有 18 处，约占该时期遗址量的 35%；20~50 m 的遗址有 29 处，约占 56%；50~100 m 的遗址有 4 处，约占 8%；仅有 1 处遗址分布于海拔大于 100 m 的地区；10 m 等高线之下不见分布。商周时期聚落遗址分布明显具有从高海拔向低海拔地区转移的特征，但大多数遗址仍分布在 10 m 海拔线以上；5~10 m 的地区仅有 2 处遗址；海拔 10~20 m 的遗址有 64 处，占该时期遗址量的 56%；20~50 m 的遗址有 42 处，约占 37%；50~100 m 的遗址为 6 处，约占 5%；100 m 以上海拔区未见遗址分布。汉代遗址位于 50~100 m 地区为 7 处，约占该时期遗址量的 11.7%；20~50 m 的遗址数达 27 处，占 45%；海拔 10~20 m 的遗址有 14 处，占 23.3%；比较突出的特点是位于海拔 5~10 m 地区的遗址数增加至 12 处，占 20%，而海拔 100 m 以上的较高地区未见遗址分布；汉代已有相当数量的聚落遗址分布于 10 m 等高线以下，其中唐咀遗址和牌坊郢遗址现位于湖水位之下。总体上，三个时期聚落遗址呈现出由高海拔向低海拔地区转移和向湖泊靠近的特征。

表 7.1.2　巢湖流域新石器中晚期至汉代不同海拔聚落遗址分布的变化

时期	不同海拔高程聚落遗址分布/处					总计/处
	5～10 m	10～20 m	20～50 m	50～100 m	>100 m	
新石器中晚期	0	18	29	4	1	52
商周时期	2	64	42	6	0	114
汉代	12	14	27	7	0	60

(四) 聚落遗址的堆积特征

聚落遗址的文化层堆积类型分为两类：只包含了一个类型文化堆积的单一型遗址和包含不同类型文化堆积的叠置型遗址。叠置型遗址是一种稳定的生活方式、连续的文化传承，是由居民长期生活在某处形成的，如研究区内的仙踪大城墩遗址具有从仰韶、龙山、二里头至商代、西周、春秋、战国甚至延续到隋唐时期的文化层堆积。而单一型遗址的形成与不稳定的自然条件密切相关。由表 7.1.3 可以看出，本区新石器中晚期聚落遗址以叠置型遗址为主，其比例占同期文化遗址的近 70%，而商周时期和汉代，叠置型遗址比例相对较低且逐渐下降。说明本区新石器中晚期环境波动相对较小，有利于古人类维持长期稳定的生活。

表 7.1.3　巢湖流域新石器中晚期至汉代聚落遗址堆积类型

时期	单一型遗址		叠置型遗址	
	数量/处	比例/%	数量/处	比例/%
新石器中晚期	17	32.7	35	67.3
商周时期	74	64.9	40	35.1
汉代	49	81.7	11	18.3

二、聚落遗址变更对环境变迁的响应关系

(一) 巢湖流域全新世环境变化的特点

巢湖位于东亚季风区北亚热带和暖温带过渡地带，对气候变化敏感。由于只有唯一的出水通道裕溪河与长江相连，其构成一个相对封闭的湖泊，使得湖泊沉积物保存连续完好。可通过对巢湖湖泊沉积物的研究，揭示出全新世以来流域环境变迁的过程(图 7.1.4)。6 000～2 000 a BP，巢湖流域气候总体上温暖且较湿润，是全新世中气候最适宜时期；6 000～5 000 a BP 为最温暖湿润期，此后

整体上气温逐渐降低,湿度下降,气候向温和干燥发展;约 2 000 年前出现一次明显的干旱事件,湖泊出现一次较大规模的退缩,湖盆的局部地区可能出露水面。2 000~1 000 a BP 进入气候转型时期,总体上转冷趋势明显,森林退缩,一直作为森林植被中主要建群树种的青冈属及栎属数量急剧下降,早、中全新世开始形成的落叶阔叶、常绿阔叶混交林迅速演替成以禾本科、蒿属和蓼属等为主的草地。

(二) 聚落遗址变更对环境变迁的响应

本区新石器中晚期聚落遗址分布海拔位置较高,地貌上多分布于海拔 20 m 以上的岗地、丘陵地带;其次分布于流域内的平原地区;在 10 m 等高线以下无遗址的分布。该时期本区表现为全新世中期最温暖湿润期,水热条件十分优越,动植物资源丰富,有利于新石器文化的发展和繁荣。根据唐领余等对江苏建湖庆丰剖面 10 000 a BP 以来植被与气候的研究表明,6 100~3 700 a BP 是我国东部持续时间最长的暖期,年均温高于现在 0.8~1.7 ℃。与巢湖大致同纬度的神农架大九湖 15.753 ka BP 的孢粉记录也表明,7.530~4.051 ka BP 代表全新世中期适宜期,水分和热量配置条件最佳。故该时期聚落遗址分布在较高的位置可能与此时期巢湖湖面较高有关,因为较高的地势既便于抵御洪水侵袭,又利于采集渔猎之便。温暖湿润、降水丰富的适宜气候条件同样促进了流域聚落和文化的发展,发展出了凌家滩遗址等一批规模空前的史前文化。凌家滩聚落遗址群面积约 $1.6×10^6$ m^2,仅第五次发掘的 450 m^2 范围内,就发现了凌家滩文化墓葬 4 座、灰坑 3 个,以及可能与制作玉器、石器有关的大面积石块分布场所,出土各类玉器、石器和陶器近 400 件。玉器、石器以钺、璜、环、芯、锛为主,并发现大量的玉料和边角料,其中最引人注目的是中华第一玉猪和凌家滩酋长墓,可见当时发展水平已达到相当高的程度。但从总体上看,该时期遗址域面积不大,遗址域内遗址点密度较小,说明由于当时自然环境和生产力发展的限制,聚落集聚程度不高,活动范围较小。这一时期由多雨气候造成的洪水灾害,对新石器文化的发展、迁移和消亡有巨大影响。

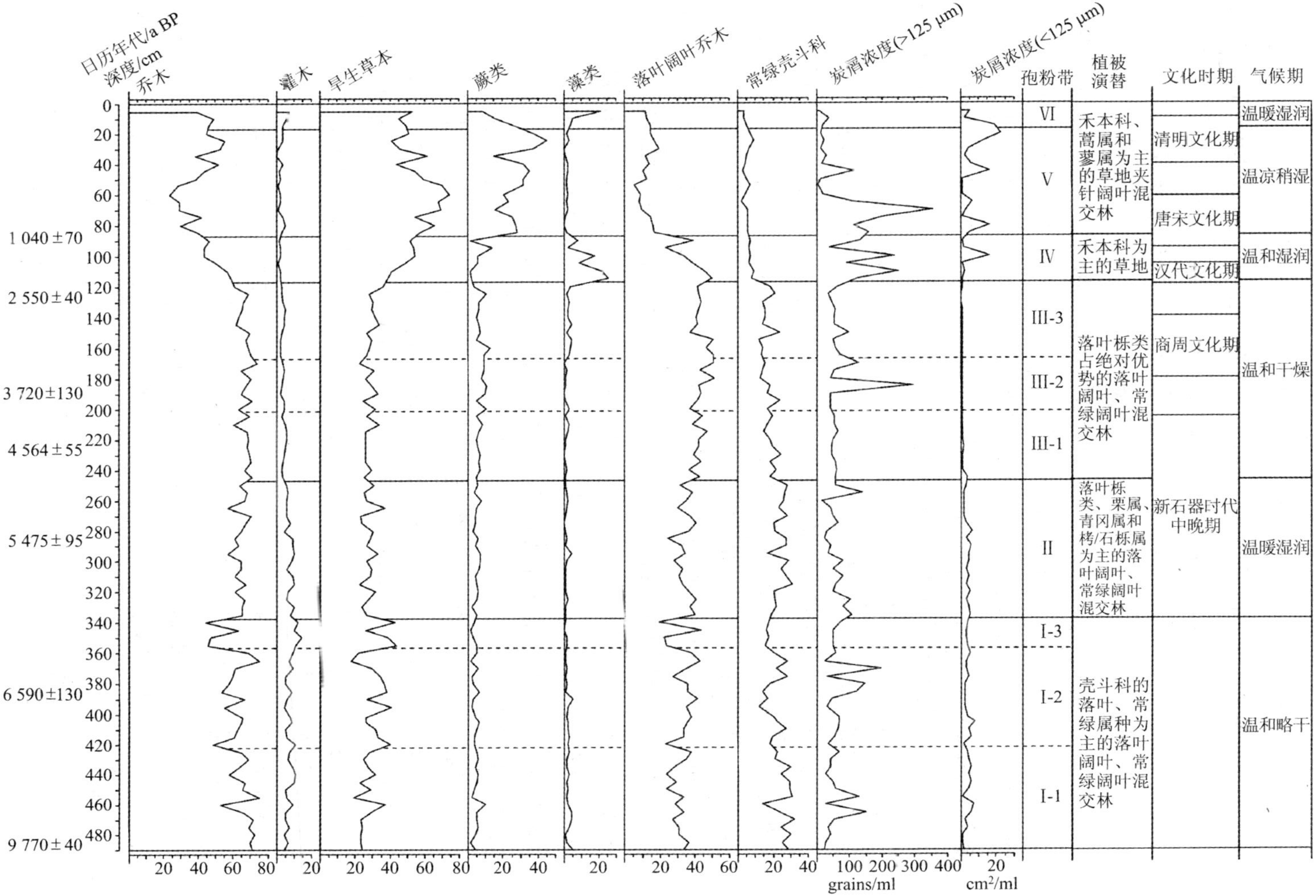

图 7.1.4 巢湖湖沿沉积物孢粉记录的全新世环境变化及其与文化期的对应

商周时期本区气候稳定且相对温暖略干,对巢湖沉积物植硅体组合的分析也表明 3 600~2 500 a BP 巢湖流域气候特征总体显示温暖。该时期气候已经向温和干燥方向发展,神农架山宝洞 SB10 石笋氧同位素记录也表明,该时段为降水逐渐减少的干旱期。这种气候的变化,对本区人类的生产和生活十分有利:一方面气温下降不大,有利于农作物生长;另一方面降水的减少和湖面的收缩使洪涝灾害发生的频率降低,人类生存环境得到改善。因此,本区进入人类活动大发展时期:聚落遗址数量大量增加且地域分布范围扩大,遗址域面积和遗址域内遗址点密度都达到最高;农业技术和青铜冶制业发展迅速,从含山县仙踪大城墩遗址商周文化层中出土的籼稻和粳稻两种碳化稻谷及三角青铜刀可以看出,当时已经有了比较高的青铜冶炼、制作技术,且人们已熟练掌握了种植两种水稻的技术。响应于环境的变化,人类聚落遗址分布海拔开始下降,多分布于海拔 10~20 m 的平原地区,湿润的小气候和在平原上开垦出来的肥沃良田为农业生产提供了良好的自然条件。这一时期也是遗址距离湖岸较近时期,但仍主要分布在 10 m 等高线范围以外,即 10 m 等高线范围内仍然不适合人类居住。

汉代是中国自然环境变幅较大的时期,也是本区自然环境变化转折的重要时期。其中,西汉时期仍处在中国历史上的第二温暖期,气候温暖湿润,但降水状况波动比较频繁;而东汉时期则进入中国历史上的第二寒冷期,但比较湿润。可见,汉代气候总体上温暖适宜,有利于农业发展。但是,流域环境整体上仍继续向干旱发展,约 2000 a BP 干旱程度达到最高,湖泊大幅度收缩,湖盆中发育了相应的河流相冲积层或淤积黏土,巢湖周边汉代的许多遗址便发育在这层沉积基底上。10 m 等高线之下聚落遗址数量急剧上升,总数达 12 处,为各时期之最,但较高海拔处仍有大量聚落遗址分布,这与汉代该流域内社会生产力发展和人口增加有关。相应的聚落集聚和发展程度已达到很高的水平,流域内开始出现许多规模较大的城址和墓葬。由湖水退缩形成的湖盆滩地上开始有大规模的人类活动,甚至兴起了城市,如第六章第三节述及的现在位于巢湖水下的唐咀古居巢城遗址(文化层含碳较高的中间层位 ^{14}C 测年结果为 $(2\,090\pm130)$ a BP)是当时位于巢湖岸边的繁荣城市。在此收集到的陶器、铜器、玉器、银器就达 260 件,钱币从战国时楚国的蚁鼻钱到秦半两和汉半两、汉五铢及王莽时期的大布黄千、大泉五十都有发现;在这里还发现了铜币和玉印,玉印正反面都是阴文"辕差"。丰富的遗存,表明这是一个"上档次"的古居住城址。

通过以上分析,我们得出如下几点认识:

① 巢湖流域新石器中晚期至汉代聚落遗址分布受地貌条件影响明显。巢湖

流域东部东临长江,地势低洼,水网密布,极易受河道摆动和洪涝灾害的影响,因此,各时期的聚落遗址数量和分布都呈现出西多东少的格局。

② 巢湖流域新石器中晚期至汉代聚落遗址变更与环境变迁的关系非常密切。随着全新世中期以来流域气候由湿润向干燥发展,巢湖湖泊逐渐收缩,水位持续下降,大面积的土地裸露,为早期耕作农业提供了良好的自然条件。响应于环境变迁,新石器中晚期至汉代聚落遗址从高海拔逐渐向低海拔地区转移并向湖泊靠近:新石器中晚期和商周时期聚落遗址基本分布在现今 10 m 等高线以上,这与中国科学院南京地理与湖泊研究所 1960 年在巢湖区域调查研究得出的"现今 10 m 等高线即为巢湖历史时期最大湖岸范围"的结论相一致;而汉代由于湖泊大面积退缩,聚落遗址开始大量分布于当前 10 m 等高线以下的湖盆滩地。这种"近湖而居"的具有区域特色的活动方式,反映了在气候变化的大背景下,地貌演化和水文条件改变对古聚落变更的影响。下一节将以凌家滩遗址环境考古为例来深入探讨这种影响及意义。

③ 汉代以后,气候环境的明显变化与流域聚落和文化发展的衰落相对应,说明它们之间存在某种内在的联系,将在本章第三节对比做进一步的探究。

④ 本区古聚落变更受气候条件影响较大。气候变化导致气温、降水和湖岸变迁等要素的变化,致使古人类改变自己的地域活动范围,而新的地域活动范围又产生聚落位置的迁移和新的生产生活方式,由此引起古聚落的变更。因此,气候变化成为巢湖流域古聚落变更的重要激发因子,它对古聚落的分布、扩展、演变都有重要影响。

第二节 巢湖东部凌家滩遗址古人类活动的地理环境特征

一、遗址概况与剖面特征

凌家滩遗址位于安徽省巢湖市含山县城南约 30 km 处的长岗集凌家滩村,地理位置坐标为 $31°27'N, 18°02'E$,面积近 $1.60 \times 10^6 \ m^2$。遗址海拔为 6.7~26.0 m,处在高岗台地,东西两侧为低洼地,南部为裕溪河流过,周围丘陵起伏,地势北高南低。本区属北亚热带湿润性季风气候地带,年平均气温15.6℃,年均降雨量1 035.7 mm,年均年无霜期220天。自1987年遗址发现以来,由安徽省文物考古研究所主持的4次考古发掘出包括居址、墓地、祭坛、作坊在内的聚落遗址及近3 000 m²的红陶块建筑遗迹,同时出土了大批精美玉器、石器、陶器等。中国文物研究所对凌家滩遗址的红烧土层下层草木灰标本和墓地探方地层出土的木炭标本所做的^{14}C年代测定结果分别为(5 560±195) a BP和(5 290±185) a BP(经树轮校正),表明凌家滩文化的年代属新石器文化中晚期。2007年5月,安徽省文物考古研究所对凌家滩遗址又进行了第五次考古发掘,发现了凌家滩文化墓葬4座、灰坑3个,以及可能与制作玉器、石器有关的大面积石块分布场所,出土各类玉器、石器和陶器近400件。2014年6月,经过近两年的发掘,考古人员发现凌家滩古居民不仅能够制造精美的玉石器,而且已开始发展稻作农业,饲养或捕猎猪、鹿、鸟禽等多种动物,丰富了食品品种。另外,在房屋建设中,他们已懂得类似钢筋混凝土"挖槽填烧土,木骨撑泥墙"的建筑工艺。凌家滩遗址处于文化的传播交流通道地位,凸显了遗址文化熔炉的特性,具有地方特色。凌家滩遗址的发现,为探索中国文明的起源提供了重要资料。

遗址研究选取的是探方T0319东壁剖面和T0419东壁剖面,两个剖面相邻且平行,层位清晰且深度对应(图7.2.1)。根据岩性特征,剖面由上而下可以划分为以下9层,其中5~8层属文化层。

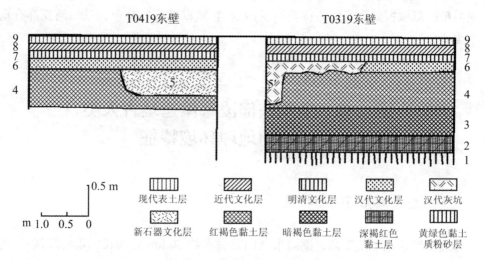

图7.2.1 凌家滩遗址T0419东壁与T0319东壁剖面示意图

9. 现代表土层。灰黄色黏土质粉砂,含少量细砂与黏土,有孔隙,有机质多。厚度约 14 cm。
8. 近代文化层。灰黄色黏土质粉砂,略带棕红(褐红)色,略含细砂,有孔隙。厚度约 17 cm。
7. 明清文化层。浅灰黄色黏土质粉砂,略带灰绿色,有红烧土斑点及少量锰结核、明清瓷片,孔隙多。厚度约 18 cm。
6. 汉代文化层。浅黄色,略带浅棕红色,为略含细砂的黏土质粉砂,含汉代陶片,夹红烧土块颗粒。下部有铁锰结核、褐红色土块和碳屑。厚度约 20 cm。
5. 新石器文化层。该层上部是一种灰褐色黏土,略带黄色的斑点、斑纹(粉砂质黏土),小孔隙(根孔、虫孔)发育,有根须状物质,含大量凌家滩文化的红陶片、黑陶片。下部为黑色层,以黏土质为主,夹红陶片、黑陶片、红衣灰陶片,陶片大而密集。颜色不均一,有深浅变化,以黑色为主。底部有灰褐色黏土,厚度几厘米至 10 cm,与下部呈过渡关系。厚度 25~40 cm。
4. 红褐色黏土层。略含粉砂。铁锰结核很发育,新鲜面上有少量红褐色斑,铁锰结核直径一般几毫米,均匀分布,有些铁锰结核呈黑色光泽。本层上部垂直节理(裂隙)发育,有网纹状灰白色黏土条带,红褐色多,个别地方以红褐色为主。裂隙中有灰色粉砂黏土,网纹条带越往下越少且土层越红。下部为暗褐色的均质黏土,铁锰结核很多。厚度 40~80 cm。
3. 暗褐色黏土层。岩性变化均一,铁锰结核比上层减少,含有少量灰白色网纹。在与上一层交界处有几毫米的水平层(沉积界线),且有变化。界线上下部均呈块状。本层下部有灰绿色网纹变大且数量增加,沿裂隙发育。厚度约 60 cm。
2. 深褐红色黏土层。上部为褐红色土,灰绿色网纹比较多。下部网纹增加甚至变为斑块状。暗褐色黏土颜色变浅,变成灰褐色黏土。厚度约 38 cm。
1. 黄绿色黏土质粉砂层。略带灰绿色或黄绿色,有灰绿色网纹,略含细砂。厚度约 20 cm,未见底。

本节通过凌家滩遗址剖面、巢湖湖泊钻孔岩芯建立的全新世环境变化特征,基于遥感图像的区域地形特征和野外调查对该区进行综合研究。选择包含自然信息较多的 T0319 探方东壁剖面自地表开始往下以 2~5 cm 不等间距系统采样至红褐色黏土层,采样情况为:现代表土层(0~14 cm)样品 3 个,近代文化层(14~31 cm)样品 3 个,明清文化层(31~49 cm)样品 8 个,汉代文化层(49~69 cm)样品 5 个,红褐色黏土层(69~109 cm)样品 11 个,共计 30 个。在该剖面深度为 58 cm、74 cm、110 cm 处各采光释光样品 1 个。采取光释光样品的方法是,将铁罐打入新鲜的剖面,注满样品然后拔出,迅速用铝箔纸、胶带和多个黑色不透明塑料袋进行密封。3 个光释光样品年代测定根据标准的方法进行样品前处理,样品预热、辐射和测定均在北京大学地表过程分析与模拟教育部重点实验室的热释光/光释光测量仪(Risø TL/OSL DA-15)(丹麦 Risø 国家实验室生产)上进行和完成。

这 30 个样品经过室内自然风干后,在南京大学区域环境演变研究所环境磁学实验室利用捷克产的 KLY-3 型卡帕桥磁化率仪测试全样质量磁化率。在原样中取每个样品约 5 g 并置于玛瑙研钵中磨至 200 目以下,采用熔融法制成固熔体样片,在南京大学现代分析中心 X 射线荧光光谱室用瑞士产的 ARL-9800 型 X 射线荧光光谱仪测定样品常量元素和微量元素含量。样品烧失量的测定采用将定量样品置于马福炉中煅烧后称重并计算的方法。

二、凌家滩人类活动的地理环境特征

(一) 磁化率、地球化学与年代分析

磁化率是表征沉积物磁性特征的参数之一。主导第四纪沉积物和土壤磁性特征的主要是铁磁性矿物(Fe_3O_4、Fe_2O_3),这类矿物在沉积物和土壤中的含量与物质来源、沉积环境、气候变化及沉积动力条件的变化有关,因此,可以从磁化率曲线频谱特征来分析沉积物磁性与环境变迁的关系。凌家滩长岗岗地剖面的铁磁性矿物(Fe_3O_4、Fe_2O_3)含量应当反映当时风化、淋滤情况。从对遗址剖面的分析结果来看(表7.2.1和图7.2.2),凌家滩遗址T0319东壁剖面质量磁化率变化范围为$35.3\times10^{-8}\sim96.3\times10^{-8}$ m^3/kg。其峰值主要出现在红褐色黏土层,其最大值为96.3×10^{-8} m^3/kg,此层平均值为78.9×10^{-8} m^3/kg;其次为现代表土层,其变化范围为$49.3\times10^{-8}\sim75.1\times10^{-8}$ m^3/kg。地表下70 cm附近是磁化率由高转低处,是本剖面遭受风化、淋滤时间较长的一个地方。

表7.2.1 凌家滩遗址T0319东壁剖面层位质量磁化率、烧失量和元素地球化学分析结果

层位	质量磁化率/ (10^{-8} m^3/kg)	烧失量/%	Rb/Sr	风化系数	K_2O/Na_2O	CaO/MgO
现代表土层	49.3~75.1①	6.29~6.34	1.01~1.05	5.066~5.093	1.99~2.12	0.94~0.98
	59.9②	6.31	1.03	5.077	2.05	0.96
近代文化层	44.2~51.7	5.79~6.34	0.97~1.10	4.249~5.401	1.80~2.39	0.85~1.16
	47.1	6.01	1.02	4.993	2.00	1.00
明清文化层	35.3~68.6	4.16~5.68	0.79~1.03	5.144~6.910	1.60~2.22	0.83~1.36
	44.8	4.66	0.87	6.149	1.81	1.16
汉代文化层	40.6~62.1	5.50~6.90	1.10~1.30	3.702~4.640	2.59~2.92	0.54~0.74
	49.7	6.23	1.19	4.212	2.74	0.65
红褐色黏土层	60.4~96.3	6.50~9.90	1.29~1.49	2.943~3.679	2.91~3.44	0.50~0.55
	78.9	8.04	1.40	3.181	3.17	0.52

注:①为各层位值的范围;②为各层位的平均值。

烧失量是高温燃烧之后土壤有机质损失量,反映沉积物中有机质含量的变化,进而反映过去的气候和沉积环境状况。剖面69 cm以上烧失量相对较低;在69~109 cm的红褐色黏土层烧失量最大,变化范围为6.50%~9.90%,但有多次峰谷

交替。同样表明,地表下 70 cm 附近,曾经暴露在地表的时间比较长,植被在此形成较多的有机质积累。

T0319 东壁剖面风化系数[$SiO_2/(Fe_2O_3+Al_2O_3)$]变化范围为 2.94～6.91。红褐色黏土层平均风化系数为 3.181。CaO/MgO 的变化趋势与风化系数相同(相关系数 $R=0.97$)。Rb/Sr 变化与风化系数相反,变化范围为 0.79～1.49,在红褐色黏土层中最高,平均为 1.40。而 K_2O/Na_2O 的变化趋势与 Rb/Sr 一致(相关系数 $R=0.97$)。整个剖面元素分析值显示,在地表下 70 cm 附近,各种数值均大约处于中间状态,是整个剖面各种测试数值变化趋势的转折处,是环境变化的一个重要显示处。

3 个光释光(OSL)沉积样品年代测定结果表明:T0319 东壁剖面下部红褐色黏土层形成于(30.7±2.5)～(11.6±1.0) ka BP,相当于末次冰期晚冰阶(MIS2);该层顶部含凌家滩新石器文化层;上部的汉代文化层形成于(2.3±0.2) ka BP。

从上一节巢湖地区全新世以来自然环境变迁的较高分辨率重建结果看,本区全新世以来的气候经历了温和略干(9 870～6 040 a BP)—温暖湿润(6 040～4 860 a BP)—温和干燥(4 860～2 170 a BP)—温和湿润(2 170～1 040 a BP)—温凉稍湿(1 040～200 a BP)—温暖湿润(200～0 a BP)的环境变化过程,凌家滩文化发展处于由温暖湿润向温和干燥的转变期。

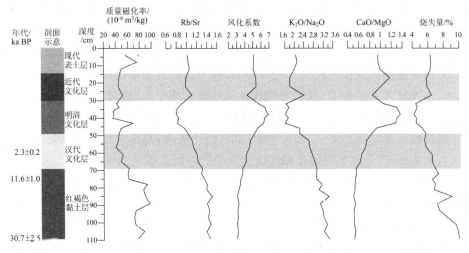

图 7.2.2　凌家滩遗址 T0319 东壁剖面磁化率与 Rb/Sr、风化系数、
K_2O/Na_2O、CaO/MgO 及烧失量比较

(二) 遗址剖面与湖泊岩芯综合反映的气候环境和古地貌面信息

根据光释光年代测试结果,出现凌家滩新石器的红褐色黏土层是形成于晚

更新世末期的堆积物,该层上部具铁锰结核较多、垂直节理发育等特征。红褐色黏土层上部覆盖的是 2 000 多年前形成的汉代文化层,这表明 11.6~2.3 ka BP 的早-中全新世凌家滩发生了较长时间的沉积间断。这个沉积间断应该是由当时所处的剥蚀或侵蚀环境造成的。结合巢湖湖泊钻孔岩芯记录的古气候特征分析,巢湖地区早-中全新世主要处在温暖湿润的气候条件下,尤其是中全新世的前中期(6 000~5 000 a BP)是本区 10 000 年以来最温暖湿润、降水丰富的时期,致使高岗台地上的水蚀作用十分强烈,这是造成该处早-中全新世沉积发生间断的外动力原因。由于受到高温、高湿气候影响,高岗台地上晚更新世末期堆积的风成物质进一步受到化学风化改造,表现出某些古土壤的特征,相对剖面 70 cm 以上部分来说,Rb/Sr 较高而风化系数相对较低。汉代以后,随着晚全新世气候普遍向干凉的转化,风成堆积又开始重新发育,堆积作用普遍加强,形成了厚达 70 cm 左右的新近黄土堆积,堆积速率达 25 cm/ka。在巢湖钻孔岩芯中,青冈属、栲/石栎花粉曲线的明显下降出现在 2 000 a BP 左右,说明了全新世温暖期在巢湖地区的终止。遗址剖面与巢湖湖泊钻孔岩芯记录的古气候信息有很好的耦合性。

以考古地层堆积来看,凌家滩新石器文化层出现在红褐色黏土层中,文化层薄且靠近地表,呈不连续状态。墓葬坑的填土为枣红色黏土,土质坚硬,应与红褐色黏土相同。红褐色黏土层顶部光释光年龄为(11.6±1.0) ka BP,是晚更新世末期堆积的产物。这些证据表明,古凌家滩人的生活地区处于一个遭受剥蚀或侵蚀的高岗台地环境中,这种情况也发生在太湖地区良渚人生活的地貌环境中。当时古地貌面海拔及拔河高度与现今不同,这与新构造运动沉降和气候-水文因素有关。在遗址考古调查中,我们发现遗址从裕溪河北岸起,沿岗坡向上地貌面分为 3 级台阶,其与凌家滩人生活区功能密切相关。南部临裕溪河滩地为第一级台阶,在这里发现大量埋于地下 70 cm 的陶片和红烧土遗迹,是部落成员的居住区,现代海拔为 6.7 m,埋于地下的陶片和红烧土堆积的顶面海拔约为 6 m。第二级台阶为 3 000 m² 的红陶块广场,现代海拔为 13~15 m。第三级台阶是祭坛和大型墓葬区,为整个遗址的最上坡,现代海拔为 20 多米。整个遗址海拔较低,尤其是遗址居住区现代海拔不到 7 m,今天巢湖平水期(水位 8 m 左右)便可将其完全淹没,但当时居住区肯定高于一般的洪水位。地质调查资料表明,新石器时代以来,自巢湖东部至沿江的长江北岸由于受到大别山区较强烈的掀升作用,普遍处于下沉状态,下沉速率大于 1 mm/a,河口三角洲下沉速率最大,可达 10 mm/a。由此我们可以推算出凌家滩的古海拔,以本区最低下沉量 1 mm/a 计,5 300 年来下沉 5.3 m,得到凌家滩第一级台阶当时的古海拔可达 11.3 m,凌家滩古人类居住的古地貌面相当于今长江安徽江段一级阶地(10~15 m)。

(三) 利用遥感影像分析古地貌与古水文特征

选用2000年2月29日成像的美国陆地卫星数据Landsat ETM$^+$影像、凌家滩及周边地区Quickbird影像和1∶50 000地形图及相应地质调查资料,通过波段融合运算、信息提取与图像解译,结合区域新构造运动背景和实地考察,对凌家滩进行古地貌与古水文特征分析。从处理后的遥感影像上可以看出,太湖山南麓前部为一片较平整的山前低台地,全新世以前本区新构造运动以抬升为主,经流水和暂时性洪流的切割作用,形成了山前岗地与洼地相间起伏的"指状"地貌。影像上地表大小不等的洼地景观呈长链条状展布,其中农田耕地多呈向长江方向内凹的弧形,土壤含水量高,这里应是古河道所在。我们对遗址岗地东侧与西侧洼地进行浅钻孔,发现淤泥或泥炭层较发育,为河流型湖泊洼地成因。由此我们推测在中全新世温暖湿润、雨量丰富的气候条件下,太湖山南麓台地被强烈切割为山前岗地与河流相间的地貌形态(图7.2.3)。凌家滩遗址属于典型的高岗台地型遗址,遗址所在的长岗岗地是东、西、南三面临水的"半岛",台地东侧至今还有低洼湿地。这种地理环境,为当时水运交通、渔猎和水稻种植均提供了十分优越的条件。

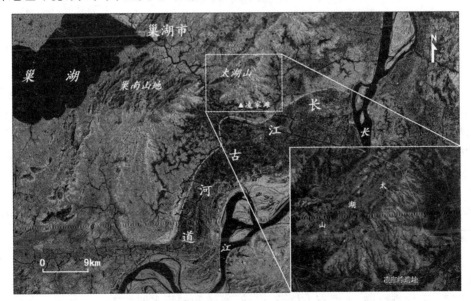

图7.2.3 Landsat ETM$^+$遥感影像反映的凌家滩附近地貌与水文特征

(四) 几点认识

① 对整个剖面元素的分析结果显示,现今地表下70 cm附近,是整个剖面各种

测试数值变化趋势的转折处,表明这是环境变化的一个重要显示处。

② 古凌家滩人生活于中全新世适宜期,当时处在气候由温暖湿润向温和干燥的过渡阶段。他们的生活地面处于一个遭受剥蚀或侵蚀的高岗台地环境,晚更新世末期堆积形成的地面(OSL 年代(11.6±1.0) ka BP)是其生活的古地貌面。这一古地貌面海拔及拔河高度与现今的不同,这与该区的新构造运动沉降和气候-水文等因素有关。

③ 中全新世温暖湿润的气候条件下,太湖山南麓台地进一步被切割为山前岗地与古河流相间的地貌形态,遗址所在的长岗岗地是东、西、南三面临水的"半岛",河流相连,便于水运、渔猎和种植水稻。凌家滩文化中断的自然环境因素和社会文化因素有待进一步探讨。

第三节 汉代以后巢湖流域文化衰落的环境考古学观察

一、问题的提出

巢湖流域自远古便是人类重要的活动区域,新石器时代以来人类对自然环境的利用体现了很高的人类智慧,这一点在前两节已得到较为详细的阐述。目前,已从考古学角度得出该区域文化早期发展的时间序列,其时间从新石器中晚期经商周时期到汉代。汉代是继商周文化期之后巢湖流域又一个文化较为发达的时期,其年代为 2 200~1 800 a BP。历史资料和考古发现表明,巢湖流域汉代的聚落遗址和墓葬数量很多,特别是汉墓,巢湖市北山头和放王岗均出土了两汉时期的大量珍贵文物。典型聚落遗址如第六章第三节提到的 2001 年发现的巢湖唐咀水下古城遗址(文化层中间层灰烬的 ^{14}C 测年结果为(2 090±130) a BP)。该遗址滩地上出现了大量汉代陶器残片,以及被掩埋的 10~20 cm 厚的生活灰烬层(其中含有动物骨骼)。建材陶器有筒瓦、板瓦及瓦当等,筒瓦数量比板瓦要多,有灰陶、红陶和黑陶等,面均有纹饰,主要有方格纹、弘纹、绳纹和刻画水波纹等。一些泥质灰陶比较精细,胎体很薄。发现的瓦当均为圆瓦当,当面饰有云纹。生活用品有夹砂红陶、鬲足、夹砂黑陶,以及印纹硬陶属一些罐类的残片。圈足器一般都比较大,无论是口沿还是底座弧度都很大,品种有瓮、盆、缸、罐、坛、釜等生活用品。生产工具有泥质灰陶纺轮、陶拍、泥质灰陶鱼坠等。钱币从战国时楚国的蚁鼻钱到秦半两和汉半两、汉五铢及王莽时期的大布黄千、大泉五十都有发现,数量最多的是蚁鼻钱,共发现117枚。在这里还发现了铜币和玉印,玉印正反面都是阴文"辕差"。丰富的遗存表明这是一个"上档次"的古居住遗址。

结合历史文献资料关于古"居巢国"的记载、汉代及以前遗址和墓葬出土文物来看,巢湖流域在当时确实处在一种政治和经济都十分发达的社会状态。然而,随着古"居巢国"的消失,汉代以后,流域古聚落遗址和墓葬急剧减少,原先繁荣的文化中断而走向衰落,失去了连续性。当然,这种衰落是相对于汉代及先秦时期流域内发达的文化而言的。与此同时,巢湖流域的地理环境也发生了十分明显的变化。由此可见,史书上关于"陷巢州"的记载并非毫无根据。汉代以后巢湖流域文化衰落是一个实际存在的环境-文化响应现象,环境变迁与文化演进的耦合暗示着两者之间存在某种内在的联系。

二、环境考古学视角的解释

(一) 汉代以后巢湖流域的环境突变事件

汉代以后,巢湖流域的环境以洪水、地震等自然灾害群发为突出特征。巢湖流域位于我国东部季风气候区。区内降水时间分布不均,在枯水时段9月至次年2月,与丰水时段6~8月水位变幅达3~4 m。巢湖多年平均水位为8.03 m,历史上实测最高水位产生于1954年,为12.93 m。降水集中分布在夏季,在丰水时段由于长江水位的顶托更容易形成较高的水位,易造成内涝。巢湖风向多随季节做周期性变化,高水位、强风速可导致湖岸产生巨浪,淹没沿岸村庄和农田。因此,洪水灾害必然深刻影响了当时人类的生存环境及文化发展。

从钻孔资料可见,巢湖区域的沉降中心在西部,故巢湖在全新世干冷期湖面中心在今湖西侧,湖东侧出露的大片陆地,使人类活动更加方便。根据ACN钻孔的分析,2 239~2 126 a BP正是流域湖泊收缩、河流作用盛行的时期,巢湖湖盆中发育了相应的河流相冲积层或淤积黏土,巢湖周边战国至汉代的古文化遗址使发育在这层沉积基底上。而汉代以后,巢湖再度扩张,湖泊沉积物砂含量出现数次峰值,表明水动力条件较强,说明汉代以后流域多次发生大洪水事件。这与史料的记载一致。清《巢县志·祥异志》记载的"吴赤乌二年(公元239年),巢城陷为湖"恰与唐咀"古居巢城"遗址终止的时间相合(约1 800 a BP)。又《巢县志·艺文志下》载"姥山西,旧称巢湖;姥山东,则故巢州","则是赤乌未陷以前,已有巢湖","巢陷时,所陷非止一城。今计齐头嘴及姥山东南至巢河,长可百五十里,阔不下五六十里,皆其所陷没也"。故可见当时洪水灾害波及范围的广大。同时,历史文献记载的汉代以后该长江段大洪水就有3次,分别是太元元年(215年)、永和七年(351

年)、晋元兴三年(404年)。洪水的频繁发生对农业生产与交通运输及诸种文化设施等的破坏是显而易见的。

与洪水事件相伴的是地震灾害。巢湖流域位处郯庐断裂带南段,从航片解译的结果和地质资料来看,湖盆周围有着多组多方向的断层及分支断裂,使巢湖流域及周边地区成为地震多发的地区。汉代以后巢湖流域及周边地区进入一个地震高发期,从历史文献的记载来看(表7.3.1),220~320年有记载的地震就有十几次之多,平均每10年就有一次地震发生。当时洪涝等自然灾害严重,为地震后滑坡(塌)的形成提供了可能。地震及其引起的次生自然灾害(如滑坡、崩岸等)不仅破坏了原有发达的种种文化设施,造成建筑、房屋的损毁,并且对当时人们的心理也造成了冲击,对流域经济文化发展产生了极为消极的影响。

表7.3.1 三国两晋时期文献记载的巢湖流域及周边地区古地震资料

地震时间	内容	文献
吴大帝黄武四年(225年)	江东是岁,地连震。	《三国志·吴书·吴主传》
吴大帝嘉禾六年五月十四日(237年6月24日)	嘉禾六年五月十四日,江东地皆震动。	《三国志·吴书·步骘传》
吴大帝赤乌二年正月一日(239年2月21日)	赤乌二年正月一日,江东地皆震动。	《三国志·吴书·步骘传》
吴大帝赤乌二年正月二十七日(239年3月19日)	赤乌二年正月二十七日,江东地皆震动。	《三国志·吴书·步骘传》
吴大帝赤乌十一年二月(248年3月至4月)	春二月,江东地仍震。	《三国志·吴书·吴主传》
晋武帝太康二年二月庚申(281年3月15日)	晋武帝太康二年二月庚申,淮南、丹阳地震。	《晋书·五行志》
晋武帝太康八年八月(287年8月至9月)	八月,丹阳地震。	《晋书·五行志》
晋武帝太康九年正月壬申(288年2月19日)	太康九年正月,会稽、丹阳、吴兴地震。	《晋书·五行志》
晋武帝太康十年十二月己亥(290年1月6日)	太康十年十二月己亥,丹阳地震。	《晋书·五行志》
晋惠帝元康四年六月(294年7月至8月)	六月,寿春地大震,死者二十余家。	《晋书·本纪》
晋惠帝元康四年十一月(294年12月至295年1月)	十一月,荥阳、襄城、汝阴、梁国、南阳地皆震。	《晋书·五行志》
晋元帝大兴三年五月庚寅(320年7月19日)	三年五月庚寅,丹阳、吴郡、晋陵又地震。	《晋书·五行志》

(二) 汉代以后巢湖流域的政治地理环境

从东汉末年开始,中国历史进入了魏晋南北朝时期,这是一个长达300多年的相对寒冷期。据竺可桢研究,三国时期淮河结冰,280~289年的10年间每年阴历四月还有霜。这种寒冷干旱的气候,掀起了北方游牧民族南下的高潮,北方陷入战乱,中国政治经济文化中心出现了明显的东移南迁趋势。此时位于江淮之间的巢湖流域处在南北政权的交界地带,其东通江海、西抵汉、南据江、北据淮,为"形势控扼之道",因此成为南北分治时各方争夺的焦点,战事频繁发生,特别是三国时期东吴、曹魏之间多次出兵争夺巢湖地区,参战人数最多达10万人以上。据《巢县志·沿革志》记载,"建安十八年,曹操进军濡须口,步骑四十万,权率师七万拒之","汉后主建兴间,吴主孙权自巢湖向合肥新城,魏主曹睿自将御之"。在流域长期战乱的背景下,一方面区域农业经济发展受到极大的摧残,另一方面商业和手工业发展受到严重阻碍,这些都破坏了区域文化发展的经济基础。

(三) 古"巢淝通道"与流域文化的兴衰

今安徽省江北地区的淮河与长江之间,大别山余脉向东延伸,逐渐过渡为比较低平的丘陵岗地地带,这便是江淮分水岭。在这片丘陵岗地中部,大约在今肥西县北境的将军岭与合肥市西北郊的衔接处,源头比较接近的施、淝二水在此分流。施水即今南淝河,东南流入巢湖;淝水为今东淝河,北流注入淮河。沿此二水而行,水陆相辅,可出入于淮南、江北。三国时期更是开凿完善了沟通二水的江淮古运河——"曹操河",这就是古"巢淝通道"(图7.3.1),它是我国古代较早的江淮间南北通道之一。巢湖南面有古濡须水与长江相通,沿古巢淝通道南下过江渡口,一个在马鞍山市郊采石矶,一个在与裕溪口相对的芜湖。现在的皖南东部丘陵至江苏太湖周围地区古代有"江东"之称,这是由于从古"巢淝通道"南下的这段长江是近乎南北走向的,依渡口方位而言,渡江东去,故称"江东"而不称"江南"。

历史上巢湖、芜湖、安庆沿江和江西北部一带有"吴头楚尾"之称,因其是春秋时期吴楚两国交界的地带,且有南北通道相连,东西头尾相接。当时长江风大浪急,古人尚不能驾驭舟船航运,吴楚交兵时,吴国军队多由此渡江入淮,再西行至荆楚。根据20世纪60年代安徽寿县出土的楚王颁发的运输货物通行凭证"鄂君启节"铭文提供的交通线路资料可知,楚人溯汉水而上,利用伏牛山的方城隘口,经河南东南部车道,借助淮河,而到达今安徽凤台和寿县东南,再利用淝水、巢湖南下入江。这充分展现了当时江淮之间通过古"巢淝通道"联系的水路交通,因而该区成为南北经济文化交流的重要枢纽,为巢湖流域文化的繁盛提供了良好的经济地理条件并奠定了物质基础,流域也因此先后经历了新石器中晚期、商周时期和汉代3

个文化发展繁盛期。为了争夺这个重要的南北经济文化交流通道,春秋时期吴、楚两国在江淮之间交兵达百余年之久。

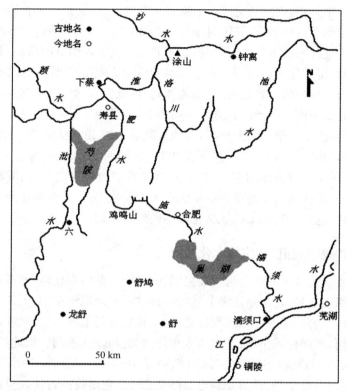

图 7.3.1　古"巢淝通道"示意图

然而,汉代以后古"巢淝通道"开始迅速衰落,江淮间水运联系通道逐渐东移至扬州-镇江一带,而原寿县-合肥-巢湖-无为-芜湖一线的"巢淝通道"则降为一般的交通线。由于扬州-镇江一带长江主航道是东西方向的,所以苏南-太湖地区不再称"江东"而习惯以"江南"称之了。"江东"一词常见于先秦、秦汉史籍,"江南"一词多见于唐宋以后书籍,"东""南"二字之替换,表明了不同时期江淮间南北通道主干线的转移,而这也恰与古"巢淝通道"的衰落相应证。

联系前述关于环境突变和政治地理环境的讨论,我们认为,汉代末期以来气候环境的恶化,特别是频繁的自然灾害(地震、洪水等)及南北分治导致的战乱等,都使得江淮地区东部的江淮运河(古邗沟)通道水路交通条件渐渐优于古"巢淝通道",特别是隋唐大运河的修成,使江淮间的水运联系进入了以大运河为主的历史时期,大运河成为中国东部地区南北交通的最重要通道,其不仅使运河沿途城市经济迅速发展,而且成为维系中国经济正常运转的生命线。与此相应,古"巢淝通道"

交通经济地位日渐衰落,使得本区经济遭到了严重打击。聚落与文化稳定发展的基础——经济——一旦衰败,通道沿线大型聚落即难以维系,经济地位日益下降,中心聚落消失,聚落规模变小,数量大幅度减少,加上汉代以后流域长期处于南北政权的边界地带,战争频繁,巢湖流域聚落与文化的发展也自此衰落。地理环境改变导致的古"巢溯通道"衰落可能正是汉代以后巢湖流域文化衰落的根源所在。由此可见,尽管引起文化衰落的原因有文化与文化间的影响、社会经济变动等多方面的因素,汉代以后巢湖流域及周边地区地理环境的变化在某种程度上仍起了一种"车阀"的作用,表现为地理环境的改变(环境突变、灾害和政治地理因素等)对经济文化通道兴衰的影响,进而影响文化的发展。

  以上所论不过是从环境考古角度将环境变迁和有关考古学现象加以联系所做的蠡测。就目前来说,要完全证实上述假说,还需要采取多学科融合的办法,特别是运用第四纪科学的方法从古植被、动物考古、土壤和气候等多种角度,通过对典型遗址和相关自然沉积中各类遗存进行取样分析,以做出合乎历史实际的结论。目前,除了对个别汉代遗址(如唐咀遗址)进行过初步的环境考古研究外,其他工作还有待开展。另外,我们还发现汉代古遗址大多居于水下,那么"陷巢州"究竟有着怎样的历史地理含义呢?这是将来的研究应予以充分注意的问题。

  总之,汉代以后巢湖流域气候环境的恶化,特别是地震、洪水等自然灾害群发及中国大的气候背景下经济文化中心转移,加上南北分治政治地理因素导致的战乱,这些都使得古巢溯经济文化交流通道日渐衰落,区域农业生产和经济发展遭受重创。经济地位的日益下降,导致通道沿线大型聚落难以维系,聚落规模变小,表现在考古学上则是遗址和墓葬数量的大幅度减少,巢湖流域原先繁荣的文化也因失去发展的基础而自此衰落。

第八章　巢湖区域岩溶与地热

第一节　岩溶作用与溶洞

一、岩溶作用

(一) 岩溶作用概述

岩溶地貌即喀斯特地貌,是由岩溶作用形成的地貌。在碳酸盐岩(包括石灰岩、白云岩、泥灰岩等)地层中分布最广,地面往往崎岖不平,岩石嶙峋,奇峰林立,地表常见有石芽、溶沟、石林、漏斗、落水洞、溶蚀洼地、坡立谷、盲谷、峰林等岩溶形态,在地下则发育着地下河、溶洞等各种洞穴系统。

岩溶作用是地下水、地表水共同与可溶性岩石(如石灰岩)等发生的以溶蚀为主的地质作用及其结果的总称。地下水和地表水对可溶性岩石的破坏和再造作用,包括化学作用(溶解和沉淀)和物理作用(流水的侵蚀和堆积作用、因重力产生的塌陷和堆积作用),其中化学作用是塑造岩溶地貌的主要动力。

岩溶作用发生的条件:岩层是透水性较好的石灰岩等可溶性岩石,有充足的、具溶蚀能力而可以流动的地下水。

下面以石灰岩(矿物成分为石灰石)为例,分析岩溶的溶蚀机制。

石灰石的主要成分为碳酸钙($CaCO_3$),在纯水中仅能微溶:

$$CaCO_3(s) \rightleftharpoons Ca^{2+}(aq) + CO_3^{2-}(aq)$$

碳酸钙在酸性溶液中发生化学反应而溶解:

$$CaCO_3(s) + 2H^+(aq) \rightleftharpoons Ca^{2+}(aq) + H_2O(l) + CO_2(g)$$

碳酸钙在酸性溶液中的溶解度会随酸度的增加而变大。

空气中的二氧化碳溶入雨水中,当雨水渗入地下时,会吸入更多由腐败的动植物所产生的二氧化碳,二氧化碳与水结合可以形成碳酸(H_2CO_3):

$$CO_2(g) + H_2O(l) \rightleftharpoons H_2CO_3(aq)$$

含二氧化碳的酸性雨水由裂缝穿透至石灰岩层,溶解部分形成可溶的碳酸氢钙[$Ca(HCO_3)_2$]:

$$CaCO_3(s) + H_2CO_3(aq) \rightleftharpoons Ca(HCO_3)_2(aq)$$

此后的化学反应存在三种可能:

第一种是石灰石周围水体溶液没有与外界发生交换,上述的化学反应达到平衡状态,石灰石中 Ca^{2+} 的化学反应的流失和沉积处于平衡状态。

第二种是由于多种原因导致水溶液中的水分和二氧化碳含量减少,进而发生沉淀。依据勒夏特列原理(Le Châtelier's Principle),水中二氧化碳的含量减少,使得碳酸钙沉淀出来:

$$Ca(HCO_3)_2(aq) \rightleftharpoons CaCO_3(s) + CO_2(g) + H_2O(l)$$

石灰岩层中空的部分,一般称为石穴,而碳酸氢钙的溶液会聚集在石穴的顶部,当水滴下时,沉淀的碳酸钙环绕着水滴形成圆圈状的固体,随着更多的碳酸氢钙溶液渗入石穴,圆圈愈变愈厚形成钟乳石,而原先中空的钟乳石随着沉积的增厚增长,最后形成实体的圆锥。若顶端的水滴掉落在地板上,因溅散释放出 CO_2,也会沉积 $CaCO_3$ 而长出石笋。当上下对应的钟乳石和石笋逐渐增长而相遇,则接合变成石柱。另外,沿石壁滴落的溶液能形成石帘,低洼水池中的沉淀则能堆积成石堤。由于沉积的速度非常缓慢,约需 1 000 年钟乳石才能增长 6 cm。石灰石通常为白色,但因含碳酸氢钙的水溶液通过地层时,吸取含铁物质,常使石灰石带有深浅不同的黄色、橘色或红色。

第三种是石灰石周围的水体溶液流动,携带反应形成的 $Ca(HCO_3)_2(aq)$ 离开,而"新"的含二氧化碳的酸性雨水补充进来,从而继续发生"溶解部分石灰石,形成可溶的碳酸氢钙(calcium hydrogen carbonate)"的反应。

在地表,当酸性水溶液与石灰石发生反应后,水溶液携带溶解的 Ca^{2+} 流走,后续含二氧化碳的酸性水溶液继续在该点与石灰石发生反应,如此不断进行。同时,在地表,水溶液一般容易在石灰石表面凹坑、裂缝等处聚集,也即这些地方容易发生化学反应,当 Ca^{2+} 流失后,该处空隙等增大,更加容易积聚水溶液,进而形成所谓"损不足"现象。如此,加上后期物理崩塌、机械碰撞等作用,在地表可以逐渐形成凹坑、凹槽、溶沟、石芽、石林、峰林、漏斗、落水洞、溶蚀洼地、坡立谷、盲谷等岩溶形态。

在地下,含二氧化碳的酸性水溶液可以沿裂隙等进入,同时与裂隙周边的石灰石发生反应,带走其中的部分 Ca^{2+},使裂隙变大,并在后期物理作用影响下,逐渐形成如地下河、溶洞等各种洞穴系统。

需要指出的是,自然环境中,除了含二氧化碳的酸性溶液外,还有许多其他物质的酸性溶液,它们对各类岩石都能产生或多或少的溶蚀作用,但对碳酸盐岩的溶蚀作用相对比较显著。另外,构造运动也会影响溶蚀速率。

(二)巢湖区域的岩溶特征

1. 岩溶地貌特征

巢湖区域灰岩分布面积很广,岩溶地貌比较发育。它们主要分布在二叠系栖霞组上段,尤以地下暗河和竖井较为发育。较典型的主要有:

① 地下暗河:主要是省内著名的旅游景点王乔洞和紫微洞,还有北部的猫耳洞、青苔山西南公路西侧的白姑洞泉与金银洞北山的金银洞泉,其中以王乔洞、紫微洞的地下暗河发育较好,后面将有述及。

② 竖井:较深的有扁井,位于王乔洞东侧山上,往下30多米变为水平溶洞,呈NE-SW向延伸,均发育在栖霞组灰岩段中,受地层走向控制。

③ 岩溶漏斗:北部试刀山一带,沿五通组与石炭系界线,发育了若干岩溶漏斗,呈串珠状排列,属石炭系岩溶地貌。

④ 岩溶塌陷:王乔洞西北的谷地实际上是地下暗河向北的延伸部分。该暗河与紫微洞在成因、展布和形态上一致,平行于栖霞组石灰岩的层理发育,后来坍塌而形成谷地。

此外,试刀山与姚家山一带均在石灰岩区发育了不太完好的石芽地形,处在石芽发育的雏形阶段。

2. 岩溶溶蚀特征

研究岩溶不仅要研究该地区的地貌特征,关注CO_2-H_2O-碳酸盐岩体系内发生的溶蚀作用,巢湖北山地区碳酸盐岩与酸发生发应的岩溶发育机理的研究亦是十分重要的。在对巢湖北山碳酸盐岩结构和化学成分研究的基础上,通过酸性溶液对碳酸盐岩的溶蚀作用进行室内模拟实验研究,可以建立反应平衡模型来显示降雨酸化后碳酸盐岩的侵蚀性变化情况,揭示该地区碳酸盐岩岩溶发育机理的一些特点。

样品取自麒麟山石炭-二叠系石灰岩,岩石纹理清晰,易碎,敲击栖霞组下部臭灰岩时有臭鸡蛋味释放。参照地质出版社出版的《岩石矿物分析》中碳酸盐岩石分析方法,随机取经切割打磨的样品4块,分成两组,分别进行粉碎缩分,研磨后过200目筛。碳酸钙、碳酸镁的测定用EDTA(乙二胺四乙酸)滴定法,二氧化硅、氧化铝的测定用碱熔分光光度法,氧化铁的测定用原子吸收法,总酸不溶物的测定用重量法。测量仪器为日本岛津公司产的紫外可见分光光度计和北京第二光学仪器厂产的原子吸收光谱仪,所得的具体数据见表 8.1.1。从中可见,岩石以碳酸钙为主要成分,与酸性溶液能较好反应,岩性和结构是该区岩溶反应的主导因素。

表 8.1.1　岩样主要化学成分分析结果

溶蚀类别	检验项目	1 号样/%	2 号样/%
酸可溶物	碳酸钙($CaCO_3$)	95.020	97.040
	碳酸镁($MgCO_3$)	3.250	1.520
酸不溶物	二氧化硅(SiO_2)	0.025	0.015
	氧化铁(Fe_2O_3)	0.013	0.004
	氧化铝(Al_2O_3)	0.540	0.480
	其他酸不溶物	1.060	0.840

任意取不规则岩样 2 个,用蒸馏水冲净后,置干燥箱内 100 ℃下烘干,称重,然后在常温下用蒸馏水浸泡一段时间(一般为 7 天)后进行溶蚀实验。天然条件下,在地表和地下发生的碳酸盐岩溶解主要是由如下化学反应所致:

$$CaCO_3 + CO_2 + H_2O \longrightarrow Ca^{2+} + 2HCO_3^-$$

考虑到巢湖北山地区有酸性(以硫酸为主要成分)降雨因素参与反应时会使该方程式向右边加速反应,化学反应方程式为

$$CaCO_3 + H_2SO_4 =\!=\!= CaSO_4 + H_2O + CO_2\uparrow$$

离子方程式为

$$CaCO_3 + 2H^+ \longrightarrow Ca^{2+} + H_2O + CO_2\uparrow$$

从该反应式我们能看出,每消耗 2 mol 的 H^+,可溶蚀 1 mol 的 $CaCO_3$,释放出 1 mol 的 CO_2。在理论上可以分别建立起硫酸参与加速反应的 H^+ 量与时间 t 变化曲线和 Ca^{2+} 量与时间 t 的变化曲线。在实验室中则可通过仪器测量分别得到岩样质量与时间变化曲线图和溶蚀液 pH 与时间变化曲线,比较后可得出溶蚀液的 pH 和岩样溶蚀量的关系模型,从而可以探讨巢湖北山地区的岩溶机理。

将制备的岩样编号后用铜丝悬挂在配制好的硫酸溶液中溶蚀,不定时取出岩样,记录时间。使用精密 pH 计测量溶蚀液的 pH(精度达到 0.01),同时在装有干燥剂的密封干燥皿中悬空干燥 2 h,使用精密天平测出岩样的质量(精度达到 0.000 1)。由于干燥过程中岩样没有发生溶蚀反应,可近似地认为该反应是连续进行的。经过处理得出两组实验数据(图 8.1.1 和图 8.1.2)。

从图 8.1.1 中我们能看出,在岩石放入后 25 h 内,溶蚀反应急剧,曲线近乎直线;在 25~90 h 期间,曲线光滑下降;在 90 h 左右曲线轻微上扬,可能是溶蚀液中 Ca^{2+}、$CaSO_4$ 及 $MgSO_4$ 富集在岩石表面所致。图 8.1.2 反映了溶蚀液的 pH 与时

间的变化关系,pH 变化至 5.5 之前,曲线光滑凹上扬,然后凸上扬至平衡状态,溶蚀液的 pH 最终达到 7.81~8.12;临近弱碱性时,反应达到动态平衡。

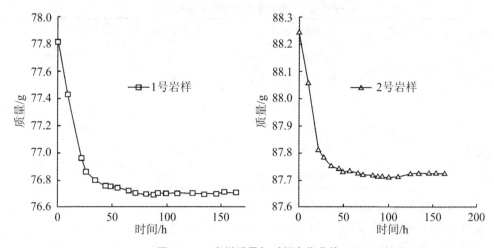

图 8.1.1　岩样质量与时间变化曲线

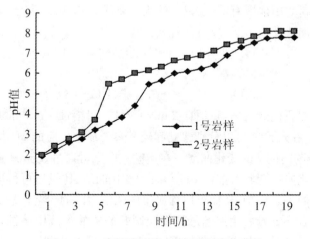

图 8.1.2　岩样溶蚀液 pH 与时间变化曲线

由图 8.1.2 看出,在 pH5.5 左右及 pH6.5 左右处,pH 上升速率出现明显的变化,两个拐点将曲线分为三段。在 pH 小于 5.5 时,pH 上升速率最快,曲线斜率最大;在 5.5~6.5 之间,pH 上升速率明显降低;当 pH 上升到 6.5 以后,速率再次加快,但比 pH 在 5.5 以前的速率要低。这说明了当 pH 在 5.5~6.5 之间时,岩溶侵蚀作用最强烈。由此可见,巢湖市北山的岩石混合溶蚀作用在不同的 CO_2 分压条件下的溶蚀机理不同,这同伯纳(Berner)、摩尔斯(Morse)及刘再华得出的结论是一致的。

Berner 和 Morse 曾利用稳定 pH 方法进行了 25 ℃不同分压条件下的细颗粒状方解石溶解实验,其结果用溶解速率与 ΔpH 的函数曲线(图 8.1.3)表示。图中曲线明显地分为 3 段,反映出 3 个不同的速率控制机理。区域 1 代表溶液为低 pH 或远离平衡条件时,溶解速率随 ΔpH 显著增加,反映了 H^+ 的传输对溶解速率的控制;区域 2 代表溶液为中等 pH 条件时,溶解速率虽然随 ΔpH 增加,但是曲线的斜率显著减小,反映出溶解速率控制机理的改变,即由传输控制为主转入以化学反应控制为主;区域 3 代表溶液在高 pH 或近平衡条件下,溶解速率随着平衡的接近显著降低,这被归于方解石表面 PO_4^{3-} 等的阻滞机理。图 8.1.1 和图 8.1.2 反映的特征和意义与图 8.1.3 是一致的:不同的曲线段,反映了不同的速率控制机理。分析认为,图 8.1.1 和图 8.1.2 中的各曲线段也与图 8.1.3 中的各段相对应。

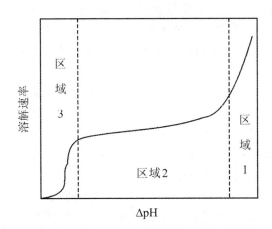

图 8.1.3 溶解速率与 **ΔpH** 的函数曲线示意图(刘再华,1990)

由上所述,我们得出如下认识:

① 巢湖北山岩溶区岩溶发育受岩性控制,岩性不同,混合溶蚀速率不同。

② 溶蚀后期溶蚀液中 Ca^{2+}、$CaSO_4$ 及 $MgSO_4$ 富集在岩石表面,导致溶蚀速度降低,岩石孔隙变大。此时外界水体流动力等的机械破坏和生物破坏对岩石溶蚀速率起主导作用。

③ 在不同的 CO_2 分压条件下,巢湖北山岩溶区内碳酸盐岩的混合溶蚀机理不同:低 CO_2 分压或远离平衡条件时,以 H^+ 的传输对溶解速率的控制为主;中等 CO_2 分压条件下,以传输控制为主转入以化学反应控制为主;高 CO_2 分压或近平衡条件时,主要表现为碳酸盐岩表面等的阻滞机理。

喀斯特地貌

"喀斯特"一词源于前南斯拉夫的一个地名。喀斯特地貌是指石灰岩受水的溶蚀作用和伴随的机械作用形成的各种地貌：石芽、石沟、石林、溶洞、地下河等。此种地貌地区，往往奇峰林立，桂林就是一个典型的具喀斯特奇观的地区。

溶洞的形成是石灰岩地区地下水长期溶蚀的结果。石灰岩的主要成分是碳酸钙($CaCO_3$)，在有水和二氧化碳时发生化学反应生成碳酸氢钙[$Ca(HCO_3)_2$]，可溶于水而形成空洞并逐步扩大。这种现象在前南斯拉夫亚德利亚海岸的喀斯特高原上最为典型，所以常把石灰岩地区的这种地貌笼统地称为喀斯特地貌。按其发育演化过程，喀斯特地貌可分为以下6种：

① 地表水沿灰岩内的节理面或裂隙面等发生溶蚀，形成溶沟（或溶槽），原先成层分布的石灰岩被溶沟分开，形成石柱或石笋。

② 地表水沿灰岩裂缝向下渗流和溶蚀，超过100 m深后形成落水洞。

③ 从落水洞下落的地下水到含水层后发生横向流动，形成溶洞。

④ 随着地下洞穴的形成，地表发生塌陷，塌陷的深度大、面积小则称作坍陷漏斗，深度小、面积大则称作陷塘。

⑤ 地下水的溶蚀与塌陷作用长期相结合会形成坡立谷和天生桥。

⑥ 地面上升，原溶洞和地下河等被抬出地表，形成干谷和石林，地下水的溶蚀作用在旧日的溶洞和地下河之下继续进行。

世界上最大的溶洞是北美阿巴拉契亚山脉的犸猛洞，位于肯塔基州境内，洞深64 km，所有的岔洞连起来的总长度达250 km。洞内宽的地方像广场，窄的地方像长廊，高的地方有30 m高，整个洞平面上迂迴曲折，垂向上可分出3层。雨季时，整个洞内都有流水，成为地下河，河流在坡折处跌落，形成瀑布。旱季时，局部地区有水，形成地下湖泊，可能还有积水很深的潭。

中国是世界上对喀斯特地貌现象记述和研究最早的国家，早在晋代就有记载，尤以明徐弘祖(1586～1641年)所著的《徐霞客游记》最为详尽。

中国喀斯特地貌分布广泛，类型多，为世界罕见。在中国，喀斯特地貌发育的物质基础——碳酸盐类岩石（如石灰岩、白云岩、石膏和岩盐等）——分布很广。据不完全统计，总面积达2.0×10^6 km^2，其中：裸露的碳酸盐类岩石面积约 1.3×10^6 km², 约占全国总面积的 1/7; 埋藏的碳酸盐岩石面积约 7.0×10^5 km²。碳酸盐岩在全国各省区均有分布, 但以桂、黔和滇东地区分布最广。湘西、鄂西、川东、鲁、晋等地, 碳酸盐岩石分布也较广。

中国现代喀斯特地貌是在燕山运动以后准平原的基础上发展起来的。古近纪时, 华南处热带气候区, 峰林开始发育, 华北则处亚热带气候区, 至今晋中山地和太行山南段的一些分水岭地区还遗留有缓丘-洼地地貌。但当时长江南北却为荒漠地带, 是喀斯特地貌发育很弱的地区。新近纪时, 中国季风气候形成, 奠定了现今喀斯特地貌地域性分布的基础, 华南保持了湿热气候, 华中变得湿润, 喀斯特地貌发育转向强烈。尤其是第四纪以来, 地壳迅速上升, 喀斯特地貌随之迅速发育, 类型复杂多样。随冰期与间冰期的交替, 气候带频繁变动, 在交替变动中气候带有逐步南移的特点。华南热带峰林北界达南岭-苗岭一线, 湖南省道县为北纬 25°40′, 贵州为北纬 26°左右, 这一界线较现今热带界线偏北 3°~4°。可见峰林的北界不是在现代气候条件下形成的。中国东部气温和雨量虽是向北渐变的, 但喀斯特地貌的地域性差异却非常明显。这是因为受冰期与间冰期气候的影响; 间冰期中国的气温较高、雨量较大, 有利于喀斯特地貌发育; 而冰期寒冷少雨, 强烈地抑制了喀斯特地貌的发育。但越往热带其影响越小: 在热带峰林区域, 保持了峰林得以继续发育的条件; 而从华中向东北受到的影响则越来越大, 喀斯特作用的强度向北迅速降低, 使喀斯特地貌的类型发生明显的变化。广大的西北地区, 从古近纪以来均处于干燥气候条件下, 是喀斯特地貌几乎不发育的地区。

中国喀斯特发育的多旋回和地带性特点, 形成了各具特色的、千姿百态的喀斯特地貌景观和巧夺天工的洞穴奇景, 是中国重要的旅游资源。桂林山水、路南石林、四川九寨沟、贵州黄果树、济南趵突泉和北京附近的拒马河等都已成为闻名于世的游览胜地。

二、溶洞景观

巢湖地区碳酸盐岩分布广泛, 构造运动显著, 地下岩溶发育, 溶洞景观丰富。

(一) 紫微洞

紫微洞, 原名双井洞, 因有大、小两个垂直井状洞口而得名。道光《巢县志》记载: "中有石罅, 俗名一线天。相传有人穷其底, 深三里许。"经 1997 年开发, 筑成水平式洞口,洞内气势恢宏,结构繁复,总长逾 3 000 m,主洞长 1 500 m,岔洞盘绕紫微山,纵横交错。其洞体发育在二叠系栖霞组黑色灰岩中,为特点鲜明的干洞与地下河相结合的洞穴,洞穴呈廊道状,以雄、奇、险、幽见长,为"江北第一大洞"。洞内蜿蜒曲折,高低跌宕,奇景迭出,蔚为壮观。探洞而行,或如履平地,或如攀峰顶,或如陷深谷。进入洞中,迂回盘桓,跌宕起伏,钟乳纷呈,石柱林立,怪石嶙峋,洞中匿洞,洞洞相通,洞下生河,洞上飞瀑,宏伟深邃,奥妙诡谲。紫微洞有 10 大洞天,36 主景,72 辅景,先陆路游览,后水路荡舟。最妙的要数洞内的"四绝""三奇"景观。"四绝"为天沟、天板、天漕、玉螺帐(石鹅管和天外飞瀑)。"三奇"为铁索寒桥、双井开天、地下长河。铁索寒桥,桥架于深涧之上,每当雨季来临,桥下水流轰鸣,自成一番壮观景象。双井开天,近在咫尺的大小两个井口,距洞底近 30 m,为紫微洞原始的两个井状出口。紫微洞是典型的地下河型洞穴,地下河流曲折悠长,通过岩洞,直达巢湖;另有"龙潭听涛""倒挂羊羔""九龙壁""石葡萄"等景,无不形神兼备,加之配以现代灯光变幻,令人目不暇接。

1. 洞穴的发育特征

从洞穴的形态特征来看,紫微洞属于水平弯曲型洞穴,洞穴发育呈折线状延伸(图 8.1.4)。洞体横断面形态变化较大,洞口近圆形,向洞内逐渐变为正或倒葫芦形、倒锁孔形、三角形等(图 8.1.5)。洞穴中多呈流痕类、水平沟槽形态(边槽类)、窝穴类等典型的溶蚀形态,其中水平沟槽形态在本区洞穴中分布普遍,洞底边槽发育较为连续,几乎贯穿于整个洞体。

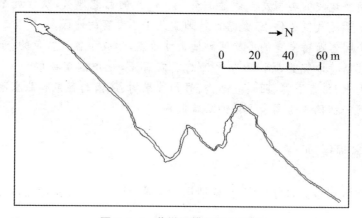

图 8.1.4　紫微洞横剖面实测图

在洞穴沉积物特征方面,碎屑堆积物主要是洞内溶蚀残余物,以及洞外流水带入洞内的红色黏土、亚砂土、砂土及砾石等物质,主要充填于洞的垂向裂隙处或覆盖于洞底及末端地下暗河两侧。紫微洞中的化学沉积物较多,通常集中于一些厅堂洞段或支洞中。

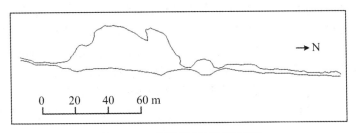

图 8.1.5　紫微洞纵剖面实测图

2. 紫微洞的形成条件

巢湖市属于北亚热带湿润气候区,温暖多雨的气候条件为区内岩溶发育提供了一个十分有利的外部环境。

紫微洞发育于二叠系栖霞组(P_1q)的石灰岩中,栖霞组在紫微洞一带由碎屑灰岩夹劣质煤(含燧石结核或团块灰岩)、黑至灰黑色灰岩(含沥青质泥灰岩、薄板状硅质灰岩)、深灰色含燧石结核白云质灰岩组成,厚度近 200 m。其上部孤峰组(P_2g)灰黄色粉砂岩、泥岩、页岩一般构成区内溶洞的顶部隔水层。由于本区石灰岩中含有硅质夹层、白云岩化灰岩、燧石结核等杂质成分,其溶解能力弱,易造成不均一溶蚀,对岩溶的发育有限制作用。本区石灰岩地层倾角较大,分布面积有限,因而使得洞穴规模不大。

岩溶地貌的发育与地质构造关系十分紧密。断裂和褶皱构造尤其是断裂构造发育区,沿断裂带分布的碎裂石灰岩地带岩溶发育极为强烈,断裂的规模、性质、走向,断裂带的破碎及填实程度都与岩溶发育密切相关。地质构造作用对紫微洞形成的影响极为明显。紫微洞处于有利于溶洞发育的褶皱构造部位(炭井村向斜中段近核部西翼),两组主要断裂(NE 向断裂和 NW 向断裂)控制了溶洞的走向。同时,燕山运动晚期岩浆的侵入使栖霞组的灰岩受到了热变质作用,从而使垂直裂隙发育。这种垂直裂隙在地壳运动上升时期十分有利于竖井的形成;而在地壳稳定时期,竖井在地下水的溶蚀、旁蚀作用下,被蚀穿而塌落,与水平洞穴合并,扩大了洞穴空间。新构造运动使洞穴的发育呈现多阶段性。

3. 紫微洞的发育史

紫微洞的发育经历了潜流洞穴与地下水位洞穴两个主要阶段。由紫微洞洞内景观分析,洞顶及洞壁存在穴窝与流痕,洞壁发育有边槽,洞底有石盾,说明洞穴在发育初始阶段处于饱水带中且属于流入型溶洞。其中部分洞道断面呈倒锁孔状,这是饱水带洞穴承压水流管道断面的特征之一。洞内存在的半圆形洞顶,表明在形成主通道之前经历过一个潜流带发育阶段,该阶段可分为裂隙水流和裂隙扩大两个时期。由地表洼地或落水洞多点分散补给,在面状输入的条件下,顺层面沿倾向由原始裂隙逐渐溶蚀扩大,成为初始管道直至完全潜流管道。此阶段水流的有序化程度较低,洞穴的发展速度缓慢。当时区域构造运动也处于一个相对较长的稳定时期。在这种条件下,地下水流选择性地继承了潜流带管道而发育形成主流管道,径流集中趋势加大,通道扩展速度急剧加快,于地下水面附近流入型地下河洞穴开始形成。

洞壁底部发育的边槽则说明溶洞发育经历过地下水面阶段。继上期贯通的主流管道形成以后,新构造运动主要表现为继承性上升。沿周边洞壁,适当构造部位逐渐形成许多落水洞或竖井。紫微洞被抬升而脱离潜流带,洞体呈半充水状态。洞底起伏不大。此后又处于一个相对短暂的稳定期。地下水对洞道的旁蚀形成溶蚀边槽。洞体内距洞底 1.2 m 高处断续分布有河流相砂砾沉积物,且其上发育有薄层钙板,说明此时溶洞处于岩溶地下水的季节变动带中:雨季时洞内水量较大,水动力较大,带来大量砾石沉积,同时溅水至石壁,形成石花;旱期时洞体接近或高于地下水面,处于毛细带中,使洞体砂砾层上形成钙板,洞壁石花进一步发育。此后构造持续抬升,"一线天"呈峡谷状深切洞道,不利于发展下层通道系统,洞体被抬升而离开地下水面,成为化石干洞,仅在洞底有小型地下河发育。

紫微洞内同时存在表征了饱水带、地下水位带、包气带产物的景观,洞内化学沉积物与砂砾并存,充分反映出了岩溶发育的多阶段性及气候变迁的多旋回性。

(二) 王乔洞

位于安徽省巢湖市北郊的紫微洞风景区内著名的王乔洞,相传是周灵王太子王乔修炼成仙之地。洞长约 57.6 m、宽约 3.3 m、高约 3.8 m,洞道弯曲,两端均有出口。主洞口朝南,洞内有石窟造像 620 余尊,有释迦牟尼、文殊、普贤、迦叶、阿难等,它们全部为佛教造像,还有狮、虎、象、马、麒麟等走兽石刻多处,造型生动,各具神韵,雕纹精细流畅,是安徽省境内唯一的石窟造像群,早在 1958 年就被确定为省级重点文物保护单位。长期以来,对于王乔洞佛像开凿的准确年代缺少研究和认识,对其年代的判断主要依据碑刻的文字资料。因为洞内碑刻最早是北宋时期的,所以简单地将其定在北宋或北宋以前。有学者根据洞内造像身躯壮硕、体态丰满、宽衣褒带、服饰绚丽兼有彩绘、亚腰八角形须弥座、飞天造型等风格特征和佛像的组合排列综合判断,认为佛像开凿于唐代早期。这些佛像艺术对研究中国的佛教史、美学史、雕塑史具有重要意义。王乔洞乃是巢湖一大胜迹,原洞上有"引仙桥",

洞口有"憩游亭""紫微观",洞前有清冽的泉水,周围有苍翠的碧萝。历史上很多文人雅士来此寻仙探奇,写下脍炙人口的诗句。在这群山之中能形成山岩陡壁、奇洞怪石的胜景,还是归功于大自然的岩溶作用。地下水对石灰岩的溶蚀形成了溶洞,后来随着地壳上升,这些奇洞怪石渐渐暴露出来,成了人们想象中的"仙境神府"。

王乔洞为一个古地下暗河喀斯特溶洞,发育在栖霞组本部灰岩段的下部燧石结核灰岩中。北洞口地势稍高,中段近南北向,平面呈向东突出的弧形古河道(图8.1.6)。该洞西侧有逆冲断层经过,灰岩遭受剥蚀、溶蚀,易垮落,河道部分被破坏。

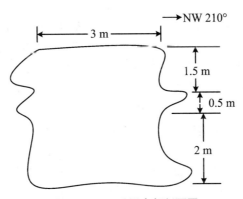

图8.1.6 王乔洞内部剖面图

在王乔洞内雕刻佛像的两侧的岩壁上,还可以清楚地见到三个水平的凹沟,初看上去犹如人工雕琢的洞龛或佛座,但实际上这三条水平的凹沟却也是岩溶作用的结果。这在地貌学上称为"溶蚀边槽",这种边槽是地壳运动的一种重要证据。凡是石灰岩地区所见到的巨大洞穴,无不由过去的地下暗河造成,后来地壳上升使之抬高,成为无水流的大溶洞。地壳上升的速度并不是均匀的,有时会出现相对的稳定,此时就在洞壁上留下了溶蚀边槽。王乔洞自下而上有三级台阶。边槽台阶的高度代表丰水期与贫水期平均古地下河水位差,刻蚀深度代表该时期地壳持续稳定的时间长短,即古地下水基准面相对稳定时期。因此,这三条溶蚀边槽反映了地壳上升过程中地下水位渐次下降的痕迹,记录了巢湖地区新构造运动的三次变化,且主要表现为水平抬升。这成为地质上研究巢湖地区新构造运动史不可多得的实物资料。

(三) 银屏仙人洞

银屏仙人洞位于巢湖市南银屏山麓。传说古代仙人吕洞宾等曾在此洞修炼,故得"仙人洞"之名。又因山上有一大石,色白如银,形似花瓶,所以有"银瓶"之名。

这个由地下水溶蚀石灰岩形成的溶洞,分黑、白二洞。白洞宽敞,气势壮观,均高约 20 m,宽达 80 m,可容千人;黑洞则深不可测。古有碑文:"黑白二洞,屯兵百万。"洞内主要景观有"仙人遗迹"——仙人桥、仙人田、仙人床,以及金山、银山等。洞顶、洞壁垂挂着千姿百态的钟乳石。洞口的上方,有一势如斧削、高达五六十米的绝壁,岩石缝里,生长着一株翠拔、缥缈的奇花,这就是千百年来被民间誉为"天下第一奇花"的银屏白牡丹。每年谷雨前后,牡丹花盛开,传说根据花开数量,能够预测当年旱涝天气。洞前生长着一对孪生楠木和一株九桠阔叶杨柳,风姿绰约。

(四) 泊山洞

泊山洞座落在无为西南的下泊山中,距县城 38 km。泊山洞被誉为"江淮独秀",是因为它富有独具的三大特色。第一是"古"。据专家考证,泊山洞里的自然景观,形成已有四五十万年。第二是"奇"。洞里的钟乳石大小不一,形态各异,若人形佛像,似飞禽走兽,如萝藤蔓挂,像冰川雪岭,奇景天然,堪称"洞天一绝",且洞中有洞、有山、有水。第三是"美"。洞中生长着许多晶莹的石枝、洁白的石旗、精美的石花,这在我国同类型的溶洞中皆属佼佼者。

泊山洞分上中下 3 层,总面积 4 000 m²,洞深 500 m,洞道高低起伏,幽邃曲折,时而狭窄崎岖,时而宏大开阔,移步换景,有 18 个景区 86 个景点。洞内气温常年保持在 22 ℃左右,夏凉冬暖,四季如春。洞的下层有无底潭,深不可测,其水清甜可口,经地质专家论证,此水含有大量对人体有益的矿物质。

(五) 华阳洞

华阳洞位于含山县城北面褒禅山。著名的北宋政治家、文学家王安石在他往舒州任职途中游历褒禅山时,举火探洞,写下了流传千古的名篇《游褒禅山记》。华阳洞为褒禅山最为诱人的地方。褒禅山有四处喀斯特溶洞,分别为天洞、碑洞、门洞、地洞。其中碑洞名扬四海,亦即王安石游记中所记"华阳洞"。洞内游人题字甚多,以《华阳》和《万象皆空》两处最为醒目。

第二节 地热资源与温泉

一、地热资源

地热资源是指在当前技术经济和地质环境条件下能够科学、合理地开发出来的地壳岩石中和地热流体中的热能量及其伴生的有用组分。它作为替代传统化石燃料、解决能源短缺及环境污染问题的新能源之一,日益受到关注,被称为"21世纪绿色新能源"。目前,地热资源的勘查深度可达到地表以下5 000 m,全球储存的地热资源相当于5 000亿吨标准煤的当量,我国的地热资源合2 000亿吨以上标准煤当量。

地热资源可按多种方式分类。按赋存状态可分为水热型(可进一步划分为蒸汽型和热水型地热资源)、干热岩型和地压型地热资源;按经济技术条件可分为浅于2 000 m的经济型地热资源和2 000~5 000 m的亚经济型地热资源;按成因可分为现(近)代火山型、岩浆型、断裂型、断陷盆地型和坳陷盆地型等地热资源;按温度可分为高温和中低温地热资源,其中温度高于150 ℃的高温地热资源带主要出现在地壳表层各大板块的边缘,如板块的碰撞带、板块开裂部位和现代裂谷带,低于150 ℃的中、低温地热资源则分布于板块内部的活动断裂带、断陷谷和坳陷盆地地区。

安徽省地热资源虽较为丰富,但目前勘查程度偏低,利用率也很低,亟待开发。据介绍,目前安徽省水温大于25 ℃的地热产地共有30处,每年地热开采量为8.77×10^6 m^3,主要分布在沿江地区、皖中盆地、皖西北地区、皖南及大别山地区。沿江地区地热主要分布在安庆市、芜湖市和岳西县,地质人员在该区发现了10个地温梯度大于4 ℃/100 m的地热异常区,总面积为1 000 km^2,预计年开采量可达到5.00×10^6 t;皖中盆地地热主要分布在合肥市、巢湖市和定远县一带,该地区已开发巢湖半汤、庐江汤池等地热资源,专家估计该区域1 000 m深的地热井可产生50 ℃以上的地热水;皖西北区地热主要分布在淮南、阜阳市区、太和、界首、亳州等地,该地区地下水温异常、水量大、分布范围广,地热资源潜力大,开发前景广阔;在皖南及大别山地热区中,仅黄山风景区就有勘探热水井2口,地质人员在大别山区发现10个地热异常区,总面积达1 000 km^2,都以温泉的形式出露。

目前,安徽省的地热资源开发尚处于起步阶段,对地热的利用主要是在温泉疗养、建设度假村等方面。据了解,安徽省城市深部地热的勘查开发现已起步,相关部门正在酝酿如何规范管理城市地热的开发,避免因管理不当而影响整个地热资源的开发。

二、温泉

(一) 温泉的形成条件

巢湖地区有丰富的地热资源,主要表现形式为温泉。温泉或热泉又称热矿泉,是指热水和矿水不断溢出地表的水泉。温泉水温在 20 ℃以上。一般认为,水温在当地年平均气温以上的水泉为温泉,但由于气候和温度、海拔的变化,各地不统一,目前,各国多以 20 ℃作为温泉的水温下限。

温泉的形式多样,表现有热泉、沸泉、过热泉、间歇喷泉、喷泉、沸喷泉、沸泥塘和沸泥泉等。

温泉的形成必须具备两个基本条件:一是地壳内有一个能不断供给地下水保温的热源体;二是具有水上升至地表的通道。热源体的热能一般认为主要是地球内部各种放射性元素衰变放出热量的结果,特别是地壳上部花岗岩类物质中有 70% 的放射性元素集中在这里,相当于一个永远燃烧的大锅炉。当大气降水沿着岩石裂隙下渗至地下深处时,如遇到热源体,水温迅速升高,形成高温热水或蒸汽,这里若有断裂构造存在,地下高温水就要沿断裂通道上涌,冒出地面,便可形成温泉。

(二) 巢湖地区温泉简介

1. 半汤温泉

半汤温泉出露在汤山南麓。半汤原名泮汤,传说因烫泉、冷泉参半而得名,"汤"本义为热水。《隋书·地理志》记载:"襄安县(辖今半汤镇)有半阳山,山下有汤池,故称半汤。"据康熙《巢县志》:"泉在汤山之麓,昔人以石池,其温者可沐浴,冬月气勃勃如蒸。傍有冷泉,夏日亦寒冽砭骨。"又载:"康熙五年,邑候聂公(名芳)重建亭、池,额曰'无垢',池立有碑记,存治。"经有关专家勘探查明,半汤温泉出露大小泉眼共 48 处之多,总面积为 1.25×10^4 m²。日涌水量约 3 000 t,温泉终年喷涌不断,水温保持在 50~63 ℃,最高可达 80 ℃。泉水无色透明。水中含活性元素 30 多种,其中每毫升含$(8\sim12)\times10^{-3}$ m³ 埃曼氡气,国内罕见。温泉涌出的热气,像袅袅青烟缭绕于弯曲山道上。经国家权威科研机构鉴定,半汤既产沐浴温泉,又产饮用矿泉水,品位上乘,具有很高的开发价值。泉水对50多种疾病有明显疗效,尤其对运动系统、神经系统和皮肤病的疗效最佳。半汤温泉早在秦汉时期就已被人们发现和利用。据《寰宇记》载,"凡抱疾者饮浴此汤,无不效验","巢县汤泉为九福之地"。唐代诗人罗隐游览半汤温泉后,曾写下"饮水鱼心知冷暖,濯缨人足识炎凉"的诗句。

从半汤温泉周围的地质情况来看,半汤温泉位于汤山复式背斜的轴部,这里有NE60°、NW300°、NE30°向三组断裂,尤以NE60°一组断裂最为发育,形成较宽的破碎带。温泉往往出露在两组断裂的交错处。另外,半汤一带已见到与放射性元素的存在关系密切的中生代花岗岩类侵入体,且经过化学分析确定,其中包含若干放射性元素。由此可以大致推测半汤温泉的成因机制为:受大气降水补给的冷水在汤山复式背斜核部遇到热源体,水温升高,然后沿断裂涌出地表形成温泉。

2. 香泉

香泉在距和县县城以北20 km的覆釜山下,泉水热气腾腾,香味浓郁,世称"香泉",又名"香淋泉""平疴泉""太子汤"等。南梁昭明太子萧统于大通年间(527~529年),在如方山萧家藏经寺读书时,患有疥癣,曾至此淋浴而愈,于是称该泉为"太子汤"。明代戏曲家汤显祖《送客避和州》诗中有"晓色连古观,春香太子泉"。清代和州学正吴本锡在《太子汤》诗中写道:"旧时太子汤泉水,流入山溪饮夜猿。"六朝南梁时,建有"文选楼""尔雅台"。

北宋元祐五年(1090年),主簿王大过发现平疴泉为"一方之利",其任知州后,即修汤池,周围20余丈,建浴院及龙祠。明成化五年(1469年),州同董锡重修浴院,分男女两池,巨屏高亭,清池白石焕然一新。明嘉靖六年(1527年),知州易鸾复修"为方塘,缭为高垣,映以修洗耳恭听心亭"。清康熙十二年(1673年),知州夏玮重修。1978年以后,当地群众集资,修建男、女浴池。

历代文人王安石、贺铸、李之仪、张孝祥、王守仁、庄昶、戴重、程敏政等先后来香泉,均有题咏。其中许多诗篇被刻石成碑,立于香泉浴池前后,共有72块,后人称之为"碑碣之林"。由于日军入侵,毁损近殆尽,现只存有《第一汤》碑。明代嘉靖十一年(1532年),梅花国人题写《香泉佳咏》碑,明代天启四年(1624年),赵应期题写《香泉赋》碑等3块。

香泉温泉出露有两处:一处是大泉池,外围有堤堰,呈圆形泉眼10多处;另一处是小泉池,泉眼6~7个。两处相距40 m,水系联系密切,合计自然出露面积约2 700 m²,单孔自溢涌量120 t/d,总计自溢涌量约1 600 t/d,水温47~50 ℃,水温和涌水量四季稳定。

温泉水质量经南京大学地质层有关专家分析鉴定,认为"从取样分析的结果,水化学类型属含氡硫酸钙镁型水,矿化度、总硬度、pH、常见的阴阳离子及某些微量元素的含量与著名的江苏汤山温泉有相似之处,与巢湖市的半汤温泉也较相似"。长期用此温泉洗浴,可以治疗类风湿性关节炎和皮肤病。

1982年4月1日,和县人民政府将其列为县重点文物保护单位。

3. 庐江汤池

位于安徽省庐江县西部,古称"坑泉",后称"汤池",亦称"东汤池"。汤池历史悠久,B.C.164年,汉文帝始建庐江国时就曾有"坑泉"分东西之说。宋代大诗人王安石谪贬舒州途经此地时,曾入池沐浴,留有《咏东坑泉》诗一首,诗云:"寒泉时所咏,独此沸如蒸。一气无冬夏,诸阳自发兴。人游不附火,虫出亦疑冰。更忆骊山下,欣然雪满滕。"清代桐城派散文家戴名世也曾来此濯足并作《温泉记》。三国周郎、小乔沐浴温泉,扶琴雅颂,并留有"曲有误,周郎顾"之佳传。

庐江汤池温泉水温高达63 ℃,水量大(日涌量达4 000 t),化学成分稳定,水中富含对人体健康有益的二氧化硫、硫化物和多种阳离子及微量元素,对50多种疾病有明显疗效。

第九章　巢湖区域地质旅游资源开发与保护

第一节　巢湖区域地质旅游资源的开发

一、地质旅游资源开发的社会经济价值

（一）概念和分类

旅游资源按成因或属性，可分为自然旅游资源和人文旅游资源两类。其中自然旅游资源都是基础，人文旅游资源多依附于它。自然旅游资源以地质旅游资源为重要组成部分。现在还很难找到完全不涉及地质因素的自然旅游资源。因此，在旅游业蓬勃发展的今天，地质旅游已成为一种发展趋势。地质与旅游有机结合，将地学知识融于旅游资源中，将会使旅游资源更具生命力，提高欣赏层次；同时也有利于地学知识的普及，增加地学知识的实用性，使其更好地服务于社会，促进社会经济的发展。在《中国旅游地质资源图及说明书》中，对地质旅游资源的定义是："具有旅游价值的地质旅游遗迹和与地质体直接有关的人类活动遗迹。"它包括了旅游资源中的山水名胜、自然风光等自然旅游，也包括了在新近地质历史时期人类形成与发展过程中的人类文化旅游，还有人类与地质体相互作用的旅游，即与人类开发利用地质环境、地质资源及人类遭受地质灾害等相关的各种旅游。

《中国旅游地质资源图及说明书》将地质旅游资源分为 35 种，有重要地质剖面、重要化石产地，有特殊价值的矿物、岩石、矿床产地，重要地质构造旅游、古人类遗址、溶洞等。在旅游地质学中，采用地质学分类，将地质旅游资源分为以下主要几类：岩石矿物与旅游资源、地质构造与旅游资源、新构造运动与旅游资源、外力地质作用成景、人类活动与旅游地质。

(二) 经济和社会价值

1. 成为我国第三产业发展的新动力

地质旅游资源是一种不可再生的自然遗产,是自然旅游资源的主体。由此形成的地质旅游产业具有独特的关联功能,其包括吃、住、行、游、购、娱六大要素,这六大要素的发展形成了新的市场推动力,可为第一、二产业提供新的市场,带动一大批相关产业的发展,属于目前的朝阳产业。有关研究资料表明:旅游部门每收入1元,与之相关的行业可增收59元。地质旅游资源的开发利用,目前在第三产业中已占绝大部分比例,地质旅游的蓬勃兴起,成为推进我国第三产业发展的新动力,特别是对于由矿产资源型依赖向地质旅游型方向转型发展具有重要意义。

2. 是开发扶贫的一种特殊形式

保护好、开发好、利用好地质旅游资源,让贫困地区群众积极参与到旅游产业中,能为他们致富找到一条可靠的路子。发展地质旅游业,不但是帮助这些地区尽快脱贫的需要,而且是帮助这些地区奔小康的需要,是具有深远意义的举措。

3. 是资源节约型和可持续发展型的产业

地质旅游产业与基础产业相比,不需要专门的原料消耗,资源可以持续利用。地质旅游资源产业发展本身就是以自然生态和环境保护为方针的,在开发资源、保护自然生态环境方面起着重要作用,成为引导我国产业绿色化的先锋。

4. 是扩大地区知名度、招商引资和发展地方经济的有效途径

发展地质旅游产业对地方政府的招商引资工作有着独特而重要的促进作用:旅游项目本身就是良好的引资项目,其推广作用可扩大旅游地区的知名度,有助于塑造良好的地方形象,改善地方投资环境。地质旅游资源丰富的地区自然资源丰富,通过旅游开发,充分发挥旅游产业的积极作用,将旅游开发与招商工作相结合,加大招商引资力度,利用外来的资金、先进的技术与管理发掘地方资源,发展地方经济。

5. 改善投资环境,促进对外开放交流

地质旅游业的发展进程在一定程度上取决于国际交流的进程,反过来地质旅游也能推进国际经贸、科技、文化等各方面的双向交流,为经济联合构筑基础。

6. 对文化发展具有促进作用

从本质上说,旅游就是一种审美活动,是对美的享受、对精神的慰藉,能极大地满足旅游者的精神需求。需增强旅游区对游客的吸引力,延长游客逗留时间,提高返游率,以实现良好的经济效益。地质旅游对于人们来说,可以丰富地理知识、地质知识、文史知识、风俗民情知识等。旅游活动的所见、所思、所闻,成为旅游者积累知识财富的源泉。

二、巢湖区域地质旅游资源评价与开发

(一)巢湖区域地质旅游资源分类

对于地质旅游资源的类型划分也有许多不同的观点。陈安泽把地质景观分为地质构造现象、古生物、环境地质现象、风景地貌等4大类(19类,52亚类);冯天驷划分出山岳地貌,岩溶、洞穴,河流、峡谷,湖泊,泉水,瀑布,海岸、海岛,冰川,风沙地貌、黄土地貌,重要地质剖面、构造及地质灾害遗迹,重要化石产地及古人类遗址,典型矿产地及古采冶遗址,重要古代水利工程,石窟、岩画、摩崖题刻,奇峰异石,观赏石等16类;杨世瑜根据地质旅游资源开发利用的可能形式划分出观赏性旅游地质资源和商品性旅游地质资源;康宏达按照成因进行了分类;孟易辰、苏建平对甘肃省旅游地质资源也进行了分类。在前人研究成果的基础上,根据巢湖区域地质旅游资源的特征和表现形式,将巢湖区域地质旅游资源划分为如表9.1.1所示的类型。

(二)巢湖区域地质旅游资源特点

1. 地质旅游资源独特

巢湖区域旅游资源极具特色,它是以地质为核心和依托的自然旅游资源。区内既有典型的地质构造与地层景观、丰富的动植物化石,又有奇特的喀斯特地貌、褶皱山地地貌;既有郯庐断裂与地热资源,又有巢湖湖盆变迁痕迹和古人类活动遗迹等。这些旅游景观有的极富观赏性和参与性,有的还具有很高的地学研究和科学普及价值。

表 9.1.1　巢湖区域地质旅游资源分类

景观类型	亚　类	典型地质旅游资源
山岳景观		巢湖北山 M 形山系,银屏山,龟山,姥山岛,亚父山,褒禅山
水体景观	湖泊景观	巢湖
	泉流景观	半汤温泉,汤池温泉,香泉
岩溶洞穴景观	地表景观	扁井洞,金银洞
	地下景观	紫微洞,王乔洞,仙人洞,泊山洞
地质现象遗迹(址)	重要地层剖面	平顶山三叠纪标准地层剖面
	重要地质构造	郯庐断裂带,巢湖北山褶皱、断裂构造,鹅头岩
	重要化石产地	金银洞北山化石群,巢湖龙化石,三叶虫化石等
	古人类遗址	凌家滩遗址,和县龙潭洞猿人遗址,银山猿人化石
人文地质	摩崖题刻	王乔洞石窟
重要地质事件	断裂沉陷	古居巢国沉陷
观赏石		巢湖奇石

2. 地学旅游景观丰富

巢湖区域地质旅游资源丰富,五大地质景观闻名遐迩。一是"一面宝境"——巢湖。巢湖是我国五大淡水湖之一,水域辽阔,沿湖山峦耸立,湖中孤岛突兀,湖光山色,交相辉映。二是"两颗宝石"——姥山岛、天门山岛。两岛犹如两颗宝石,分别镶嵌于巢湖之中和长江北岸。三是"三串珍珠"——半汤、汤池、香泉三大温泉。四是"四块翡翠"——太湖山、天井山、鸡笼山、冶父山四个国家级森林公园。五是"五座龙宫"——王乔洞、紫微洞、仙人洞、华阳洞、泊山洞。它们都是地质作用的产物,是巢湖区域重要的旅游资源。

3. 景点分布格局适宜

从分布的格局来说,地质旅游景点(物)基本上围绕巢湖分布,景点(物)具有高度的集聚性。各地质旅游景点(物)之间具有相互联系、相互补充的特点。这在一定程度上提高了区域地质旅游资源的价值,为区域地质旅游资源的规模开发和可持续利用提供了条件。

(三) 巢湖地质旅游资源评价

首先,将巢湖区域影响较大的18处主要地质旅游景点(物)根据地质旅游资源的内在属性,经过专家咨询法,确定美感、科考、区位、积聚、规模等5个评价因子。然后,根据旅游资源对游客的吸引力的一般特征,用特尔斐法确定每个评价因子的权重,每个评价对象5个评价因子的总权重和为1,并对每个因子赋值,满分为10分。最后,以向游客发放问卷的形式对每一处景点(物)的每一个因子进行打分,将收集到的862份有效问卷进行整理统计,计算出每个地质旅游景点的每个评价因子的平均得分,每个评价对象的所有评价因子的得分之和即为该地质旅游景点(物)的总分,再根据总分划分出地质旅游景点(物)的等级(表9.1.2)。

表 9.1.2 巢湖区域主要地质旅游资源质量评价

景点(物)名称	美感(25%)	科考(25%)	区位(20%)	集聚(20%)	规模(10%)	总分	等级
巢湖	10	9	10	10	10	9.7	A
紫微洞	10	9	9	10	10	9.5	A
三叠纪地层	6	10	10	10	10	9.0	A
北山化石群	6	10	8	10	8	8.4	A
仙人洞	6	10	5	10	8	7.8	B
王乔洞石窟	8	10	10	10	10	9.5	A
半汤	8	10	6	8	10	8.3	A
汤池温泉	8	10	4	8	10	7.6	B
凌家滩遗址	6	10	8	10	10	8.6	A
鹅头岩	6	8	4	4	4	5.5	C
姥山岛	10	8	6	8	10	8.3	A
龟山	6	6	10	8	10	7.6	B
银屏山	8	4	8	10	10	7.6	B
郯庐断裂带	8	10	8	8	10	8.7	A
古居巢国遗址	5	10	10	10	10	8.8	A
龙潭洞猿人遗址	6	10	10	10	10	9.0	A
巢湖龙化石	10	10	10	10	5	9.5	A
巢湖奇石	10	0	5	5	6	5.5	C

注:表中每个评价因子满分为10,权重和为1,景点(物)总分10分。各等级的取值范围:8≤A≤10;6≤B<8;C<6。

由此可见,对巢湖流域18个主要地质旅游景点(物)的评价结果为:等级为 A 级的为12个,占总数的67.8%;等级为 B 级的为4个,占总数的22.2%;等级为 C 级的为2个,占总数的11.1%。说明从地质旅游资源角度出发,巢湖区域地质景观及地质遗迹十分丰富,整体上质量高,吸引力大,具有较大的开发潜力。

(四) 巢湖地质旅游资源开发分析

1. 地质旅游开发现状与存在的问题

巢湖区域地质景观和地质遗迹具有较高的观赏价值和旅游开发价值,构成巢湖旅游资源的主体。从开发情况来看,在30个主要地质旅游景点(物)(表9.1.1)中,已开发的15处,占总数的50%;未开发的9处,占总数的30%。在已开发的地质旅游景点(物)中,普遍存在开发水平落后,层次不高,地质景观与地质遗迹的开发利用仍停留在普通景观和一般的观光旅游层面上,对其蕴藏的科学内涵、保护价值和独特的旅游功能尚未充分认识,没有充分发挥本区的地质旅游资源在区域旅游开发中的驱动力作用。因此,进行有效的保护和充分的开发具有十分重要的意义。评价结果可作为确立区域地质旅游资源近期和长期开发的指导材料,以及作为重点与一般开发的依据。

2. 地质旅游资源可持续发展的对策

(1) 加强对本区地质旅游资源的调查、评价和科学研究

地质地貌景观是巢湖区域旅游景观赖以存在的载体,故应充分认识地质遗迹与地质景观在巢湖旅游开发中的地位。地质作用是形成巢湖区域旅游景观的主要动力源,独特的地质地貌条件所形成的自然地理环境对游客具有较大吸引力,是本区发展旅游业,进行旅游开发的关键。本区地质资源丰富,具有代表性和典型性。通过组织开展科学研究,不但可以掌握区内地质景观与地质遗迹的资源状况,丰富景区的科学内涵,树立新的旅游品牌,同时也可以提高巢湖的知名度。

(2) 加强地质旅游资源与区内人文景观的结合

巢湖文化是区内具有吸引力的人文旅游资源,也是巢湖景区价值极高的无形资产,通过对区内地质旅游资源的深度挖掘,寻找与巢湖文化相吻合的地文景观,从而满足游客的探奇心理,引发游客的想象力。如沉陷的古居巢国遗址、褒禅山、凌家滩遗址、王乔洞石刻、巢湖石文化等景点(物),都是本区地质景观(遗迹)与古文化的结合,构成本区独具特色的地质旅游资源。

(3) 加强巢湖区域地质资源的保护

进行本区及其周围地区社会经济状况评价,调整区内社会经济结构。目前区

内矿产资源开采与地质资源旅游保护的矛盾问题较为突出。从上述问题入手,提出地质资源保护的对策和措施:

① 政策措施:用行政干预、法律保障来加强区内地质资源的开发与保护,强调生态旅游建设。

② 经济措施:停止矿山开采的经济补偿、税收调控以及经济惩罚等进行市场定位。

③ 舆论宣传、教育措施:以建立学校的教学实习基地为目标,以巢湖北山地区被教育部授予全国高校地学类野外教学实习基地为契机,进一步加强巢湖区域的野外教学实习基地建设。

④ 工程措施:巢湖湖滨带人工修复工程、湖岸崩塌治理工程。

环巢湖旅游

一、环巢湖旅游概况

环巢湖主要包括合肥市、巢湖市、肥西县、肥东县和庐江县二市三县的部分地域。地处皖中而南近长江,位于合肥、巢湖之间,与芜湖、南京、马鞍山、铜陵隔江相望,有六龙戏珠、众星捧月之势。巢湖是我国五大淡水湖之一,在国内外有一定的知名度,不仅地理位置优越,水陆交通便利,而且气候宜人,山水秀丽,有众多的文化古迹和自然风光,发展旅游业具有一定的基础。

八百里巢湖风情万种,姥山、鞋山两岛相对湖心,湖岸绵长,临湖山青林茂,温泉四季长流等;带内以中庙、三河古镇为代表的人文景观在江北较为突出。"千年古庙,青砖小瓦马头墙,廊桥横跨,小桥流水。"还有三国古战场、水师发祥地、神秘水下古巢国、横刀自刎的楚霸王,以及人类发祥的多处遗址。

环巢湖风景旅游区可细分为三个亚区:北岸以水文化为基础的生态型旅游区,东岸以居巢为集散中心的环城综合旅游区,南岸以体育健身、度假为主的专项旅游区。

1. 北岸区

以巢湖北岸湖滨大道为绿色走廊,自东向西,将一系列景点串联起来,形成了以水文化为基础的生态旅游区。主要景点包括:居巢现代森林公园、人工湖心岛及岛中荷花淀、巢湖水乡度假村、龟山长寿园、华夏芦苇荡、生态农业观光园、姥山生态观光休闲旅游区。

2. 环居巢城综合旅游区

包括巢城和环城郊区分布的众多景点,形成以观光、商贸、会议、疗养、休闲为主的综合旅游区。主要景点有:城市旅游风貌街、巢城(卧牛山公园、放王岗汉墓博物馆、鼓山寺)、紫微洞风景区(含王乔洞)、半汤疗养度假区、水上体育公园。

3. 南岸区

包括蛇山沙滩浴场、湖滨度假区、东庵森林假日山庄、银屏山仙人洞风景区、散兵楚歌寻古、槐林生态湿地。

二、巢湖沿岸主要景点

1. 滨湖大道

巢湖滨湖大道从巢城经中庙至肥东黑石嘴,沿湖堤岸全长约 55 km,具有防洪、护堤、交通、旅游综合功能效益,形成一个湖滨风光带。与姥山、半汤、太湖山三个风景区连接贯通成"三点一线",从而构成园林、垂钓、游乐为一体的巢湖滨湖旅游长廊。

2. 龟山与龟山塔

龟山位于巢湖北岸,因山形似一只大龟而得名。该区山势平缓,三面临湖,建造有龟山公园。

龟山塔位于巢湖市钓鱼乡龟山上,本名"文峰挺塔",俗称"龟山椎子",为六角七层砖石结构,高约 35 m,塔内有石阶可登,塔始建于明代中期,近旁有濡须寺(现已毁弃)。明崇祯年间,上两层倒塌,清道光年间重修七层,因于 1958 年、1963 年、1987 年三次遭雷击,上两层又被击塌过半,现已成危塔。1982 年 11 月,巢县人民政府公布将其列为县重点文物保护单位。

3. 中庙

中庙又名"中庙""圣妃庙",距巢湖市 48 km,坐落在巢湖北岸凤凰矶上,居巢湖、合肥之中间,故名。凤凰矶为一红色砂砾岩半岛,突兀临湖,形如飞凤。中庙建于吴赤乌二年(公元 239 年)。相传三国时期,黎民陷于洪水浩劫之中,古巢州太姥预知天机,登上凤凰矶拯救溺水者,后人便建庙以祀。中庙在历史上几经毁坏,至清光绪十五年(1889 年),在时任直隶总督兼北洋大臣李鸿章的倡议下,中庙得以募捐重修,重建后的中庙共有前、中、后三殿,计 70 余间。此地三面临水,楼台高峙,气势巍峨,有"湖天第一胜境"之誉。游人可登高远眺。明御史储良材有诗:"湖上高楼四面开,夕阳徙倚首重回。气吞吴楚千帆落,影动星河五夜来。"1948 年,后进大院遭受火灾,仅存庙舍 24 间。如今重新修葺完善的中庙基本保持了李鸿章时代的规模。中庙东侧约 200 m 处还有一座古朴典雅、保存仍算完好的清末古建筑,它坐北朝南,襟巢湖面姥山,气势恢宏。这就是李鸿章在倡修中庙3年之后,为纪念淮军将士而奏准清朝廷敕建的昭忠祠。

4. 姥山岛

浩渺烟波的巢湖湖心,耸峙着一座气势不凡的椭圆形岛屿,这便是享誉古今、驰名四方的旅游胜地——姥山。姥山是巢湖中最大的岛屿,距北岸中庙3.5 km,面积0.86 km²,海拔高115 m,被古人称为"八百里巢湖一青螺"。相传"陷巢州"时,焦姥为救乡邻,自己被洪水吞没,化成了一座山,后人遂称之为"姥山"。姥山曲岸悬壁,水阔天远,身披松竹,常年青郁,远看三山,近瞧九峰,如青螺浮水,蓬莱界外。郭沫若曾在此徘徊,挥毫写下了"遥看巢湖金浪里,爱她姑姥发如油"的佳句。山顶有座著名的文峰塔,又名望儿塔,系明崇祯四年(1631年)庐州知府严汝珪倡建。建成四层时,因农民起义的战火而辍工。清光绪四年(1878年),大臣李鸿章倡捐,委江苏补用道、庐州人吴毓芬续建三层完工,工成,李鸿章题"文光射斗"四个大字,并作《姥山塔碑记》一文刻之于石。塔身七层,高51 m,有133级,系条石青砖结构,层层飞檐走角,八角对着八方,角角装有铜铃,外观雄伟,结构精巧。塔身由内外壁、回廊、塔心三部分组成。人入塔内,门梯交错,左拐右旋,如入迷宫。每层塔壁四周或为题词,或为诗文,或为砖雕佛像。七层塔内藏有两广总督李瀚章题写的"举头近日",台湾首任巡抚刘铭传题写的"中流一柱"等25幅匾额和802尊砖雕佛像。建这座塔是为了显示人义之胜,也是为了让姥山"尖起来"。当地有这样两句民谣:"姥山尖一尖,庐州出状元。"与姥山岛相伴的,还有两座岛,在碧波之间若隐若现,称作鞋山。

5. 四顶山风景区

肥东的六家畈有"巍巍宝塔振湖边,一湖闪光辉"的美誉。四顶山风景区就位于合肥市东郊六家畈镇,包括四顶山、茶壶山、振湖塔、蔡永祥烈士纪念馆、青阳书院、六家畈古民居等景点。核心区域面积约5.5 km²。旅游区内有丰富的自然和人文景点。

四顶山位于肥东具六家畈镇西南部,紧靠巢湖北岸,与巢湖中庙相连,与姥山隔湖相望。四顶山海拔174 m,因山有四顶而得名,又名朝霞山,以"四顶朝霞"的自然之美闻名四方,先后被列入"古庐阳八景"和"巢湖八景"。

振湖塔,又名潜溪塔,位于六家畈。该塔建于清光绪十八年(1892年),密檐式砖结构,塔身七层,高40 m,塔内建螺旋式阶梯,登上塔顶,举目眺望,湖光山色,尽收眼底。

六家畈,位于巢湖之滨,是一个依山傍水的古镇,也是安徽省著名的

"侨乡",现有4 000多人侨居海外。该镇山环水绕,保存有大量明清古民居遗址,观赏价值极高。

6. 三河古镇

为合肥市肥西县一古镇,面积4.71 km²,常住人口3万人。三河古又称"鹊渚""鹊岸",有着2500多年的悠久历史。因丰乐河、杭埠河、小南河三水流贯其间,到明代始称三河镇。三河镇名胜古迹众多,保存得相当完整。

三河镇的特色主要体现在"水"与"古"两方面:古老的青石板街道、古老的石桥、古老的建筑,还有那保留着《孔乙己》中的那种柜台和木板门的商铺无不透露出三河镇的古韵。水是三河镇的精灵,小南河穿镇而过,两岸徽派屋舍依水而建,座座古石桥如长虹卧波,一派"小桥流水人家"的风貌。三河饮食文化渊源久远。三河名菜名点熔南北之长又独具风味,古今声名远扬,丰富了三河古镇旅游文化之内涵。

由于地处舒城、庐江、肥西三县交界,为水陆要冲,又有丰乐河、杭埠河、小南河三条河流萦固其间,港湾交错,地形险要,自古为军事要地。其南通舒城,西接庐江,东达无为、巢县(今巢湖市),历来为兵家必争之地。春秋时吴楚两国曾在此激战。太平天国时期震惊清朝廷的三河之战就发生于此(1858年太平军在此大败湘军,创下了举世闻名的"三河大捷")。太平军曾在此筑城,城长方形,东西约1 000 m,南北约300 m,城墙高约7 m。城外还筑炮垒9座。城墙底宽约1.5 m,顶宽约0.5 m,底部由条石砌成,中部小灰砖垒砌,上部青砖砌表,内填石土。因战争和其他人为毁坏,现遗留城墙只有150 m左右。在文物普查时,同时发现太平天国时三河守将吴定规、蓝成春的指挥部,旧地整体面貌依旧,并在城垒内出土太平军使用的铁炮、铜炮多尊,还发现制火炮用的铅弹逾1 000 kg。

7. 东庵森林公园

东庵森林公园位于巢湖南畔,沿巢庐路离城5 km处。公园占地66.67 hm²,群山叠翠,沟壑纵横,溪水流潺。公园森林覆盖率98%,植物有50多科250多种。园中有600多年的华东之最古桂花王,有500年之久的遮天蔽日古银杏,有国家二级珍稀树5种(含被誉称为江淮之最的金钱松),有以灰喜鹊、猫头鹰、野猪等为主的野生动物100多种,隐没栖息于密林之中。人文景观有爱国抗日将领张文衷烈士(张治中之弟)陵墓,占据陵园的一角。还有修建于明朝的圆通禅寺遗址等。

8. 散兵镇

散兵镇位于巢湖市南郊巢庐路14 km处,区域面积72.2 km²。相传由项羽兵散于此地得名。水陆交通便捷。景点有因"四面楚歌"而得名的散兵镇楚歌岭,又因有"仙人古洞,悬崖牡丹"的奇景在境内而被称为安徽省第二黄山。

第二节 巢 湖 奇 石

巢湖石原产于巢湖市南银屏一带,因与太湖石相似,以前也称为"巢湖太湖石"。巢湖石本身具有许多独特之处,使其与同是碳酸盐岩风化而成的安徽灵璧石、山东临朐石、江苏太湖石、广东英德石之间有很大差异。巢湖石是一种独特的旅游地质资源,巢湖区域独特的地质地理环境造就了丰富多样的巢湖石资源。本节集中对巢湖石的分布、特征与形成机理、分类进行论述,并对巢湖石作为一种资源的进一步合理开发利用和保护进行探讨。

一、巢湖石的特征及形成环境与机理

(一) 巢湖石的界定及分布

巢湖石是近年来观赏石收藏爱好者、园林设计及建筑行业人员对安徽省巢湖地区各类碳酸盐岩因受各种外力地质作用而形成的各种像形石(又称造型石)的总称。它们主要是石炭纪(C)、二叠纪(P)及三叠纪(T)等地质时期形成的碳酸盐岩,以二叠系栖霞组(P_1q)的灰岩最为主要。在漫长的地质历史过程中,经过各种外力地质作用,它们被雕琢成造型奇特的自然艺术品。由于独具特色,巢湖石成为中国观赏石家族中独立的一支。这种宝贵的自然资源是安徽乃至我国的珍贵财富。

巢南银屏一带(主要是居巢区的散兵镇、银屏镇)是巢湖石资源的重要产地。旧志记载异闻,银屏山,本名银瓶山,山上"有石如瓶,每日升,光耀夺目",明成化年间,银瓶"为道流窃去"。可见在明以前,巢南奇石已为人知晓。实际上,巢北地区也富产巢湖石,主要分布在金银洞北山的西坡及碾盘山-平顶山一线的二叠系中。随着今后勘探工作的深入开展,将会使这一资源的开发更加广泛。

(二) 巢湖石形成的地质条件

巢湖地区地质作用与构造类型复杂,发育有不同时期、不同类型和规模各异的碳酸盐岩,加上其他处亚热带湿润季风气候区,雨量充沛,地表水系发育,地下水丰富,岩溶作用较为发育。这些为巢湖石的形成提供了良好的地质条件。

巢湖石的形成与本区的构造运动关系密切。加里东运动时期,本区海侵减弱,地壳逐渐抬升。由于海西运动早中期的海侵作用,本区形成了一系列含有大量碳酸盐岩的浅海相地层,这些成为了巢湖石形成的物质基础。印支运动时期,区内褶皱发育,且呈线形分布,褶皱轴线的总体走向以 NE35°～40°方向展布延伸,同时还伴生了 NWW-SEE 向(290°～300°)横断层、NNE-SSW 向(20°～30°)纵断层、NEE-SWW 向(60°～70°)斜断层三种不同类型的断层,这些断层和褶皱成为巢湖石形成的构造条件。燕山运动使本区中生代地层形成了轻微的褶皱,构造运动以断块运动为特征,并伴有火山活动。喜马拉雅运动后,本区缓慢抬升,河湖沿岸发生较大面积沉降,巢湖主要形成于此期。中生代的燕山运动和新生代的喜马拉雅运动奠定了巢湖及其流域的地质地貌轮廓,巢湖石就是在这样的地质条件下逐渐形成的。

本区的地层有 30 多个组,其中与巢湖石形成有关的主要有 12 个组。从老到新,这 12 个组的名称和基本岩性情况如表 9.2.1 所示。

(三) 巢湖石的特征及形成机理

巢湖石不仅具有像太湖石一样的奇巧造型和瘦、透、漏、皱的观赏石的共性,它还具有多方面的特点。

1. 巢湖石具有奇筋异脉

巢湖石内常有筋脉纵横交织穿插。这些筋脉大多由方解石组成,纹理之复杂、数量之多、分布之广都是太湖石无法相比的。

有一枚黑色的巢湖石,其间贯穿有许多粗细不等的筋脉,造型与其名"孤芳自赏"极为神似,观者无不为之叫绝。有枚巢湖石因风化而呈鹰形,再加上白色筋脉,使"鹰眼"栩栩如生,真乃"画龙点睛"之笔!另外,一些小型巢湖石上还可见到各种类似字母、数字甚至汉字等花纹符号,若能将其收集组合成套是非常有意义的。它们都是造型石与纹理石的复合观赏石。

巢湖石上奇筋异脉的形成主要是由于印支运动和燕山运动先后多次使本区的地层发生褶皱、断裂,从而派生出了许多组不同方向的裂隙。这些裂隙是水溶液的通道,在理化条件发生变化时,次生方解石沿着裂隙充填而后重结晶,纹理纵横的奇筋异脉就这样形成了。

表 9.2.1　巢湖地区与巢湖石有关的地层系统简表

系	地层名称	基本岩性及特征	主要化石
震旦系(Z)	灯影组(Z_2dn)	厚层白云岩,具燧石条带,团块状	
寒武系(ϵ)	冷泉王组(ϵ_1l)	厚至中厚层白云岩,具燧石结核	
	半汤组(ϵ_1b)	白云岩,具燧石条带或透镜体	
	山凹丁群(ϵ_{2-3}sh)	白云岩,灰质白云岩	
奥陶系(O)	仑山组(O_1l)	厚层白云岩	四川虫(Szechuanella) 中华正形贝(Sinorthis)
石炭系(C)	金陵组(C_1j)	灰岩,含泥质生物碎屑灰岩	假乌拉珊瑚(Pseudouralinia) 笛管珊瑚(Syringopora)
	和州组(C_1h)	灰岩,同生砾状灰岩,白云质灰岩,泥质灰岩,风化后有"姜块状灰岩"之称	单体珊瑚
	黄龙组(C_2h)	致密灰岩,含生物碎屑灰岩	刺毛珊瑚(Chaetetes) 纺锤蜓(Fusulina sp.) 小纺锤蜓(Fusulinella sp.) 大齿珊瑚
	船山组(C_2c)	球状灰岩,致密灰岩	葛万藻(Girvanella) 麦粒蜓(Triticites)
二叠系(P)	栖霞组(P_1q)	本组是形成巢湖石的最主要地层,分为5个岩性段:底部碎屑岩段、下部臭灰岩段、中部燧石结核灰岩段、上部硅质岩段、顶部灰岩段。除了底部碎屑岩段外,其余各段的岩石都是形成巢湖石的优质母岩,特别是臭灰岩段、燧石结核灰岩段(俗称本部灰岩)、硅质岩段。本组丰富的海生无脊椎动物化石为巢湖石增添了风韵	精细早板珊瑚(Hayasakaia elegartula) 中国笛苔藓虫(Fistulipora sinensis)
三叠系(T)	南陵湖组(T_1n)	石灰岩夹多层瘤状灰岩	
	东马鞍山组(T_2d)	白云岩,白云质灰岩,岩溶角砾岩	

2. 巢湖石含丰富的化石

巢湖石常含有海生无脊椎动物化石。精美的化石本身也是一种观赏石,它与巢湖石融为一体,成为双重观赏石,从而备受人们喜爱。合肥市包河公园玉带桥旁边有一块虎形的巢湖石,后来合肥工业大学和安徽省地质博物馆的同志发现虎颊上生有两簇米契林珊瑚(*Michelinia*)化石,结果该石成为园内的一个新的观赏热点。又如一块叫"窥视"的巢湖石,其遍体有喇叭孔珊瑚组成的棘刺,栩栩如生,令人叹为观止。

安徽灵璧石几乎无化石,太湖石的化石也很稀少,而巢湖石却富含化石,从而别具一格。巢湖石的原岩多为石炭系、二叠系的碳酸盐岩,当时的形成环境为温暖的海洋浅海或近海,适合以各类珊瑚为代表的海生无脊椎动物的生长、发展。后来随着地理环境条件变化,在适当条件下,这些动物的遗体形成了现在的化石。化石与围岩的成分、结构有差异,各种外力地质作用的结果是突出了巢湖石上丰富多彩的化石群体。

3. 巢湖石的孔洞圆润

巢湖石上的孔洞口径之圆润度堪称观赏石之冠。不仅大、中型巢湖石,袖珍巢湖石也会出现洞穿石体的孔,犹如钻具打出的圆孔一般。

引起这种现象的主要原因是含有大量化石的石炭系、二叠系碳酸盐岩经风化和溶蚀作用后,一些化石或结核从围岩中分离脱落出来,从而留下了空穴,然后经含饱和CO_2的水以空穴为原型反复溶蚀,使孔扩大形成大大小小的圆润孔洞。

4. 巢湖石具有独特的瘤状体

很多巢湖石上生有硅质或泥钙质成分的瘤状体,它们散布可以露出于石体,集中可以组合成链,从而产生浑朴的美感,具有很强的点缀作用。

这些巢湖石的原岩主要产自三叠系南陵湖组(T_1n),其次是震旦系灯影组、寒武系冷泉王组和半汤组,还有石炭系和二叠系。它们被抗风化力很强的瘤状体连续围绕,犹如环状项链,主要形成于三叠系南陵湖组瘤状灰岩基础上。上述其他系形成的巢湖石上有时还保留一些抗风化力极强的燧石结核或系带,这些常在石体上呈现出令人惊异的美学效应。尤其是灯影组、半汤组内存在叠层石(太古宙、元古宙出现的菌类和蓝绿藻类,经生物作用和沉积作用在岩层中广布而形成的综合体),其层纹的一隅嵌上色调较深的瘤状体,起到画龙点睛的作用。这也是造型石与纹理石的组合观赏石。

5. 巢湖石块体大小悬殊

巢湖石不但形态上变化多端,而且块体大小也悬殊。在巢湖市北山地区某处曾见一块从山坡滚落到山下的酷似卧兽的巨型巢湖石,长约5 m,高3 m,厚4 m,总重量100 t左右。巢湖北山紫微山巢湖奇石展里重约20 t以上者就有20余块。对于重量不足 250 g 的巢湖石可称为袖珍巢湖石,在巢湖市北山地区一带发现过不少。

巢湖石块体大小主要是由其产地地质条件所决定的。巢湖石的产地处在半汤复背斜,其核部和两翼地层的产状、厚度常有很大的变化。不同构造部位,其张裂隙的发育程度也会有差异。如果厚层碳酸盐岩层在背斜构造翼部产状较为平缓,且张裂隙不发育,则往往会就地被风化而改造成超巨型巢湖石;如果碳酸盐岩层厚度较小,处于背斜的核部,产状较陡,同时张裂隙发育时,往往在风化和重力二者作用下分崩离析,从而被异地改造成袖珍巢湖石。正因为如此,超巨型巢湖石多见于巢南银屏、散兵一带,而袖珍巢湖石常产于巢湖市北部山区一带。另外,岩溶作用及水文地质条件也是造成巢湖石块体大小差异的原因。

(四) 巢湖石的分类

巢湖石是典型的碳酸盐岩类观赏石,结合其科学性和观赏性,可以从成因和形成特点两方面进行分类。

1. 成因分类

巢湖石是碳酸盐岩经过外动力地质作用生成的观赏石,按照形成所受的外力地质作用,可以分为以下几种:

① 砾石类巢湖石:由河流及溪水的侵蚀、搬运、堆积作用所形成,以搬运过程中的磨蚀作用为主,巢湖周边山地的现代河床中多产此类巢湖石。

② 水动力类巢湖石:由流水的侵蚀作用形成的巢湖石。

③ 岩溶类巢湖石:由岩溶作用形成的巢湖石,原岩均为碳酸盐类岩石,生长在溶洞中或直接裸露于地表,其形态变化万千。

④ 泉华类巢湖石:在泉水溢出点或特定构造部位由化学沉积作用所形成,巢湖地区泉华多为钙华。

2. 形成特点分类

主要依据巢湖石的外形和造型特点(观赏性),结合科学性来分类,具体可分为生物化石类巢湖石、结构类巢湖石、构造类巢湖石、图案象形物类巢湖石,以及矿物晶体类巢湖石五大类。

二、巢湖石的开发利用与保护

(一) 巢湖石的开发历史与现状

巢湖石从何时开始被列入观赏石之列已很难考证。北宋时期徽宗皇帝下令采的"花石纲",指的就是园林观赏石,采办地点多为南方,其中很有可能就有巢湖石。如此算来,其开采利用的历史已有八九百年了,只是当时很可能被当作太湖石开发利用了。巢湖石资源主要产于巢湖市的散兵、银屏一带。巢湖市的巢湖石开采始于 20 世纪 80 年代,多时每年有数千名农民上山采石,年产两三万吨。为了让奇异的巢湖石运到中国各地,使众多的城镇居民能目睹它的风姿,获得美的享受,近年来,散兵镇、银屏镇 20 多家园林建材公司和奇石营销大户应运而生,有 100 多名推销员足涉祖国各地推销奇石。沈阳故宫、北京钓鱼台、江西抚州王安石纪念馆、南京清凉山扫叶亭,都有巢湖石的身影。尤其是闻名中外的北京大观园和上海大观园,内部巧布精设的众多假山,大都或全部是用巢湖石筑成的。

但是,目前对巢湖石的开发利用尚存在很多不足,主要表现在:地质评价水平和研究程度低,对巢湖石作为特殊的矿产资源了解还很不够,尚未做专门的预测研究和勘查;低层次开采多,少数地区乱采乱挖,资源损坏和浪费较严重;经营市场混乱,无统一管理,优质的巢湖石低值外流,假劣品种层出不穷;巢湖石作为一种旅游地质产品尚未受到足够重视。

(二)关于巢湖石开发利用与保护的建议

① 加强巢湖石资源的管理和保护,提高巢湖石的开采技术和保管水平,减少不必要的损失。

② 加强本区资源地质的研究,为开发利用提供科学、合理和有效的依据。

③ 强化市场管理,依法经营,使经营市场有序化、公开化,促进市场繁荣发展。

④ 建立统一协调的开采、运输、销售体系。

⑤ 加强巢湖石有关知识的宣传,提高人们对巢湖石资源性质、石文化艺术特点及经济价值的认识,提高他们的鉴赏水平。

巢湖石是一种特殊的矿产资源,是一种艺术品,具有观赏价值和收藏意义,是地质科学与文化艺术共同研究的对象。为此,提高人们对巢湖石的认识,有利于发展观赏石业,促进巢湖地方乃至安徽省经济的发展。

巢湖石以形体上的差异、奇筋异脉、丰富的化石、独特的结核及圆润的孔洞而区别于其他观赏石,在崇尚自然与返璞归真的浓厚气氛里,它无疑是观赏石家族的一颗新星。巢湖石不仅具有美学上的欣赏价值,而且能反映当时的古地理与古环境信息,具有重要的科学研究价值。巢湖石的开发利用前景广阔,除了政府的支持外,加强对巢湖石的研究也是必须的,科研所得的成果能使巢湖石的特色和优势得到充分发挥,进而获得更好的社会经济效益。

第三节 生 态 巢 湖

一、巢湖流域灾害及成因

(一) 流域自然灾害概况

巢湖流域自然灾害发生频繁,分为地质-地貌灾害、气象-水文灾害、生物灾害三大类。

1. 地质-地貌灾害

流域地质灾害分布数量大、地域广、种类多,堪称安徽地质灾害"博物馆"。主要类型有地震、地裂缝、土壤盐渍化、水土流失、湖岸崩塌、滑坡、泥石流、地面塌陷等,以地震、水土流失、湖岸崩塌最为严重。历史记载,巢湖流域是地震发生频率较高的地区之一,近100年共发生地震25次,平均每4年发生1次地震,其中4.5级以上破坏性地震10次,最为强烈的是1917年的6.25级地震,造成了极为严重的人畜伤亡和房屋毁坏。巢湖流域内森林覆盖率仅为15.29%,水土流失面积达1 773 hm²,流域水土流失面积占流域总面积的65.9%,侵蚀模数达2 135 t/a·km²。森林植被先后两次遭受大的破坏,导致水土流失严重(表9.3.1)。

表 9.3.1 巢湖流域水土流失现状统计

侵蚀强度	侵蚀面积 /km²	侵蚀深度 /(mm/a)	侵蚀模数 /(t/(a·km²))	坡度/°	植被覆盖度/%	年侵蚀量 /t
微度侵蚀	863.26	≤0.8	≤500	≤3.0	≥90	431 630
轻度侵蚀	546.20	0.8~2.0	500~2 500	3.0~5.0	70~90	546 000
中度侵蚀	197.16	2.0~4.0	2 500~5 000	5.0~8.0	50~70	532 332
强度侵蚀	43.25	4.0~6.0	5 000~8 000	8.0~15.0	30~50	71 280
极强度侵蚀	22.36	6.0~12.0	8 000~15 000	15.0~25.0	10~30	65 340

其间每年流入巢湖的泥沙30多万吨。湖岸崩塌也是本流域生态环境主要问题之一,依据有关部门的统计,每年因为湖岸崩塌减少的土地面积为17.3 hm²,入

湖土方为 91.8 hm², 岸线退后 10~60 m。由于大量泥沙进入巢湖, 加之湖岸崩塌, 已使得巢湖不堪重负。1954 年、1969 年、1991 年发生的三次大的巢湖决堤, 给周边地区人民的生命财产造成了巨大的损失(表 9.3.2)。

2. 气象-水文灾害

洪涝与干旱是该流域活动最频繁的两个致灾因子, 威胁本区居民的生命和财产安全(表 9.2.2)。新中国成立以来, 巢湖流域发生大的洪涝灾害年份有 9 个(1954 年、1969 年、1980 年、1983 年、1987 年、1991 年、1996 年、1998 年、1999 年), 占发生涝灾年份的 29.6%, 其中特大洪涝灾年份是 1954 年和 1998 年。

巢湖流域虽然降水较丰富, 但这里的居民却常饱受干旱之苦。1949~2004 年 55 年间, 共出现干旱年 35 个, 其中大旱年 7 个, 中等旱情年 15 个。巢湖流域旱灾的特点是: 干旱发生频率高, 持续时间长, 影响范围广; 以春旱、秋旱为主, 且地域性明显; 受旱面积大, 灾害损失重。新中国成立以来年平均受旱面积和成灾面积分别为 2.223×10^5 hm² 和 9.34×10^4 hm², 受旱面积超过 5.0×10^5 hm² 的年份有 6 个, 并且旱灾损失呈波动式上升趋势, 20 世纪 80 年代后灾情明显加重。流入巢湖的各条支流水污染严重, 以点源和面源污染交错形式进行, 化学需氧量皆严重超标(超过地面水Ⅳ类标准), 水质为超Ⅴ类。流入西湖的河流总磷大多超标, 其中派河最高, 超标 17.0 倍; 总氮含量最高为十五里河, 高达 216.0 mg/l, 其次分别为派河(96.7 mg/l)和南淝河(15.0 mg/l)。

3. 生物灾害

生物灾害表现为动植物种类多, 但易灭绝。据史料记载与考古发现, 第四纪以来本区拥有动植物种类 150 多种, 如有华北周口店动物群中的典型属种肿骨鹿、葛氏斑鹿、中遏狗、居氏河狸、棕熊、额鼻角犀等; 属于华南大熊猫-剑齿象动物群的有大熊猫、东方剑齿象、中国摸、巨獐和小猪等。动物群中还有一些属区域性种类, 如四不像鹿和扬子鳄。从现今动物群分析, 大多数已成为绝灭物种。旱涝灾害的频繁发生, 以及人类对流域生态系统的破坏, 已使本区的动植物种类和数量大幅度下降。

表 9.3.2 巢湖流域主要旱涝灾害的年损失统计(1949~2000 年)

年份	灾害种类	受灾面积/×10⁴ km²	受灾面积/×10⁴ km²	经济损失/亿元
1953	干旱	3.880	3.880	9.3
1954	洪涝	5.372	3.276	17.8
1958	干旱	9.576	5.760	24.6
1959	干旱	10.268	5.572	27.2
1966	干旱	5.720	4.415	19.8
1967	干旱	3.954	2.870	9.4
1968	干旱	3.533	2.300	6.5
1969	洪涝	1.007	0.685	3.2
1976	干旱	2.742	1.378	8.3
1978	干旱	8.589	5.265	32.3
1980	洪涝	3.573	2.075	11.6
1983	洪涝	2.786	1.098	8.8
1983	干旱	1.107	0.578	4.4
1985	干旱	6.319	3.391	47.2
1987	洪涝	2.424	1.206	12.7
1990	干旱	6.533	4.407	52.3
1991	洪涝	9.088	6.896	48.5
1992	干旱	8.152	4.035	48.7
1994	干旱	10.206	8.273	67.3
1996	洪涝	1.177	0.562	6.8
1998	洪涝	4.424	2.793	58.3
1999	洪涝	1.864	0.785	10.6

注：表中数据据《安徽水旱灾害》整理。

(二) 灾害产生的原因

1. 地质-地貌原因

巢湖流域主要轮廓是由中生代燕山运动和新生代喜马拉雅运动奠定的。地质构造单元上属南京坳陷区,土壤母质系河流冲刷物,流域可分为北部剥蚀丘陵(地质构造位于张八岭台拱范围)、东部构造剥蚀低山(地质构造位于下扬子台坳)、西部剥蚀垄丘(地质构造位于江淮台坪和北淮阳地槽褶皱带结合部位)。著名的郯庐断裂从流域穿过,并且在流域周围发育一系列裂隙,结构上具有明显的层状特征,断裂、破碎带发育,新构造运动比较活跃,主要表现在大面积的断块升降运动、断裂活动及伴生的岩浆喷溢。不同块体差异运动的交接地带、断陷盆地的边缘及活动性断裂的端点或交会处提供了破坏性地震的孕育条件。新构造运动是控制本区域地貌的基本特征因素,表现为古近系-新近系红层的出露。本区土壤种类较多,山地以黄棕壤、黑色石灰土为主,丘陵岗地以黄壤和部分黏盘黄壤居多,沿湖、沿江及内河两侧的较大范围内以潮土为主。地形为南北高、中间低,东南部为山地向长江倾斜,西北部是巢湖碟状盆地,为由四周渐次向巢湖倾斜的地势,地质构造复杂,断裂活动频繁,岩石风化强烈,为地质灾害的形成提供了条件。

2. 气象-水文原因

巢湖流域属北亚热带和暖温带过渡性季风气候区。四季分明、气候温暖、光照充足,全年无霜期约 230 天,年平均气温 15.8 ℃,平均降水量 1 100 mm,但降水年际和季节间的变化幅度较大,时空分布不均:最大年降水量为 1 772 mm(1969 年,庐江县),最小年降水量仅 406 mm(1978 年,和县);每年 6～7 月的梅雨季节,降水量达 700 mm,占年降水量的 63.6%,降水强度大,易形成洪涝灾害。本流域的水系为典型的江淮水系,属长江下游左岸水系。巢湖为一河流型浅水吞吐湖,以巢湖为中心,各支流纵向发育完全,形成向心水系,入湖河流主要有杭埠河、丰乐河、派河、白石天河、南淝河、柘皋河等独特的气候环境与水系结构,为灾害的发生提供了水文条件。

3. 过渡区环境原因

巢湖流域是中国第四纪南、北两大动物区系的过渡地带。在本地区,南、北动物群互相渗透,使动物群兼有南、北动物群色彩。独特的地理位置和环境,使其成为南、北两大动物区系的混生地带,因而该区动物种群丰富。但该区气候复杂,植物生长繁茂,动物群的组成杂乱,使得物种脆弱,随着地史的变迁,种群易灭绝。生态环境脆弱带的各种自然因子、社会因子及生态环境的过渡性,构成了独特的过渡性孕灾环境,特殊的地形-地貌、独特的小气候及人类活动之间的相互作用,构成了巢湖流域的灾害链,在链末端就表现为巢湖湖盆的淤积、消失。

4. 文化与经济原因

巢湖流域具有江淮地区过渡性的地理环境,独特的气候和多样化的地形,河网密布的农田灌溉便利条件,便久而久之造就了本区居民以农为本、少事商贾的习俗。独特的地理位置和历史上的政府政策倾向,为本区域单一的农耕种植结构提供了优越的条件。据载,明代的江淮是"地广民稀,什九务农,承租占田,丰多不售",自给自足的社会生活方式若长期得不到外力的刺激或者外界刺激力度不够大,必然会出现广种薄收、粗放经营的耕作方式。又因江淮运河是京杭大运河的中段,且黄、淮、江之关系复杂,明清政府都倾注了大量的财力和物力于此,居民生存压力较小,因而不能促使本区的农民去发展其他产业。人口的快速增长,激化了人地之间的矛盾,但由于本区位于长江、淮河、大别山和黄海之间,通过移民来解决过剩人口已不可能,且农耕种植结构方式比较单一,缓解人地矛盾的能力也很有限。在如此背景之下,围湖造田、伐林垦荒等向自然要地的农业开发活动也就不可避免。从此,江淮原本就脆弱的生态环境,又遭受了更大的破坏,致使灾害的频发。

此外,历史上江淮之间是南、北两大阵营的割据之地,屡遭兵伐,由于长期深受战乱的困扰,农民无心安于生产与建设,本区域的自然环境进一步恶化。"不发展"的农耕社会和战争加大了灾害的破坏力度,频繁的灾害和灾度的放大,反过来又大大降低了本区化解灾害并迅速恢复生产的能力,形成恶性循环链。

二、巢湖流域生态建设的减灾对策

巢湖流域主要有三条灾害链:新构造运动抬升—水土流失加大—洪灾、旱灾—河、湖演化灾害链,季风性气候—暴雨、洪水频发—湖岸崩塌—河、湖演化灾害链,粗放经济活动方式—水土流失加大—湖泊富营养化—河、湖演化灾害链(图9.3.1)。三条灾害链加速了湖泊的演变,使湖盆底部抬高,水面变大,引起崩岸,使湖泊水质变差,悬浮泥沙范围扩大。通过对流域灾害链成因机制分析,本区水土流失加大是整个灾害链形成的"节点",它既是诱灾因子,又是致灾因子,是促使灾害链形成并发展的最活跃且最敏感的因子。因此,该流域减灾防灾的总体对策必须做到以节点为中心,上下协同控制。

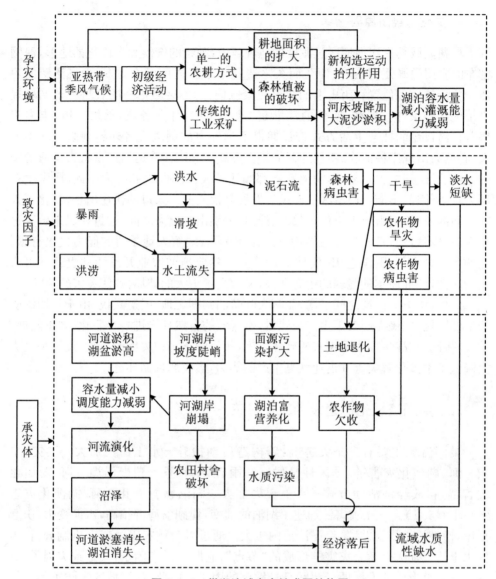

图 9.3.1　巢湖流域灾害链成因结构图

1. 保护河流源头的植被,减少水土流失

面对巢湖流域日益严重的水土流失,要从源头抓起,强调以生物治水措施为主,坚持走生物措施与工程措施相结合的综合治理道路,做到标本兼治。只要土地利用不合理,资源和环境受到破坏,特别是植被遭受破坏,土壤遭到侵蚀,就有可能

发生灾害。山区是水土流失的源头，一定要把泥沙阻滞在山上。因此，要保护好该区域现有天然次生林，提高森林覆盖率，退耕还林、还草；减少人为产生下山泥石；加大造林力度，特别是在沿河两侧，要重视水土保持林和水源涵养林的建设，适当发展防护用材林和经济林，建立多林种的防护结构体系。平原圩区是水土流失泛滥之地，由于农田耕作频次高，低产田地多，土表冲刷非常严重。对此，该区应以建设标准化农田林网为主，实行农林间作，以提高森林覆盖率，缩减耕地面积，减少地表侵蚀和农业污染。

2. 加大蓄水库容，增加调洪防旱能力

近50多年来，巢湖流域的防洪抗旱工作已经取得了明显的成效，从实际情况来看，还有很多工作要做：洪水的出路问题仍未从根本上得到解决，巢湖很多支流尚未得到有效治理，面上的小型农田水利建设的任务也很大。在做好引江济巢的防洪抗旱工作同时，一定要做好巢湖流域内流的治理工作，疏通各条支流的河道，对塘、河、湖进一步清淤，以增加其调洪防旱能力。做到内外呼应，将巢湖洪涝排不出、干旱灌不进的被动局面，转变为能排能灌、排灌自如的巢湖。

3. 调整农业种植结构，改善农业经济结构失衡

单一农作物的种植结构，已使本区域自然灾害的灾害程度进一步放大，制约了流域的经济发展。科学安排流域内土地资源开发利用，要做到"一要建设、二要吃饭、兼顾生态"的方针。因此，一是要抛弃粗放经营、高产单一的产品经济观念，从市场和消费者的需求出发优化品种结构，并实行优质优价；二是特别要处理好粮食生产与多种经营的关系，时刻不忘农业是国民经济的基础，在稳定发展粮食生产的同时，逐步将粮食型农业转向工贸农、种、养、加、产供销的综合型经营，从而使产业链得到进一步的延伸。

4. 增加劳动力的输出，注入经济活力

由于特殊的地域条件限制，通过扩大耕地面积来解决人口与土地的矛盾已经是不可能的，加强对本区域劳动力的输出，是减小本流域自然灾害的一个新的出路。劳动力的输出不仅缓解了本区域的就业压力，也给本流域的经济注入了新的活力，反过来又为巢湖流域的自然灾害治理提供了一定的经济支持。

5. 减少面源污染，加强循环经济

巢湖流域经济发展和人口迅速膨胀，使得入湖污染负荷、氮磷负荷远大于湖泊的环境容量，面源污染面积扩大，湖泊的富营养化严重。面源污染主要来自流域的

农田径流、水土流失、水产养殖及畜禽粪便。因此,要减少对农药、化肥的使用,特别是要控制氮肥施用量,平衡氮、磷、钾的比例,改善土壤的物理、化学和生物学特性,提高土壤保水、保肥和通气性能,减少土壤养分流失。在做好防治的同时,要注意废物的再利用,尽量做到变废为宝,形成良性循环。

6. 搞好小流域综合治理,提升巢湖流域的可持续发展能力

目前,国内对于直接由自然灾害产生的潜在风险的关注重点在灾害治理和危机管理,而不是风险管理,即是对灾害产生的损失的应对和恢复,而非对灾害风险的预测与预防,在风险来临时处于被动撞击式反应局面,而不是主动出击。当地政府应成立突发事件应急预案工作小组,把建立突发事件应急预案的工作作为重点。建立综合性与集成性的集中管理机制,培养人才,明确各级政府和相关人员的责任和权限,加大与风险管理有关机构、设施建设的投资等。

三、巢湖区域地质公园建设

(一) 地质公园的概念和现状

"地质公园(Geopark)"是由联合国教科文组织(UNESCO)在开发"地质公园计划"可行性研究中创立的新名称。国土资发〔2000〕77号文件中《国家地质公园总体规划工作指南》给它下了定义:"地质公园是以具有特殊科学意义、稀有的自然属性、优雅的美学观赏价值、一定规模和分布范围的地质遗迹景观为主体,融合自然景观与人文景观,并具有生态、历史和文化价值,以地质遗迹保护,支持当地经济、文化和环境的可持续发展为宗旨,为人们提供具有较高科学品位的观光游览、度假休闲、保健疗养、科学教育、文化娱乐的场所,同时也是地质遗迹景观和生态环境的重点保护区、地质科学研究与普及的基地。"

我国是在1985年提出建立地质公园设想的。在1985年12月召开的"全国地质地貌景观保护工作会议"上提出了建立国家地质公园的设想。1997年联合国教科文组织通过建立世界地质公园(UNESCO Geopark)网络体系的决议。1999年第156次执行局会议决定启动世界地质公园工作,中国被列为建立"世界地质公园"的试点国。我国国土资源生态建设和环境保护规划中提出建设资源开发与生态保护协调发展的地质公园。国土资源部于2001年3月正式宣布批准11处国家地质公园,2002年2月又宣布批准第二批33处国家地质公园。建设地质公园时,包括地质遗迹景观评价,地形、地质景观的保育理念和实际运作,公园内解说教育如何实施等在内均需研讨。《国家地质公园总体规划工作指南》指出,地质公园要"为人们提供具有较高科学品位的观光游览、度假休息、保健疗养、科学教育、文化

娱乐场所,同时也是地质遗迹景观和生态环境的重点保护区、地质科学研究与普及教育的基地"。创建地质公园的目的是弥补在大自然保护方面现有行动的不足。

(二) 巢湖区域地质遗迹景观评价

巢湖市地质资源十分丰富,市区北郊的平顶山、马家山一带,晚古生代-中生代地层出露完整,层序稳定,沉积环境标志明显,尤其是位于平顶山西南侧的中生代三叠纪地层,在2.5亿年前地球史上最大的一次生物灭绝后,完整地保存了距今2.5亿年～1.9亿年的地球生物复苏的丰富信息,包括巢湖龙、鱼类、螺及贝类等众多化石。经以中国地质大学专家为主的国内外地学界专家多年潜心研究,平顶山西南侧地质剖面已被国际地学界列为全球下三叠统印度阶-奥伦尼克阶界线首选标准层型剖面。

国土资源部颁发的《国家地质公园评审标准》中评审指标由3个部分组成,即自然属性、可保护属性和保护管理基础。其下又分为12项具体评审指标,每一项评审指标又分为a、b、c、d或a、b、c级别,分别赋予不同的分值,总分为100分,并规定"评审指标总得分小于60分时,具有否决效力"。我们将研究区地质遗迹景观和生态系统如巢湖水域、平顶山标准剖面、郯庐断裂带、和县猿人遗址、巢湖龙化石、王乔洞摩崖石刻、凌家滩遗址、古居巢国考古及被教育部批准的全国大学地学野外教学实习基地等具有重大影响的地质旅游资源等与国家地质公园的评审指标进行对比打分,对巢湖平顶山申报地质公园进行可行性分析。按照《国家地质公园评审标准》对巢湖区域地质遗迹景观进行如下分析:

1. 自然属性

① 典型性。巢湖区域部分地质遗迹景观的类型、内容、规模等,部分符合a级"具有国际对比意义",其余部分符合b级"具有全国性对比意义",按b级至少可得10分。

② 稀有性。巢湖区域部分地质遗迹景观部分符合a级"属世界上极特殊的遗迹",其余部分符合b级"属世界上少有或国内唯一的遗迹",按b级至少可得12分。

③ 自然性。巢湖区域部分地质遗迹景观大部分符合a级"大部分基本保持自然状态,未受到或极少受到人为破坏之遗迹",少部分符合b级"虽受到一定程度的人为破坏,但影响程度很低或稍加人工整理可恢复原貌之遗迹",按b级至少可得6分。

④ 系统性和完整性。巢湖区域部分地质遗迹景观符合b级"遗迹的形成过程和表观现象保存比较系统而完整,内容较多样",可得6分。

⑤ 优美性。巢湖区域部分地质遗迹景观部分符合 b 级"具有较高的美学价值",按 b 级至少可得 7 分。

2. 可保护属性

① 面积适宜性。巢湖平顶山地质公园景观区规划面积约为 400 km^2(含巢湖湖泊部分水域),符合 a 级"足以有效保护遗迹的全部保护对象",可得 6 分。

② 科学价值。巢湖区域部分地质遗迹景观区符合 a 级"在地学和生态学等方面具有极高的科学价值",可得 8 分。

③ 经济和社会价值。巢湖区域部分地质遗迹景观符合 a 级"在资源利用、旅游、教育等多具有重大意义",可得 6 分。

3. 保护管理基础

① 机构设置与人员配备。巢湖区域部分地质遗迹景观符合 b 级"具有健全的管理机构和适宜的人员配备,且专业技术人员占管理人员的比例≤20%",可得 3 分。

② 边界划定与土地权属。巢湖区域部分地质遗迹景观区符合 a 级"边界清楚,无土地使用权属纠纷,已获得全部土地的使用权并领取了土地使用权属证",可得 3 分。

③ 基础工作。巢湖区域部分地质遗迹景观区符合 b 级"完成综合科学考察,基本掌握了资源、环境本底情况,编制完成了较详细综合考察报告和总体规划,收集了大部分样本材料",可得 4 分。

④ 管理条件。巢湖区域部分地质遗迹景观区符合 b 级"基本具备管理所需的办公、保护、科研、宣传教育、交通、通信、生活用房等设施",可得 4 分。

评价结果:巢湖平顶山地质遗迹景观区自然属性得 41 分(满分为 60 分),可保护属性得 20 分(满分 20 分),保护管理基础得 14 分(满分为 20),总分可得 75 分。由此可见,巢湖平顶山地质遗迹景观达到国家地质公园评审标准,评审指标大于 60 分,申报是可行的。

(三)巢湖北山国家地质公园申报和建设的构想

1. 加强巢湖区域的地质资源调查和综合考察工作

要把以平顶山为核心的区域地质遗迹申报和建成国家地质公园,首先必须要有一套全面的基础图件和文字资料。需要对巢湖区域地质、地貌、水系、植被、气象、交通、经济状况及区位客源等进行调查,为建立巢湖国家地质公园提供基础资料。对地质资源的开发可以与旅游地质研究紧密结合起来,通过设立旅游地质资源调查项目,做好国家地质公园申报前期的调查研究工作。要对巢湖丰富多彩的地质旅游资源进行系统的调查评价,查明地质旅游资源的现状,包括旅游地质资源的类型、数量、规模、级别、质量、特点、成因、开发利用现状、价值及潜在功能等。在弄清旅游地质资源基本情况之后,要对巢湖区域地质旅游资源的规模、质量、开发条件、开发前景等进行综合的科学分析和技术评价。

2. 拟定巢湖平顶山国家地质公园选址与范围规划

地质公园选址应遵循以下四个原则:一是典型性和稀有性原则;二是代表性和均衡性原则;三是原始性和兼容性原则;四是安全性和易达性原则。地质公园申报建设的一般步骤为:① 对地质遗迹种类、数量、品位进行摸底调查;② 选定拟建地质公园的地质遗迹区域;③ 划定一合适的小区做地质公园;④ 对申报国家地质公园进行可行性研究;⑤ 通过立法确定国家地质公园的建立。

综合地质公园申报建设的标准,以地质资源的分布作依据,以主题公园形式确定选址和界域。地质公园的选址和范围要统筹规划,把地质公园建设纳入整个地区旅游区划之中。在地质公园申报的过程中,如确定公园的性质、划定公园的范围,确定园区地质遗迹以及保护措施、园区的功能分区、游客接待容量等,都要考虑到旅游产业的布局,使建设的地质公园与其他旅游地及旅游景点能够共同组成旅游地域单元,不仅使它们在地理上联系紧密,而且在景物类型组合及游览线路上达到整体性的效果。利用地质公园内各个景点各自特点,发展观光旅游、生态旅游、休闲旅游、文化旅游、探险旅游、科考旅游等项目,让不同目的、不同兴趣的游客都能得到满足。

3. 加强巢湖区域生态环境保护

国家地质公园申报建设应始终将保护地质遗迹放在首位。地质遗迹资源和其他自然资源一样,要在保护中开发,在开发中保护,保护是开发和发展的前提。巢湖国家地质公园申报建设也应遵循上述原则。地质遗迹是地质环境的重要组成部分,地质环境又是整个自然环境的重要组成部分。作为旅游资源开发的地质公园,只有保护好地质遗迹才能为旅游活动提供基础和前提,一旦地质遗迹遭到破坏,地质公园就失去了作为旅游资源的条件,也就无开发价值可言了。巢湖区域地质遗迹具有重大的科学研究价值,在目前的经济技术条件下作为旅游资源开发利用存在一定的难度,有些还涉及开发后的环境、社会、经济及可持续发展问题,因此,应先予以保护而后再逐步开发。

典型地质现象和重要地质遗迹是不可再生的自然资源,建立地质公园的目的是对典型地质现象和重要地质遗迹加以保护。在对巢湖平顶山地质公园进行规划和开发中,要利用教育、科技、法律手段加大对地质资源的保护,尽可能减少资源的损失和浪费,防止对地质资源的过度开发和利用。在规划的地质公园范围内,要对地质景观和环境严格保护:禁止破坏性的采掘爆破及其他生产经营活动;严禁建设破坏景观、污染环境、妨碍游览的工程设施及附属设施;应该走绿色开发建设道路,尽量不破坏环境或者把对环境的损失降到最低。

巢湖北山地质公园建设,在总体规划的基础上,应遵循以下原则:

① 可持续发展原则。巢湖地质旅游业发展在立足总体规划的基础上,应明确地质旅游资源开发、旅游项目建设等,应有利于环境和旅游资源的保护,把生态旅游置于重要地位;培育良好的旅游环境意识,倡导旅游者文明旅游;建立、健全旅游法规,加强旅游行业管理,完善监督机制。

② 市场导向原则。遵循市场经济运行规律,认真进行旅游业发展的宏观分析及宏观与微观相结合的综合分析:充分把握市场动态;以旅游者的需求为导向,开发适销对路的旅游产品;明确旅游目标市场,确定促销投入重点,争取最佳经济效益。

③ 适度超前原则。首先,应树立大旅游、大产业、大市场意识。旅游业涉及的行业与部门众多,应大力培育旅游产业,使之成为联动其他产业发展的区域经济增长极。其次,在制定旅游产业发展目标时,应坚持"两个超前、一个进位"。巢湖地质旅游业发展速度应适度高于巢湖市的国民经济增长速度,体现其优先发展与其他产业联动性强的旅游优势产业;同时,使巢湖市在全省旅游系统中的地位得以提升。再次,在旅游产品的设计与开发方面,对旅游市场进行认真调研,预测市场需求,超前发展系列化、有竞争力的旅游产品,即不断创新旅游产品,超前促销。

④ 特色创新原则。特色是旅游业的灵魂与生命,没有特色,发展趋同,便丧失竞争力和生存基础。巢湖市应重视发掘本地自然与文化底蕴深厚的旅游资源,强调地质资源的开发和利用,推出独特性、垄断性强的地质旅游品牌。由于旅游产品生命周期规律的作用,"唯我独有"的特色观应转变为"唯我所长",即根据旅游需求的变化,在同类旅游产品中不断推出新理念、塑造新形象,吸引和感召游客,实现巢湖旅游产品的系列化、层次化、多元化、精品化。

⑤ 区域网络原则。区域网络原则是指旅游系统在空间上旅游流、景点、景区、服务等通过道路或其他的连接线路串联起来,形成一个系统功能得以最大发挥的有机整体。旅游是一个网络工程,仅靠一隅之力吸引力度有限,巢湖市应高度重视与周边地区旅游景区(点)联合开发、联合促销、客源互补、共同繁荣,形成区域旅游板块。同时,区域内部通过旅游线路的设计,将景区内景点和服务连接起来构成区域内网络系统。旅游流在区域内外网络中的流动,将给区域经济发展带来人流、物

质流、资金流、技术流和信息流。

⑥ 系统联动原则。系统联动包含两个方面。首先，旅游业各子系统之间、各子系统内部要素之间要配合和协调。对巢湖市旅游业而言，应协调旅游资源系统、旅游客源市场系统、旅游商品系统、旅游服务系统、旅游政策管理系统之间的关系，合理匹配、充分发掘旅游业各子系统的潜力，使有限的投入与旅游资源发挥最大经济效益。其次，旅游业的高度综合性，要求其他各部门的密切配合与支持。

地质公园的建立，将对地质遗迹的保护起到重大的促进作用。与此同时，它对提高旅游业的科学内涵、改善旅游业的形象、促进旅游业的发展起到重要作用；对地方经济发展将形成新的生长点，不仅能更好地保护包括平顶山标准剖面在内的珍贵地质遗迹，使之更好地服务于科研和教育，而且能够大力发展巢湖地质旅游，彰显巢湖文化和历史积淀，成为巢湖走向全国、走向世界的可贵条件；同时使巢湖区域的地质遗迹不仅成为以合肥市为中心的安徽省会都市经济圈的宝贵财富，也成为中国和世界人民的宝贵财富。

地质旅游对巢湖居民来说，是一个颇为新鲜的名词，如果把巢湖得天独厚的地质资源与山水资源、人文资源相结合，巢湖的旅游资源优势将更加显著。当前要摸清家底，加快规划编制；加强地质资源保护，加大产业结构调整，加快新型建材开发；加快专门人才培养，加强对现有导游的地质知识培训，鼓励巢湖学院等地方院校开设地质资源与环境专业，培养发展地质旅游所需人才；加大宣传力度，利用巢湖被批准为国家级重点风景名胜区的契机，将巢湖旅游切实纳入全省旅游的发展战略，变"两山一湖"为"两山两湖"。要尽力营造地质资源的观赏园地，着手准备国家级地质公园和世界级地质公园的申报工作；要抓紧地质研究和科普基地建设，使巢湖成为一流的地质地貌研究所、青少年启智教育的好课堂、普通民众度假休养的好园地；要努力营造富有巢湖特色的地质文化。提升巢湖地质品牌，充分发挥"地质公园"广告效应，积极准备巢湖"地质生物群"世界文化遗产和国际标准地质剖面的申报工作；开发地质旅游产品，如用一些普通的化石制作标本或旅游纪念品等；发掘利用地下矿产资源，如把丰富多彩的矿石加工成高艺术观赏性、高文化品位、高经济效益的工艺品或收藏品。突出巢湖的城市个性。过去巢湖被定位于以合肥市为中心的安徽省会都市经济圈一座普通的"滨湖城市"。现在，通过开发和利用地质资源，可以把巢湖定位于"地质奇城"，进一步突出巢湖的城市个性。

参 考 文 献

［1］ 安徽省地方志编纂委员会. 安徽省志·自然环境志［M］. 北京：方志出版社，1999.
［2］ 安徽省地方志编纂委员会. 安徽省志·地质矿产志［M］. 北京：方志出版社，2015.
［3］ 安徽省地质调查院. 长江中游安徽江段及巢湖水患区环境地质调查评价报告［R］. 合肥：安徽省地质调查院，2002.
［4］ 安徽省地质矿产局. 安徽省区域地质志［M］. 北京：地质出版社，1987.
［5］ 安徽省地质矿产局. 安徽省岩石地层［M］. 武汉：中国地质大学出版社，2008.
［6］ 安徽省地质矿产局区域地质调查队. 安徽地质志·第四系分册［M］. 合肥：安徽科学技术出版社，1988.
［7］ 安徽省水利厅. 安徽水旱灾害［M］. 北京：中国水利水电出版社，1998.
［8］ 安徽省水利志编辑室. 安徽河湖概览［M］. 武汉：长江出版社，2010.
［9］ 安徽省文物考古研究所. 凌家滩：田野考古发掘报告［M］. 北京：文物出版社，2006.
［10］ 安徽省文物考古研究所. 凌家滩文化研究［M］. 北京：文物出版社，2006.
［11］ 长安大学资源学院. 安徽巢湖野外地质教学基地实习教程［M］. 北京：地质出版社，2008.
［12］ 巢湖地区地方志编纂委员会. 巢湖地区简志［M］. 合肥：黄山书社，1995.
［13］ 巢湖市地方志编纂委员会. 巢湖市志［M］. 合肥：黄山书社，1992.
［14］ 陈斌. 巢湖流域水土流失现状、成因和综合治理对策［J］. 华东森林经理，2000，14(4)：1-3.
［15］ 陈德琼，鲍虹. 安徽巢湖五通群上部介形类的发现及其意义［J］. 微体古生物学报，1990，7(2)：123-139.
［16］ 陈宁华，胡程青，程晓敢. 野外地质简明手册：安徽巢北区域地质填图实习指导［M］. 杭州：浙江大学出版社，2015.
［17］ 陈时亮. 巢湖地学实习教程［M］. 郑州：黄河水利出版社，2014.
［18］ 陈旭，袁训来. 地层学与古生物学研究生华南野外实习指南［M］. 合肥：中国科学技术大学出版社，2013.
［19］ 地质矿产部环境地质研究所. 中国旅游地质资源图及说明书(1∶6 000 000)［M］. 北京：地质出版社，1991.
［20］ 杜磊，易朝路，潘少明. 长江下游巢湖湖泊沉积物的粒度特征与沉积环境［J］. 安徽师范大学学报：自然科学版，2004，27(1)：101-104.
［21］ 范斌. 植硅体记录的巢湖流域环境变化及其灾害事件响应［D］. 上海：华东师范大学，2006.
［22］ 范成新，汪家权，羊向东，等. 巢湖磷本底影响及其控制［M］. 北京：中国环境出版

社,2012.
- [23] 方克逸. 巢湖[M]. 合肥:安徽科学技术出版社,1999.
- [24] 高超. 基于遥感的巢湖岸线及外流通道的变化研究[D]. 芜湖:安徽师范大学,2006.
- [25] 高俊峰,蒋志刚,等. 中国五大淡水湖保护与发展[M]. 北京:科学出版社,2012.
- [26] 顾成军. 巢湖历史沉积记录与流域环境变化研究[D]. 上海:华东师范大学,2005.
- [27] 顾成军,戴雪荣,张海林,等. 巢湖沉积物粒度特征与沉积环境[J]. 海洋地质动态,2004,20(10):10-13.
- [28] 管后春,李运怀,刘正茹. 合肥市滨湖新区全新世沉积物粒度特征及其古环境意义[J]. 安徽地质,2009,19(2):91-95.
- [29] 何慧. 巢湖东部古河道遥感信息提取及水系变迁研究[D]. 芜湖:安徽师范大学,2007.
- [30] 何慧,王心源,张广胜,等. 巢湖北山紫微洞发育特征及成因分析[J]. 巢湖学院学报,2006,8(2):40-43,60.
- [31] 何培玲,张婷. 工程地质[M]. 北京:北京大学出版社,2006.
- [32] 侯明金,奇敦伦,金义祥. 安徽巢湖凤凰山石炭纪岩石特征及沉积环境分析[J]. 安徽地质,1998,8(3):31-37.
- [33] 胡云琴. 巢湖苏湾山里陈岩体岩石谱系单位划分及特征[J]. 安徽地质,1999,9(3):185-191.
- [34] 黄庆丰,高健,吴泽民. 巢湖低丘不同森林类型物种多样性数量特征研究[J]. 安徽农业大学学报,2003,30(2):163-167.
- [35] 姜加虎,窦鸿身,苏守德. 江淮中下游淡水湖群[M]. 武汉:长江出版社,2009.
- [36] 李双应,洪天求,金福全,等. 巢县二叠系栖霞组臭灰岩段异地成因碳酸盐岩[J]. 地层学杂志,2001,25(1):69-73.
- [37] 李文达. 基于遥感的巢湖悬沙浓度和时空分布变化研究[D]. 芜湖:安徽师范大学,2007.
- [38] 刘家润,吴俊奇,蔡元峰. 江苏及若干邻区基础地质认识实习[M]. 2版. 南京:南京大学出版社,2014.
- [39] 刘明德,林杰斌. 地理信息系统GIS理论与实务[M]. 北京:清华大学出版社,2006.
- [40] 刘文灿,李博文,潘宝友. 安徽巢湖-滁州地区中生代构造变形特征[J]. 现代地质,2003,15(1):13-20.
- [41] 刘文中,李宗海,土米斌,等. 巢湖凤凰山地质填图实习指南[M]. 合肥:中国科学技术大学出版社,2014.
- [42] 陆镜元,曹光暄,刘庆忠,等. 安徽省地震构造与环境分析[M]. 合肥:安徽科学技术出版社,1992.
- [43] 〔清〕陆龙腾,于觉世,李恩绶. 巢县志·巢湖志[M]. 合肥:黄山书社,2007.
- [44] 罗武宏,张居中,杨玉璋,等. 安徽巢湖更新世末—全新世中期环境演变的湖泊沉积植硅体记录[J]. 微体古生物学报,2015,32(1):63-74.
- [45] 钱会,胡建刚. Bogli混合溶蚀理论及其在实际应用中所存在的问题[J]. 中国岩溶,1996(4):367-375.

[46] 钱玉春. 巢湖市唐嘴水下遗址调查报告[J]. 巢湖学院学报,2006,8(1):47-53.
[47] 任美锷,刘振中. 岩溶学概论[M]. 北京:商务印书馆,1983.
[48] 师育新. 安徽巢湖杭埠河流域环境变化的湖泊沉积地球化学记录[D]. 广州:中国科学院研究生院广州地球化学研究所,2006.
[49] 宋春青,邱维理,张振春. 地质学基础[M]. 4版. 北京:高等教育出版社,2005.
[50] 宋传中,牛漫兰. 巢湖北部青苔山推覆构造的特征及其成因[J]. 合肥工业大学学报:自然科学版,1999,22(6):15-19.
[51] 宋传中,孙世群,任升莲. 地球科学专业群巢湖开放型实习基地建设的实践和思考[J]. 中国地质教育,2002(4):46-48.
[52] 屠清瑛,顾丁锡,尹澄清,等. 巢湖:富营养化研究[M]. 合肥:中国科学技术大学出版社,1990.
[53] 王道轩,宋传中,金福全,等. 巢湖地学实习教程[M]. 合肥:合肥工业大学出版社,2005.
[54] 王传辉,吴立,王心源,等. 基于遥感和GIS的巢湖流域生态功能分区研究[J]. 生态学报,2013,33(18):5808-5817.
[55] 王浩清,陈家治. 巢湖地区中生代以来构造应力场探讨[J]. 安徽师范大学学报:自然科学版,1993,16(4):32-36.
[56] 王晓玲,巩劼. 巢湖流域生态保护与建设初步研究[J]. 安徽师范大学学报:自然科学版,2000,23(3):273-275.
[57] 王心源,常月明,高超,等. 21世纪高等师范院校地理专业地质学教学体系改革研究[J]. 中国地质教育,2006(1):98-103.
[58] 王心源,郭华东. 地球系统科学与数字地球[J]. 地理科学,1999,19(4):344-348.
[59] 王心源,何慧,钱玉春,等. 从环境考古角度对古居巢国的蠡测[J]. 安徽师范大学学报:自然科学版,2005,28(1):97-102.
[60] 王心源,李文达,严小华,等. 基于Landsat TM/ETM$^+$数据提取巢湖悬浮泥沙相对浓度的信息与空间分布变化[J]. 湖泊科学,2007,19(3):255-260.
[61] 王心源,陆应诚,高超,等. 广义遥感环境考古的技术整合[J]. 安徽大学学报:自然科学版,2005,29(2):40-44.
[62] 王心源,吴立,吴学泽,等. 巢湖凌家滩遗址古人类活动的地理环境特征[J]. 地理研究,2009,28(5):1208-1216.
[63] 王心源,吴立,张广胜,等. 安徽巢湖全新世湖泊沉积物磁化率与粒度组合的变化特征及其环境意义[J]. 地理科学,2008,28(4):548-553.
[64] 王绪伟,王心源,封毅,等. 巢湖沉积物总磷分布及其地质成因[J]. 安徽师范大学学报:自然科学版,2007,30(4):496-499.
[65] 王绪伟,王心源,封毅,等. 巢湖沉积物总磷含量及无机磷形态的研究[J]. 水土保持学报,2007,21(4):56-59.
[66] 王绪伟,王心源,史杜芳. 巢湖污染现状与水质恢复措施[J]. 环境保护科学,2007,33(4):13-15.

[67] 吴开亚. 巢湖流域环境经济系统分析[M]. 合肥:中国科学技术大学出版社,2008.
[68] 吴立. 巢湖流域新石器至汉代古聚落变更与环境变迁[D]. 芜湖:安徽师范大学,2010.
[69] 吴立,王传辉,王心源,等. 巢湖流域灾害链成因机制与减灾对策[J]. 灾害学,2012, 27(4):85-91.
[70] 吴立,王心源,刘红叶. 巢湖石特征形成机理与开发研究[J]. 安徽师范大学学报:自然科学版,2008,31(5):483-487.
[71] 吴立,王心源,莫多闻,等. 巢湖东部含山凌家滩遗址地层元素地球化学特征研究[J]. 地层学杂志,2015,39(4):443-453.
[72] 吴立,王心源,阮铮铮,等. 汉代以后巢湖流域文化衰落的环境考古学观察[J]. 安徽师范大学学报:自然科学版,2009,32(5):476-480.
[73] 吴立,王心源,张广胜,等. 安徽巢湖湖泊沉积物孢粉-炭屑组合记录的全新世以来植被与气候演变[J]. 古地理学报,2008,10(2):183-192.
[74] 吴立,王心源,周昆叔,等. 巢湖流域新石器至汉代古聚落变更与环境变迁[J]. 地理学报, 2009,64(1):59-68.
[75] 吴跃东. 巢湖的形成与演变[J]. 上海地质,2010,31(增刊):152-156.
[76] 吴跃东,向钒,陈波. 安徽省巢湖流域环境地质调查报告[R]. 合肥:安徽省地质调查院,2008.
[77] 西北大学地质学系. 巢湖北部凤凰山地区区域地质调查实习指导书[M]. 西安:西北大学出版社,2007.
[78] 夏军,徐家聪. 巢湖地区石炭纪地层格架[J]. 安徽地质,1998,8(3):38-44.
[79] 谢平. 翻阅巢湖的历史:蓝藻、富营养化及地质演化[M]. 北京:科学出版社,2009.
[80] 阎伍玖,王心源. 巢湖流域非点源污染初步研究[J]. 地理科学,1998,18(3):263-267.
[81] 姚书春,沈吉. 巢湖沉积物柱样中正构烷烃初探[J]. 湖泊科学,2003,15(3):200-204.
[82] 袁道先,刘再华,等. 碳循环与岩溶地质环境[M]. 北京:科学出版社,2003.
[83] 章沧授. 巢湖旅游文化审美价值[J]. 巢湖学院学报,2004,6(1):54-58.
[84] 张崇岱,潘宝林. 巢湖湖盆及其变迁研究[J]. 安徽师范大学学报,1990,(1):48-56.
[85] 张广胜. 湖泊沉积记录的9870 cal. a BP以来巢湖流域环境演变研究[D]. 芜湖:安徽师范大学,2007.
[86] 张广胜,王心源,何慧,等. 区域地质旅游资源评价与可持续发展对策研究:以安徽省巢湖市为例[J]. 安徽师范大学学报:自然科学版,2006,29(3):290-293.
[87] 张广胜,王心源,李祥,等. 巢湖区域地质旅游资源评价与开发对策[J]. 资源开发与市场, 2006,22(1):76-78.
[88] 张广胜,王心源,王虹. 申报巢湖平顶山国家地质公园的可行性与对策研究[J]. 巢湖学院学报,2005,7(5):57-62.
[89] 张世从. 黔南岩溶发育规律的探讨[J]. 中国岩溶,1984,(2):34-47.
[90] 赵来时,童金南,Orchard M J,等. 安徽巢湖地区下三叠统牙形石生物地层分带及其全球对比[J]. 中国地质大学学报:地球科学版,2005,30(5):623-634.

[91] 赵珊茸. 结晶学与矿物学[M]. 北京:高等教育出版社,2006.

[92] 郑学信,刘永,周栗. 巢湖石的研究[J]. 安徽地质,1997,7(2):75-80.

[93] 中国科学院地质研究所岩溶研究组. 中国岩溶研究[M]. 北京:科学出版社,1979.

[94] 周鑫,王心源. 巢湖北山碳酸盐岩溶蚀机理实验研究[J]. 水土保持研究,2007,14(4):194-196.

[95] 周迎秋. 基于遥感的巢湖流域环境变化研究[D]. 芜湖:安徽师范大学,2005.

[96] 朱诚,李兰,刘万青,等. 环境考古概论[M]. 北京:科学出版社,2013.

[97] 朱亮璞. 遥感地质学[M]. 北京:地质出版社,2004.

[98] 朱学稳. 地下河洞穴发育的系统演化[J]. 云南地理环境研究,1994,6(2):7-16.

[99] 左景勋,童金南,邱海鸥,等. 巢湖地区早三叠世碳氧同位素地层对比及其古生态环境意义[J]. 地质地球化学,2003,31(3):26-33.

[100] Chen W, Wang W M, Dai X R. Holocene vegetation history with implications of human impact in the Lake Chaohu area, Anhui Province, East China[J]. Vegetation History and Archaeobotany, 2009, 18: 137-146.

[101] Cohen K M, Finney S C, Gibbard P L, et al. The ICS International Chronostratigraphic Chart[J]. Episodes, 2013, 36: 199-204.

[102] Dai X R, Dearing J A, Yu L Z, et al. The recent history of hydro-geomorphological processes in the upper Hangbu River system, Anhui Province, China[J]. Geomorphology, 2009, 106 (3-4): 363-375.

[103] Gao C, Wang X Y, Yang Z D, et al. Causes and countermeasures for Chaohu lakeshore collapse[J]. Chinese Geographical Science, 2005, 15 (1): 88-93.

[104] Guan H C, Zhu C, Zhu T X, et al. Grain size, magnetic susceptibility and geochemical characteristics of the loess in the Chaohu lake basin: implications for the origin, palaeoclimatic change and provenance[J]. Journal of Asian Earth Sciences, 2016, 117: 170-183.

[105] Stone R. Excavation yields tantalizing hints of earliest marine reptiles[J]. Science, 2010, 330: 1164-1165.

[106] Sun Z M, Hounslow M W, Pei J L, et al. Magnetostratigraphy of the Lower Triassic beds from Chaohu (China) and its implications for the Induan - Olenekian stage boundary[J]. Earth and Planetary Science Letters, 2009, 279 (3-4): 350-361.

[107] Wang X Y, Guo Z Y, Wu L, et al. Extraction of palaeochannel information from remote sensing imagery in the east of Chaohu Lake, China[J]. Frontiers of Earth Science, 2012, 6 (1): 75-82.

[108] Wang X Y, Zhang G S, Wu L, et al. Environmental changes during Early - Middle Holocene from the sediment record of the Chaohu Lake, Anhui Province[J]. Chinese Science Bulletin, 2008, 53 (Supp. I): 153-160.

[109] Wang X Y, Zhang J, Wu L, et al. Digital reconstruction on geographical environment of Neolithic human activities in the Lingjiatan site of Chaohu City, East China[J]. Proceed-

ings of SPIE, 2010, 7841 (1Z): 1-8.

[110] Wu L, Wang X Y, Gao F. An integrated approach for the detection of small archaeological sites along palaeochannels: a case study in the Northeast Chaohu area, China[J]. Journal of Archaeological Science: Reports, 2016, 6: 434-441.

[112] Wu L, Wang X Y, Zhou K S, et al. Transmutation of ancient settlements and environmental changes between 6000～2000 a BP in the Chaohu Lake Basin, East China[J]. Journal of Geographical Sciences, 2010, 20 (5): 687-700.

[113] Wu L, Wang X Y, Zhu C, et al. Ancient culture decline after the Han Dynasty in the Chaohu Lake basin, East China: a geoarchaeological perspective[J]. Quaternary International, 2012, 275: 23-29.

[114] Wu L, Wang X Y, Zhu C, et al. Estimation on emission of nonpoint source pollution of nitrogen and phosphorus in different catchments of the Chaohu Lake Basin, China[J]. Advances in Environmental Science and Engineering, 2012, 2: 1530-1535.

[115] Xu J J, Jia Y L, Ma C C, et al. Geographic distribution of archaeological sites and their response to climate and environmental change between 10.0～2.8 ka BP in the Poyang Lake Basin, China[J]. Journal of Geographical Sciences, 2016, 26 (5): 603-618.

附录1 中国部分城市的磁偏角

序号	地名	磁偏角(D)	序号	地名	磁偏角(D)
1	齐齐哈尔	9°37′(W)	27	武昌	3°10′(W)
2	哈尔滨	9°40′(W)	28	南昌	3°10′(W)
3	延吉	9°26′(W)	29	沙市	2°54′(W)
4	长春	9°03′(W)	30	台北	3°03′(W)
5	沈阳	7°54′(W)	31	西安	2°19′(W)
6	大连	6°47′(W)	32	福州	3°12′(W)
7	承德	6°14′(W)	33	长沙	2°30′(W)
8	烟台	6°01′(W)	34	赣州	2°37′(W)
9	天津	5°29′(W)	35	兰州	1°22′(W)
10	济南	4°40′(W)	36	厦门	2°27′(W)
11	青岛	5°20′(W)	37	重庆	1°34′(W)
12	保定	5°14′(W)	38	西宁	0°49′(W)
13	大同	4°32′(W)	39	桂林	1°39′(W)
14	徐州	4°41′(W)	40	成都	0°58′(W)
15	太原	4°01′(W)	41	贵阳	1°19′(W)
16	包头	3°49′(W)	42	康定	0°41′(W)
17	北京	5°54′(W)	43	广州	1°38′(W)
18	上海	4°32′(W)	44	昆明	0°46′(W)
19	合肥	4°14′(W)	45	保山	0°41′(W)
20	杭州	4°24′(W)	46	南宁	1°04′(W)
21	安庆	3°50′(W)	47	海口	1°17′(W)
22	洛阳	3°38′(W)	48	拉萨	0°23′(E)

附录1 中国部分城市的磁偏角

续表

序号	地名	磁偏角(D)	序号	地名	磁偏角(D)
23	温州	3°56′(W)	49	玉门	0°12′(E)
24	南京	4°48′(W)	50	和田	2°47′(E)
25	信阳	3°35′(W)	51	乌鲁木齐	3°16′(E)
26	汉口	3°10′(W)			

注:表中所列数值是代表2011年数据,今后数年内使用时按不同城市每年增或减1′修正,即数据凡偏东(E)者每年增加1′,偏西(W)者每年减少1′。

附录2 巢湖诗歌欣赏

望天门山
〔唐〕李白

天门中断楚江开,碧水东流至此回。

两岸青山相对出,孤帆一片日边来。

登巢湖圣姥庙
〔唐〕罗隐

临塘古庙一神仙,绣幌花容色俨然。

为逐朝云来此地,因随暮雨不归天。

眉分初月湖中鉴,香散余风竹上烟。

借问邑人沉水事,已经秦汉几千年。

春日书巢湖旧事
〔唐〕谭用之

暖掠红香燕燕飞,玉云仙佩晓相携。

花开鹦鹉韦郎曲,竹亚虬龙白帝溪。

富贵万场归淡酒,是非千载逐芳泥。

不知多少开元事,露泣春丛向日低。

巢湖燕子鱼

〔宋〕黄绍躅

桃花浪里若翻飞,紫燕生雏尔正肥。

腻过青郎脂似玉,年年虚待季鹰归。

巢湖

〔宋〕刘分

天与水相通,舟行去不穷。

何人能缩地,有术可分风。

宿雾含深墨,朝曦浴嫩红。

四山千里远,晴晦已难同。

居巢县

〔元〕李孝光

旅食荆吴改岁年,春风行路思绵绵。

青山故绕周郎墓,明月犹窥亚父泉。

楚县城荒余画角,巢湖日落有归船。

天涯芳草萋萋绿,想见登楼忆仲宣。

褒山

〔明〕刘传

问俗乘公暇,寻幽到上方。

扬旌回古磴,取道度寒塘。

乱石溪声急,斜阳塔影长。

苦吟归路晚,回首恋青苍。

王乔洞

〔明〕刘仑

十里烟霞入翠微,石门萝薛带春晖。

鸟啼竹径客初到,花落茅堂僧未归。

独向溪阴寻野鹤,不妨苔色点征衣。

百年二妙风流在,洞口仙凫何处飞?

登银屏山

〔明〕叶广

陟彼银瓶山,万壑在其下。

云从衣上生,泉向空中泻。

树密乱啼莺,崖悬迟度马。

封回路欲迷,揽辔问樵者。

月夜泛湖

〔清〕潘尔侯

长湖一望水如天,沽酒乘舟破晓烟。

渔火依依明远屿,雁声历历度前川。

金波遥映千山白,玉影平分万井圆。

共醉不知衣露冷,夜深归咏大江篇。

卧牛山

〔清〕沈际盛

高郭人烟聚,追陪尺五天。

水翻晴树外,峰乱翠云边。

渔浦家家笛,风帆处处船。

黍苗膏雨后,点染似花田。

游仙人洞

〔清〕周人俊

排闼春山窄径斜,烟迷古洞静无哗。

水流石脚苔痕绉,树拂云根鸟梦赊。

半局残棋今冷落,一声清磬破繁华。

笑他仙境红尘扰,峭壁犹开富贵花。

附录3 常用图例、花纹、符号

1. 岩石特征成分、结构构造图例

图例	名称	图例	名称	图例	名称
·	砂质	↑	玻基橄榄质	⊕	球状
·· ··	粉砂质	⌐	玄武质	∞	珍珠状（球粒）
—	泥质	∨	安山质	⌒	气孔
⌐	钙质	\/	流纹质	⦿	火山弹
Si	硅质	⋈	英安质	ⓠ	火山泥球
//	白云质	++	等粒（花岗岩为例）	8	球泡
C	碳质	++	不等粒	8	石泡
ǀ	有机质	+	斑状	ʾ	斑点状
⋮	凝灰质	⊢	似斑状	⊢⊢⊢	渗透状
⊢⊢⊢	复成分（硬砂质）	++	不等粒斑状	⌒	集块
e	生物碎屑	+S	片麻状	◢	岩屑
◯	结核		巨厚层状	◣	晶屑
◎	藻类		厚层状	⌒	玻屑
⌒	超基性		中层状	)	浆屑（塑性玻屑）

d	用于沉火山碎屑岩	瘤状		眼球状
	碎屑		鲕状		分枝状
	角砾状		透镜状		网状
	砾状		豹皮状、斑花状		香肠状
	条带石		结晶		雾迷状
	竹叶状		条纹（痕）状		

2. 沉积物花纹

（1）松散堆积物花纹

	砾		细砂		淤泥
	漂砾		粉砂		泥炭土
	岩块、碎屑		黄土		冰水泥砾
	砾石		红土		贝壳层
	砂砾石		黏土		植物堆积层
	角砾		钙质黏土		人工堆积
	砂姜		碳质黏土		化学沉积
	砂		有机质黏土		腐殖土层
	粗砂		蠕虫状黏土		填筑土
	中砂				

（2）沉积岩花纹

	角砾岩	Si	硅质角砾岩		粗砾岩
	砂质角砾岩	Fe	铁质角砾岩		中砾岩

泥质角砾岩	巨砾岩	细砾岩
钙质角砾岩	砾岩	含角砾砾岩
砂质砾岩	复成分砂岩	页岩
砂砾岩	黏土粉砂质砂岩	砂质页岩
石英砾岩	泥质砂岩	粉砂质页岩
石灰砾岩	钙质砂岩	钙质页岩
复成分砾岩	凝灰质砂岩	硅质页岩
钙质砾岩	铁质砂岩	碳质页岩
硅质砾岩	含铜砂岩	含碳质页岩
凝灰质砾岩	含磷砂岩	凝灰质页岩
铁质砾岩	含油砂岩	铁质页岩
冰碛砾岩	交错层砂岩	铝土页岩
砂岩	斜层理砂岩	含锰页岩
含砾砂岩	粉砂岩	含钾页岩
粗砂岩	含砾粉砂岩	油页岩
中砂岩	含砂粉砂岩	黏土岩（泥岩）
细砂岩	黏土砂质粉砂岩	高岭石黏土岩
石英砂岩	泥质粉砂岩	水云母黏土岩
长石砂岩	钙质粉砂岩	蒙脱石黏土岩
长石质砂岩	凝灰质粉砂岩	泥晶灰岩（泥状灰岩）

附录3　常用图例、花纹、符号

图例	名称	图例	名称	图例	名称
	长石石英砂岩		铁质粉砂岩		砂质灰岩
	碎屑砂岩		含碳质粉砂岩		含泥质灰岩
	海绿石砂岩		含钾粉砂岩		
	泥质灰岩		条带状灰岩		亮晶灰岩
	硅质灰岩		斑点状灰岩		粒泥灰岩
	白云质灰岩		碎屑灰岩		泥粒灰岩
	结晶灰岩		角砾状灰岩		颗粒灰岩
	生物碎屑灰岩		砾状灰岩		泥灰岩
	含藻灰岩		球粒灰岩		砂质泥灰岩
	礁灰岩（未分）		瘤状灰岩		白云岩
	含燧石结核灰岩		竹叶状灰岩		砂质白云岩
	燧石条带灰岩		鲕状灰岩		泥质白云岩
	结核灰岩		串珠状灰岩		角状白云岩
	页片状灰岩		豹皮状灰岩		硅质岩

3. 岩浆岩花纹

（1）侵入岩

图例	名称	图例	名称	图例	名称
	橄榄岩		辉岩		角闪辉石岩
	镁铁橄榄岩		二辉岩		角闪紫苏辉石岩
	纯橄榄岩		紫苏辉石岩		角闪二辉岩
	角砾云母橄榄岩（金伯利岩）		古铜辉石岩		角闪透辉石岩

符号	名称	符号	名称	符号	名称
	辉石橄榄岩		顽火辉石岩		斜长岩
	辉橄岩（橄辉岩）		透辉石岩		苏长岩
	橄榄辉岩		角闪石岩		辉长岩
	含长辉岩		正长闪长岩		正长岩
	含长紫苏辉岩		闪长斑岩		辉石正长岩
	含长二辉岩		闪长玢岩		角闪正长岩
	含长透辉石岩		石英闪长斑岩		黑云母正长岩
	二辉辉长岩		花岗闪长斑岩		石英正长岩
	橄榄辉长岩		花岗岩		英辉正长岩
	玢岩		角闪花岗岩		正长斑岩
	辉长玢岩		紫苏花岗岩		霞石正长岩
	辉绿岩		更长环斑花岗岩		霞石正长斑岩
	辉长辉绿岩		黑云母花岗岩		霞斜岩
	辉绿辉长岩		白云母花岗岩		霓霞岩
	石英辉绿岩		二云母花岗岩		霓辉岩
	辉绿玢岩		钾长花岗岩		碳酸岩
	闪长岩		斜长花岗岩		方解石碳酸岩
	辉长闪长岩		二长花岗岩		白云石碳酸岩
	辉石闪长岩		白岗岩		稀土碳酸岩
	角闪闪长岩		花岗斑岩		煌斑岩

附录3 常用图例、花纹、符号

黑云母闪长岩		花斑岩		混合角闪正长岩
石英闪长岩		二长岩		碎斑状花岗斑岩
花岗闪长岩		石英二长岩		斜长煌斑岩
堇青花岗闪长岩		二长斑岩		花岗质伟晶岩
云煌岩		花岗细晶岩		斑霞正长岩
二长花岗斑岩		辉长伟晶岩		

(1) 喷出岩

① 熔岩

苦橄岩		辉石安山岩		辉石粗面岩
苦橄玢岩		角闪安山岩		角闪粗面岩
玻基橄榄岩		黑云母安山岩		黑云粗面岩
玻基辉橄岩		安山玢岩		石英粗面岩
玻基纯橄岩		英安岩		粗面斑岩
玄武岩		流纹岩		粗安岩
苦橄玄武岩		流纹斑岩		粗安斑岩
橄斑玄武岩		石英斑岩		响岩
辉斑玄武岩		碱流岩		霞石响岩
拉斑玄武岩		菫细岩		白石榴响岩
杏仁状玄武岩		菫细斑岩		黝方石响岩
方沸玄武岩		珍珠岩		细碧岩

伊丁玄武岩	松脂岩	角斑岩
碱玄岩	黑曜岩	石英角斑岩
安山玄武岩	浮岩	碱性粗面岩
安山岩	粗面岩	碱性玄武岩

② 火山碎屑岩石

集块岩	火山角砾岩	凝灰岩
流纹质集块熔岩	流纹质熔结角砾集块岩	流纹质岩屑晶屑凝灰岩
流纹质角砾集块熔岩	流纹质熔结集块角砾岩	流纹质晶屑凝灰岩
流纹质集块角砾熔岩	流纹质熔结角砾岩	流纹质玻屑凝灰岩
流纹质角砾熔岩	流纹质熔结凝灰角砾岩	流纹质晶屑玻屑凝灰岩
流纹质凝灰角砾熔岩	流纹质熔结角砾凝灰岩	流纹质浆屑凝灰岩
流纹质角砾凝灰熔岩	流纹质熔结凝灰岩	流纹质岩屑玻屑凝灰岩
流纹质凝灰熔岩	流纹质集块岩	流纹质岩屑晶屑玻屑凝灰岩
流纹质熔集块岩	流纹质角砾集块岩	流纹质沉集块岩
流纹质熔角砾集块岩	流纹质集块角砾岩	流纹质沉角砾集块岩
流纹质熔集块角砾岩	流纹质火山角砾岩	流纹质沉集块角砾岩
流纹质熔角砾岩	流纹质凝灰角砾岩	流纹质沉火山角砾岩
流纹质熔凝灰角砾岩	流纹质角砾凝灰岩	流纹质沉凝灰角砾岩
流纹质熔角砾凝灰岩	流纹质凝灰岩	流纹质沉角砾凝灰岩

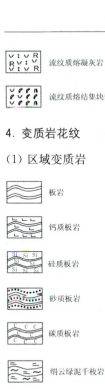 流纹质熔凝灰岩　　流纹质岩屑凝灰岩　　流纹质沉凝灰岩

流纹质熔结集块岩

4. 变质岩花纹

(1) 区域变质岩

红柱片岩	片麻岩、副片麻岩	黑云变粒岩
堇青片岩	钾长片麻岩	紫苏钠长变粒岩
蓝闪片岩	黑云钾长片麻岩	斜长角闪变粒岩
滑石片岩	白云母钾长片麻岩	榴辉变粒岩
蛇纹片岩	二云钾长片麻岩	橄榄变粒岩
橄榄片岩	角闪钾长片麻岩	麻粒岩
斜长绿泥片岩	辉石钾长片麻岩	蓝晶石正长麻粒岩
角闪石英片岩	硅线钾长片麻岩	紫苏辉石长英麻粒岩
榴云片岩	二长片麻岩	辉石麻粒岩
蓝晶硅线片岩	斜长片麻岩	透辉石培长石麻粒岩
紫苏麻粒岩	硬玉岩	变安山岩
刚玉岩	变流纹岩	变玄武岩

(2) 接触变质代蚀变岩

角岩	石榴透辉硅灰石角岩	方柱石大理岩
斑点角岩	符山石硅灰石角岩	透闪石大理岩
石英角岩	长英角岩	阳起石大理岩
黑云母角岩	辉绿角岩	黝帘石大理岩
堇青石角岩	大理石	符山石大理岩
绢云母角岩	大理石化灰岩	石榴石大理岩

附录3　常用图例、花纹、符号

图例	名称	图例	名称	图例	名称
	红柱石角岩		白云质大理岩		石榴石辉石大理岩
	辉石角岩		白云石大理岩		镁橄榄石大理岩
	堇青石黑云母角岩		菱镁石大理岩		透辉石大理岩
	红柱石黑云母角岩		钠长大理岩		透辉石硅灰石大理岩
	硅线石角岩		硅灰大理岩		镁橄榄石透辉石大理岩
	硅线石堇青石角岩		石墨大理岩		透辉石夕卡岩
	紫苏辉石角岩		含石英大理岩		硅灰石夕卡岩
	透辉石角岩		含磷大理石		石榴石夕卡岩
	透闪石角岩		磷灰石大理岩		透灰石石榴石夕卡岩
	石榴石透辉石角岩		蛇绿石大理岩		条带状石榴石夕卡岩
	橄榄石尖晶石角岩		滑石大理岩		镁橄榄石硅镁石夕卡岩
	红柱石堇青石角岩		绿帘石大理岩		角砾状方柱石夕卡岩
	透辉石岩		钙铝榴石夕卡岩		角砾状石榴石夕卡岩
	尖晶石透辉石岩		绿帘石夕卡岩		混染岩
	镁橄榄石尖晶石岩		阳起石夕卡岩		闪长质混染岩
	符山石夕卡岩		方柱石石榴石夕卡岩		方柱石夕卡岩

(3) 动力变质岩

(4) 混合岩和混合花岗岩

(5) 气成热液蚀变（多用于平面图，红色表示）

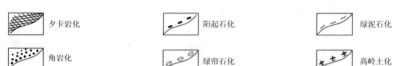

大理岩化	黝帘石化	叶蜡石化
白云岩化	黑云母化	滑石化
石英岩化	白云母化	蛇纹石化
碳酸盐化	绢云母化	磁铁矿化
电气石化	硅化	黄铁矿化
方柱石化	钾长石化	黄铜矿化
蛇辉石化	钠长石化	褐铁矿化

5. 常用岩石名称符号

(1) 深成侵入岩

ν 辉长岩　　　　　　Γ 未分花岗岩　　　　ξγ 钾长花岗岩
νσ 斜长石　　　　　　γ 花岗岩　　　　　　η 二长岩
δ 闪长岩　　　　　　ηγ 二长花岗岩　　　　ηο 石英二长岩
δο 石英闪长岩　　　　γκ 白岗岩　　　　　　Γο 斜长花岗岩类
δβ 黑云母闪长岩　　　γδ 花岗闪长岩　　　　ξ 正长岩
ξδ 正长闪长岩　　　　γβ 黑云母花岗岩　　　γξ 花岗正长岩
νδ 辉长闪长岩

(2) 浅成侵入岩

βμ 辉绿岩、辉绿玢岩　γι 花岗细晶岩　　　　ξπ 正长斑岩
δμ 闪长玢岩　　　　　λπ 石英斑岩　　　　　ρ 伟晶质斑岩石
γπ 花岗斑岩　　　　　γδπ 花闪长斑岩　　　　γρ 花岗伟晶岩
ι 细晶质岩石　　　　ηπ 二长斑岩　　　　　χ 煌斑岩

(3) 其他常见岩石

其他常见岩石

br 角砾岩	dol 白云岩	mi 混合岩
cg 砾岩	si 硅质岩	im 均质混合岩
ss 砂岩	sl 板岩	mss 变质砂岩
ds 岩屑砂岩	ph 千枚岩	hs 角岩
st 粉砂岩	sch 片岩	mb 大理岩
sh 页岩	gn 片麻岩	tr 碎裂岩
cr 黏土（泥）岩	og 正片麻岩	sb 构造角砾岩
ms 泥岩	pg 副片麻岩	ml 糜棱岩
ls 灰岩	gnt 变粒岩	pm 千糜岩
ml 泥灰岩		

(3) 脉岩符号

 石英脉   中性岩脉   汾岩脉

 酸性岩脉   辉长岩脉   基性岩脉

 细晶岩脉   煌斑岩脉   矿脉（符号用元素符号）

 伟晶岩脉

6. 第四纪堆积物成因类型及沉积相花纹

成因类型及符号　　　　　　第四纪沉积相花纹

Q^{al} 冲积	冲积	冰碛
Q^{pl} 洪积		
Q^{pal} 洪冲积	洪积	冰水堆积
Q^{el} 残积	冲积洪积	湖积
Q^{dl} 坡积		
Q^{eld} 残坡积	坡积	海积
Q^{col} 崩积	残积	沼泽堆积
Q^{dp} 地滑堆积		
Q^{ch} 化学堆积	风积（砂）	化学堆积
Q^{s} 人工堆积		
Q^{ca} 洞穴堆积	黄土	火山堆积

7. 沉积构造图例

8. 化石图例

☆	棘皮动物	箭石	箭石	孢粉	孢粉
	腕足动物		菊石		钙藻
	双壳动物		放射虫		海绵骨针
	腹足动物		牙形石		疑源类
	竹节石		介形虫		鱼类
	鹦鹉螺		叶肢介		遗迹化石

9. 地质体接触界线符号

	实测整合岩层界线		岩相界线		角度不整合
	推测整合岩层界线		混合岩化接触界线（符号红色）		火山喷发不整合
	实测角度不整合界线（点打在新地层一方，下同）		花岗岩体侵入围岩接触界线（箭头表示接触面产状）		平行不整合（假整合）
	推测角度不整合界线		花岗岩体超动接触界线		部分地段整合，部分平行不整合
	实测平行不整合界线		花岗岩体脉动接触界线		接触性质不明
	推测平行不整合界线		花岗岩体涌动接触界线		断层接触（用于柱状图）

10. 地质体产状及变形要素符号

30°	岩层产状(走向、倾向、倾角)		倒转岩层产状（箭头指向倒转后的倾向）		交错层理及倾斜方向
	岩层水平产状		片理产状		片麻理产状
	岩层垂直产状(箭头方向表示较新层位)				
	实测地质界线		推测正断层		平移断层
	推测地质界线	45	实测逆断层倾向及倾角		
	实测正断层(箭头指向断层面倾向,下同)		推测逆断层		

附录3　常用图例、花纹、符号

符号	名称	符号	名称	符号	名称
	平移正断层		航、卫片解译断层		向斜轴线
	平移逆断层		基底断裂		复式背斜轴线
	实测走滑断层		背斜		复式向斜轴线
	推测走滑断层		向斜		箱状背斜轴线
	断层破碎带		复式背斜		箱状向斜轴线
	剪切挤压带		复式向斜		梳状背斜轴线
	直立挤压带		箱状背斜		梳状向斜轴线
	区域性断层		箱状向斜		短轴背斜轴线
	韧性剪切带		梳状背斜		短轴向斜轴线
	脆韧性剪切带		梳状向斜		倾伏背斜轴线
	实测复活断层		短轴背斜		扬起向斜轴线
	推测复活断层		短轴向斜		倒转向斜(箭头指向轴面倾斜方向)
Dcf	早期剥离断层(英文字母为代号)		倾伏背斜		倒转背斜(箭头指向轴面倾斜方向)
Dcf	晚期剥离断层(英文字母为代号,齿指向断层倾斜方向)		扬起向斜		向形构造
	逆冲推覆断层(箭头表示推覆面倾向)		鼻状背斜		背形构造
	飞来峰构造		穿窿		倒转背斜(箭头指向轴面倾斜)
	构造窗		隐伏背斜 隐伏向斜		倒转向斜(箭头指向轴面倾斜)
	隐伏或物探推测断层		背斜轴线		

12. 标本和样品符号

▲	手标本	⊖ (vert)	光谱分析样品	⊘	同位素地质年龄样
△	光片标本	⊗	化学分析样品	⊖	同位素组成样
⊖	薄片标本	⊖	水化学样	△	岩相标本
⊛	岩心标本	⊕ (vert)	岩组分析样	△	微体化石样
◆	构造标本	⊠	差热分析样	∽	无脊椎动物化石
⊖	定向标本	△	稀土分析	∽	脊椎动物化石
■	煤岩标本	⊡	粒度分析	♀	植物化石
□	岩石物性标本	⊕	古地磁样		

[1] 国家计数监督局. GB 958—89:区域地质图图例(1∶50 000).

[2] 王京名,1997.1∶50 000 区域遥感地质填图野外工作细则. 武汉:中国地质大学(武汉)江西遥感区调队.

[3] 中国地质调查局,2001. DD2001—02:1∶250 000 局域地质调查技术要求.

附 图

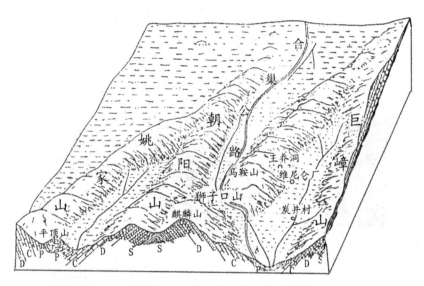

巢湖北山地质构造与地形立体示意图

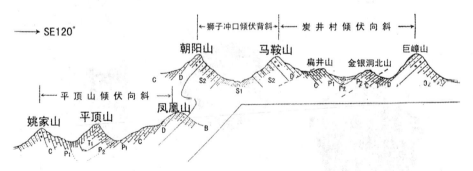

巢湖北山地质构造地貌剖面示意图

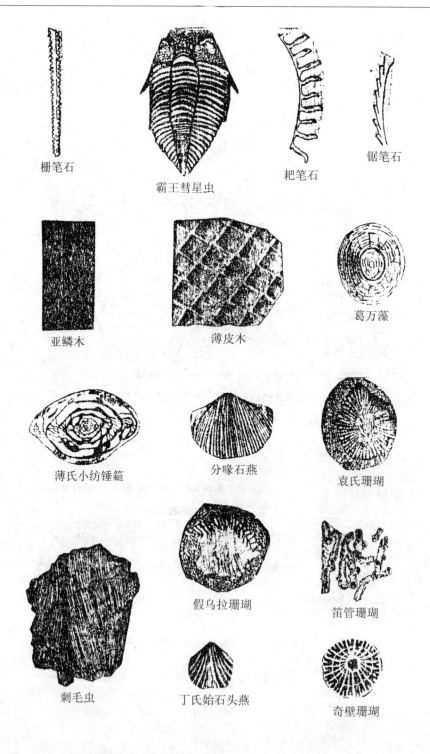

附 图

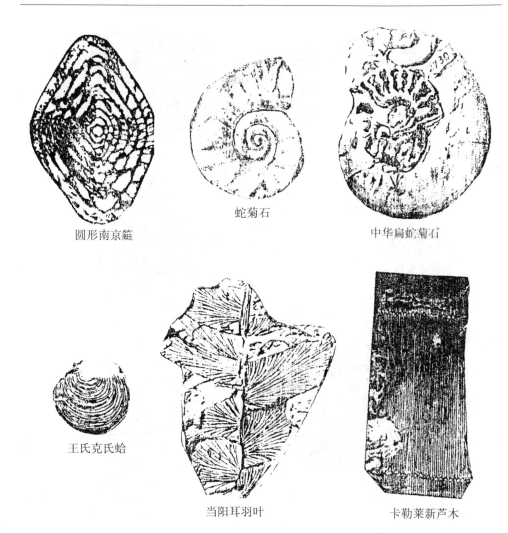

圆形南京蟶　　蛇菊石　　中华扁蛇菊石

王氏克氏蛤　　当阳耳羽叶　　卡勒莱新芦木

那托斯特侧羽叶

南京三瘤虫

栉羊齿　　早坂珊瑚　　花柱珊瑚

浙江直房贝　　格氏克氏蛤　　拟腹菊石

二叠纪枝脉蕨　　华南焦叶贝

亚洲假提罗菊石　　翅羊齿

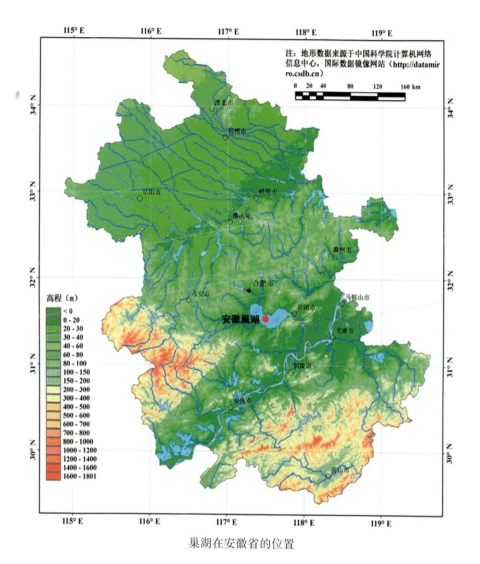

巢湖在安徽省的位置

巢湖全新世湖泊沉积物岩芯

巢湖北山地区地质简图

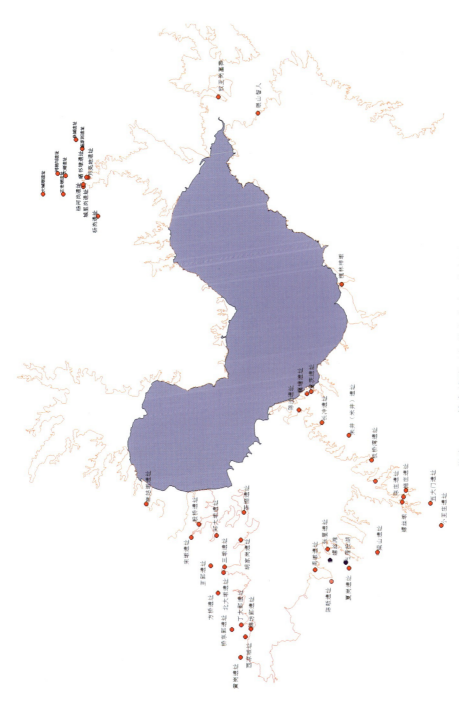

巢湖 10 m 等高线附近部分考古遗址分布图

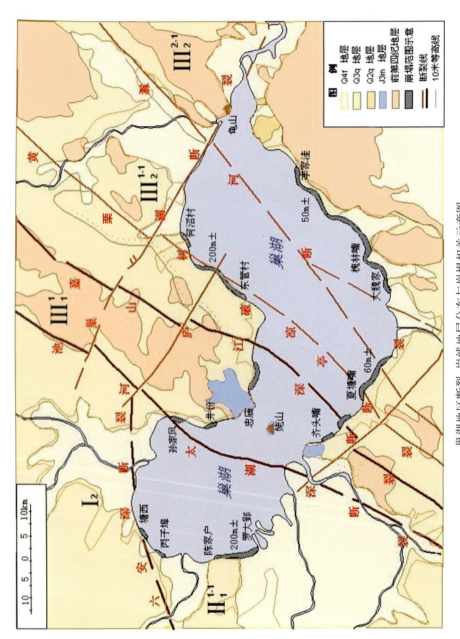

巢湖地区断裂、岸线地层分布与崩塌相关示意图

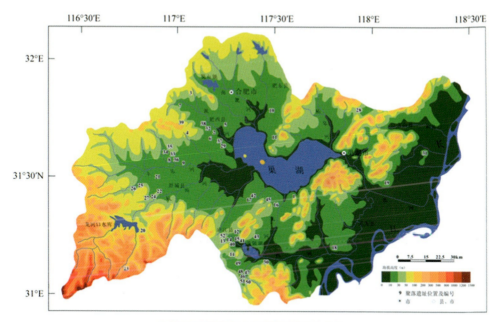

巢湖流域新石器中晚期聚落遗址分布

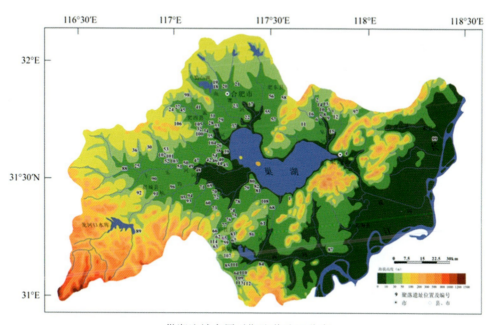

巢湖流域商周时期聚落遗址分布

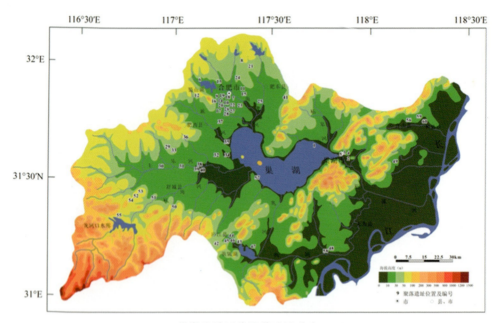

巢湖流域汉代聚落遗址分布

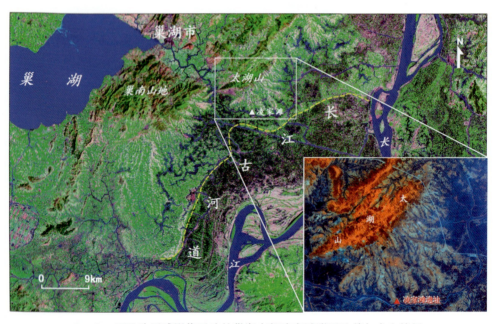

Landsat ETM$^+$ 遥感影像反映的巢湖东部凌家滩附近地貌与水文特征

麒麟山石炭-二叠系地层

平顶山向斜核部展开面

平顶山向斜核部

巢湖"金钉子"三叠纪候选标准地层

平顶山下三叠统南陵湖组灰岩

平顶山下三叠统和龙山组瘤状灰岩

平顶山下三叠统殷坑组薄层泥灰岩向西南陡倾伏的次生褶皱

马鞍山西坡下志留统高家边组泥页岩

金银洞山下二叠统栖霞组灰岩中的珊瑚化石

麒麟山和州组与黄龙组分界

麒麟山栖霞组煤线

上泥盆统五通组底部石英砾岩

中二叠统孤峰组层内褶皱

下石炭统和州组顶的断层化 X 节理

鼓山塔顶观察巢湖三级阶梯式地形

放王岗更新世砾石层

巢湖更新世网纹红土细部特征

巢湖南岸高林段黏土质崩塌岸

上泥盆统五通组底部逆断层（麒麟山鹅头岩）

巢湖北岸吴大海全新世湖岸阶地

中庙与姥山附近巢湖景观

王乔洞边槽

假化石

唐咀水下遗址

唐咀遗址附近的浪蚀线

巢湖石

王乔洞石窟雕刻

唐咀遗址上的红烧土

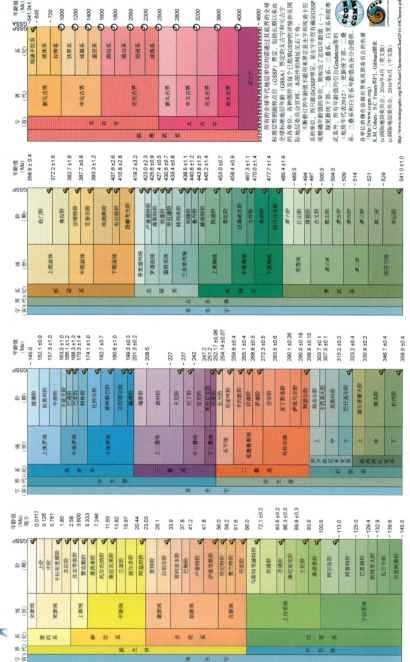